UTB **2673**

W0083935

Eine Arbeitsgemeinschaft der Verlage

Beltz Verlag Weinheim · Basel
Böhlau Verlag Köln · Weimar · Wien
Wilhelm Fink Verlag München
A. Francke Verlag Tübingen und Basel
Haupt Verlag Bern · Stuttgart · Wien
Lucius & Lucius Verlagsgesellschaft Stuttgart
Mohr Siebeck Tübingen
C. F. Müller Verlag Heidelberg
Ernst Reinhardt Verlag München und Basel
Ferdinand Schöningh Verlag Paderborn · München · Wien · Zürich
Eugen Ulmer Verlag Stuttgart
UVK Verlagsgesellschaft Konstanz
Vandenhoeck & Ruprecht Göttingen
Verlag Barbara Budrich Opladen · Bloomfield Hills
Verlag Recht und Wirtschaft Frankfurt am Main
VS Verlag für Sozialwissenschaften Wiesbaden
WUV Facultas Wien

DIETER HESS

Systematische Botanik

166 Abbildungen
4 Tabellen

Verlag Eugen Ulmer Stuttgart

Inhaltsverzeichnis

Vorwort

Kenntnisse in Systematischer Botanik waren für die Menschheit seit den ersten Sammlern unabdingbar, wenn auch nicht unter der anspruchsvollen heutigen Bezeichnung. Dennoch dürfte nicht jeder Botaniker, ob Studierender oder Lehrender, der gleichen Auffassung sein wie CRONQUIST (1968).

Die Systematik ist nicht nur die Basis der Biologie, sondern auch ihre Krönung.
CRONQUIST 1968

Bedauerlicherweise wird die Systematische Botanik gelegentlich als leicht »verstaubt« und nicht mehr zeitgemäß angesehen. Das ist oft bei denjenigen der Fall, die sich mit ihr höchstens ansatzweise befasst haben. Doch wer sich mit ihr etwas vertraut gemacht hat, erkennt, dass es sich um eine überaus lebendige Disziplin handelt, die von der Thematik und der dabei jeweils eingesetzten Methodik her eine enorme Spannweite aufweist, von der DNA-Analytik über die Pflanze in ihrem Lebensraum bis zu mikroskopischen Details.

Ausstrahlungen der Systematischen Botanik reichen beispielsweise in die Pharmakologie und damit Medizin, ebenso wie in die Kunst- und Kulturgeschichte, die Mythologie eingeschlossen. Man kann von der Systematischen Botanik zu diesen Gebieten, aber von ihnen auch zur Systematischen Botanik gelangen.

Dieses Buch versucht, dem Anfänger die Systematische Botanik in ihrer ganzen, eben nur angedeuteten Breite näher zu bringen, ohne ihn dabei durch Vollständigkeit vor allem in der Terminologie zu überfordern. Eine Schwierigkeit bringen die Neugliederungen mit sich, die derzeit nicht nur, aber auch auf der Grundlage molekularer Daten vorgenommen werden. Die Zerschlagung der bisherigen Scrophulariaceae z.B. ließe sich auch dem Anfänger noch ohne allzu große Gedächtnisarbeit vermitteln; die Verteilung der Liliaceae auf rund 30 Familien dagegen ist dem Neuling kaum zumutbar. Hinzu kommt, dass die Studierenden mit den Pflanzenarten auch über eigene Bestimmungsarbeit vertraut werden sollten. Keines der gängigen Bestimmungsbücher berücksichtigt aber bisher Veränderungen in der Systematik, wie sie eben beispielhaft genannt wurden. In solchen Fällen blieb es in diesem Buch zwar bei der bisherigen Einteilung mit dem Zusatz »s.l.«, etwa bei den Scrophulariaceae s.l. oder den Liliaceae s.l., doch wurden die Neuerungen bei der

Besprechung der Familien im Abschnitt »Klassifikation« behandelt. Entsprechendes gilt auch für übergeordnete Taxa, z.B. für die Einordnung der bisherigen Abteilung Spermatophyta als Unterabteilung Spermatophytina in die Abteilung Streptophyta (KADEREIT 2002).

Auch die »niederen« Pflanzen werden in diesem Buch wenigstens einführend behandelt, doch liegt der Schwerpunkt bei den Angiospermen und hier vor allem bei einheimischen Familien. Damit wird der Situation des Anfängers entsprochen. In den Familien werden wichtigere Gattungen oder Arten nicht nur aufgezählt, sondern eigene Abschnitte orientieren auch über ihre Bestäubung, Ausbreitung, Inhaltsstoffe und Nutzung. Das kann im Abschnitt »Nutzung« allerdings nur stichwortartig erfolgen. Die betreffenden Daten sollen weniger puren Lernstoff vermitteln als vielmehr in die Fülle unserer Pflanzenwelt einführen.

Boxen bringen Vertiefungen, leiten in einigen Fällen aber auch zu benachbarten Fachgebieten wie der Pharmakologie oder Landwirtschaft oder zu weiter entfernten Disziplinen wie der Kulturgeschichte über. Sie geben so Anregungen, sich mit Systematischer Botanik auch unter ganz anderen Gesichtspunkten zu befassen. Eine Ausweitung gerade solcher Aspekte war in diesem einführenden Text leider nicht möglich.

Dem Verlag Eugen Ulmer, vor allem Frau Dr. Nadja Kneissler in der Programmleitung, Frau Antje Springorum im Lektorat sowie Herrn Otmar Schwerdt in der Herstellung danke ich für die wie gewohnt gute Zusammenarbeit. Das Gleiche gilt für Frau Sabine Seifert bei der Ausführung der Abbildungen.

Ein besonderes Anliegen des Autors wäre es, auch den einen oder anderen, angehenden oder etablierten »molekularen« Botaniker zu der Einsicht kommen zu lassen, dass es außer *Arabidopsis* noch weitere Pflanzenarten gibt, mit denen zu befassen sich lohnt oder denen draußen in der Natur zu begegnen ganz einfach »nur« Freude macht!

Stuttgart-Hohenheim, im Juli 2005
Dieter Heß

1 | Grundlagen und Grundfragen von Systematik und Phylogenie

Zunächst werden Grundbegriffe wie Systematik oder Taxonomie geklärt. Vom Wirken Linnés ausgehend werden die binäre Nomenklatur sowie künstliche und natürliche Systeme eingeführt. Bei natürlichen Systemen wird die phylogenetische Systematik (Kladistik) genauer besprochen.

Nach den verschiedenen Artbegriffen werden die Rangstufen des Systems und ihre Nomenklatur behandelt. Überblicke über das neuere System und über eine mögliche Phylogenie folgen. Dabei werden auch schon zentrale Fragestellungen der Phylogenie wie die Endosymbionten-Hypothese diskutiert.

1.1 | Definition der Systematik

Ein Teilgebiet der Systematik ist die **Taxonomie.** Sie befasst sich mit der Klassifikation der Organismen und gliedert sie in Ordnungsgruppen, die man unabhängig von ihrer Rangstufe im System immer **Taxa** (Sing. Taxon) nennt (→ Seite 17, Tab. 1.2). In die Definition ist der phylogenetische Aspekt eingegangen. Das entspricht der Auffassung der meisten heutigen Systematiker. Doch werden Systematik und Taxonomie auch gleichgesetzt und die Phylogenie damit ausgeschlossen.

Definition

Bei der Systematik handelt es sich um ein Fachgebiet der Biologie, in dem die Mannigfaltigkeit der Lebewesen (Biodiversität) erfasst und geordnet wird. Die dabei erhaltenen Taxa werden in ein hierarchisches System eingegliedert, das den Verwandtschaftsverhältnissen und damit der Phylogenie entspricht.

Hier muss im gegebenen Zusammenhang noch eine Abgrenzung vorgenommen werden. Wir werden zwar Merkmalsbildungen und Verwandtschaftsverhältnisse auf allen Ebenen behandeln, aber nicht auf ihre Ursachen eingehen. Man kann zum Beispiel Gleichheiten und Verschiedenheiten in DNA-Sequenzen als systematisches Kriterium erwähnen, ohne deswegen ihre Entstehung zu diskutieren. Das ist Aufgabe der Evolutionsforschung.

Carl von Linné (1707–1778), der erste Systematiker | 1.2

Schon in jungen Jahren machte Linné, den man später den ersten Systematiker genannt hat, durch seine »Lappländische Reise« auf sich aufmerksam. Ein derartiges Unternehmen war damals mit großen Schwierigkeiten und Strapazen verbunden. Seitdem war das Moosglöckchen (*Linnaea borealis*, Abb. 1.1) seine Lieblingspflanze, ohne die er sich nie darstellen ließ (Abb. 1.2).

Abb. 1.1

Linnaea borealis (Moosglöckchen), die Lieblingsblume Linnés (HESS 2001).

Wie andere war auch Linné mit Erfolg Botaniker und Mediziner zugleich. Während eines dreijährigen Aufenthaltes in den Niederlanden hatte er in Medizin promoviert. Noch von dort aus erschien auch sein erstes Hauptwerk *Systema naturae* (1735, Das System der Natur; mit seiner Klassifikation der Mineralien, Pflanzen und Tiere). Erst später, nach seiner 1738 erfolgten Rückkehr nach Schweden wurde sein zweites Hauptwerk publiziert: *Spezies plan-*

Abb. 1.2

Carl von Linné, der sich stets mit seiner Lieblingsblume *Linnaea borealis* abbilden ließ. Hier trägt er sie im Knopfloch (ILLIES 1969).

tarum (1753, Die Arten der Pflanzen. Erfassung aller seinerzeit bekannten Pflanzen).

Stellen wir seine wichtigsten Leistungen zusammen:

▶ Linné schaffte Ordnung in einem Wust von Varietäten, deren Grenzen zu Arten unscharf waren. Er definierte den Begriff Varietät und ordnete die *Varietäten den Arten strikt unter*, ohne allerdings eine generell brauchbare Definition der Art zu geben. Er verwendete die später so genannte *morphologische Art* (→ Seite 16).

▶ Auch wenn Linné keine scharfe Definition der Art aufgestellt hatte, gab er doch *Art- und Gattungsdiagnosen*: Arten und Gattungen wurden an Hand bestimmter Merkmale eindeutig beschrieben.

▶ Linné führte die **binäre Nomenklatur** aus Gattungs- und Artnamen ein. Bisher hatte man die Arten durch lange lateinische Phrasen umschrieben, die leicht vergessen oder falsch weiter gegeben werden konnten. Linné setzte hinter den Gattungsnamen ein knappes, wissenschaftliches Kennwort, zum Beispiel hinter den **Gattungsnamen** *Lactuca* den **Artnamen** *sativa*. Damit war der Grüne Salat als *Lactuca sativa* festgelegt. Ansätze in dieser Richtung hatte es schon zuvor gegeben, doch sie waren viel zu umständlich oder wurden nicht weiter verfolgt. Linné gebührt der Ruhm, unsere nach wie vor benützte Nomenklatur geschaffen zu haben.

Hinter den Artnamen setzt man in abgekürzter Form den Namen desjenigen, der die Art erstmals beschrieben hat. Oft wird man »L.« für Linnaeus finden, also *Lactuca sativa* L. Im täglichen Gebrauch lässt man das Kürzel oft weg.

Linné war mit Recht selbstbewusst, aber auch selbstironisch. Bei der Namensgebung hatte er offensichtlich seine Freude und teilte mit der Benennung humorvoll Lob und Tadel aus. Das zeigen auch seine Namenserklärungen. Sie dürften allerdings nicht jeden Kollegen erfreut haben:

Hernandia ist ein amerikanischer Baum mit schönerem Laub als irgend ein anderer, aber mit wenig sehenswerten Blüten. Nach einem Botaniker benannt, der außerordentlich viel Glück hatte und hoch bezahlt wurde, weil er in amerikanischer Naturgeschichte forschte: Hätten nur die Früchte seiner Arbeit seinen Ausgaben entsprochen!

Linnaea (Abb. 1.1) erhielt ihre Namensbestimmung durch den berühmten Gronovius und ist eine Pflanze in Lappland, niedrig an Wuchs, unbedeutend, unansehnlich, nur kurze Zeit blühend. Die Pflanze ist nach Linnaeus benannt, der ihr gleicht.

▶ Linné brachte mit seinem *Systema naturae* (1735) und den *Species plantarum* (1753) Ordnung in die Fülle der Pflanzenwelt. Im Verbund mit den eben erwähnten weiteren Neuerungen schuf er ein **Sexualsystem**: Vor allem nach Zahl, Gruppierung und Verwachsung der Staubblätter rich-

Abb. 1.3

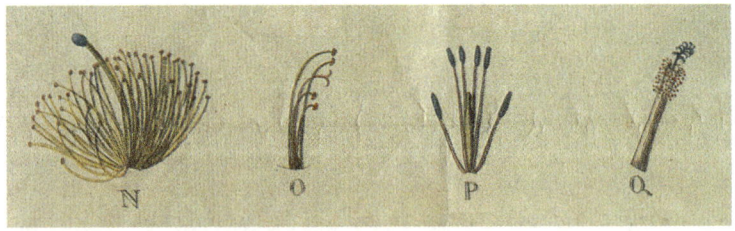

Ausschnitt aus der Gliederung von Linnés Sexualsystem (1. Auflage 1935) in 24 Klassen, bebildert von seinem Freund Georg Ehret. Der vor allem in England tätige deutschstämmige Ehret war einer der besten Pflanzen-Illustratoren seiner Zeit. **N** 13. Kl. Polyandria: mehr als 20 am Boden inserierte Staubblätter; **O** 14.Kl. Didynamia: zwei der vier Staubblätter kürzer als die übrigen; **P** 15. Kl. Tetradynamia: zwei der sechs Staubblätter kürzer als die übrigen; **Q** 16. Kl. Monodelphia: Filamente zu einem Säulchen verwachsen (nach Linné aus BLUNT 2001).

tete Linné 24 Klassen ein. Auch die Fruchtknoten wurden einbezogen, allerdings nur in zweiter Linie. Die ersten 23 Klassen hatten klar erkennbare Fortpflanzungsorgane und bildeten deshalb die Phanerogamia (gr. phaneros = sichtbar; gr. gamein = heiraten), also die Blütenpflanzen (Abb. 1.3). Bei der 24. Klasse waren die Sexualorgane schwer oder nicht fassbar, deshalb nannte er sie Cryptogamia (gr. kryptos = verborgen). Linnés System war künstlich, aber es war praktikabel und hatte deshalb Erfolg. Es wurde begeistert aufgenommen und noch bis in das 20. Jahrhundert hinein benutzt, obwohl Linné selbst der Auffassung war, es sei unvollständig, und über Verbesserungen nachgrübelte.

▶ Linné und die *Sexualität der Pflanzen*. Für Linné stand es fest, dass es eine Sexualität der Pflanzen gibt. Schon dieser Auffassung wegen wurde er europaweit angefeindet. Schlimmer noch war es, *wenn acht, neun, zehn, zwölf oder gar mehr Männer in demselben Bett mit einer Frau gefunden werden*, wie das bei wechselnden Zahlen von Staubblättern und einem Fruchtknoten in der Blüte unbestreitbar der Fall ist! Sogar GOETHE, bei dessen Liebesleben man eigentlich mehr Toleranz hätte erwarten sollen, war der Auffassung, die Behandlung des Sexualsystems Linnés im Schulunterricht könne bei keuschen jungen Menschen zu Peinlichkeiten führen.

▶ Linné und die *Metamorphose des Blattes*: Mit dem nebenstehenden Zitat wird Goethes Metamorphose des Blattes vorweg genommen.

> *Principium florum et foliorum idem est.* LINNÉ.
> »Blüten und Blättern liegt das gleiche Prinzip zugrunde.«

▶ Linné und die *Konstanz der Arten*: Linnés Zitat zeigt, wovon der jüngere Linné überzeugt war. Doch er änderte seine Meinung: 1764 schrieb er an einen Freund: *Man darf voraussetzen, dass Gott eins gemacht hat, bevor er zwei machte, zwei, bevor er vier machte. Dass er zuerst*

> *Species sunt tot quot creavit ab initio infinitum ens.* LINNÉ.
> »So viele Arten gibt es, wie sie Gott am Anfang geschaffen hat.«

simplicia (Einfaches) *machte und dann composita* (Komplizierteres), *dass er erst eine species* (Art) *aus jedem genus* (Gattung) *machte, dass er hinterher differente genera mischte, damit daraus neue species entstünden...* Von einer Konstanz der Arten ist hier keine Rede mehr. Was Linné schildert, ist Evolution, eine Evolution allerdings, die von Gott gelenkt wird. Doch nun auch noch Gott als Herrn über die Evolution durch einen Mechanismus zu ersetzen, hätte man von einem Menschen seiner Zeit nicht erwarten können. Linné war jedenfalls nicht der unbelehrbare Starrkopf, als der er manchmal hingestellt wird, sondern er bewies bei aller Leistung und neben der Fürsorge für seine Familie, Studenten und Schüler auch eine Weitsicht, die ihn als Mensch und Wissenschaftler zu einem unserer Größten machen.

1.3 | Künstliche und natürliche Systeme

Beide unterscheiden sich in der Zielsetzung und in der Anzahl und Bewertung der Merkmale, die der jeweiligen Zielsetzung entsprechend verwendet werden.

1.3.1 | Künstliche Systeme

Künstliche Systeme verwenden nur **eines oder wenige Merkmale als Ordnungsprinzip.** JOSEPH PILLON DE TOURNEFORT zum Beispiel hatte 1694 ein künstliches System aufgestellt, in dem mehrere Merkmale verwendet wurden. Es leitet von der Zahl der Merkmale her gesehen zu den natürlichen Systemen über. Doch er musste schon deshalb scheitern, weil die erste Gliederung nach Kräutern und Halbsträuchern einerseits und Bäumen und Sträuchern andererseits erfolgte. Denn in ein- und derselben Familie, zum Beispiel den Fabaceae (→ Seite 151) können sich sowohl Kräuter wie Hölzer finden. Linné dagegen reüssierte mit seinem ebenfalls künstlichen System, bis leistungsfähige natürliche Systeme geschaffen waren.

1.3.2 | Natürliche Systeme

Zielsetzung ist es heute, **ein auf Verwandtschaftsverhältnissen basierendes und insofern natürliches System zu schaffen.** Die Chance dazu steigt mit der Zahl der berücksichtigten Merkmale, die allerdings auch bewertet werden müssen.

Das erste natürliche System der Pflanzen – damals noch ohne phylogenetische Ambitionen – stammt aus dem Jahr 1789 von ANTOINE LAURENT DE JUSSIEU. Die Grundeinteilung erfolgte in Acotyledones (Keimblattlose: Algen, Pilze, Moose und Farne), Dicotyledones (Zweikeimblättrige) und Monocotyledones (Einkeimblättrige). Dann wurde zunächst nach der Stellung der Staubblätter und der Krone gegliedert. Was die Zahl der Merkmale angeht, scheinen die Unterschiede zu TOURNEFORT nicht gravierend zu sein. Aber DE JUSSIEU war in der Wahl der Merkmale glücklicher. Zwei- und Einkeimblättrige spielen bis heute ihre Rolle in der Systematik der Pflanzen. Von solchen Anfängen an wurde und wird das System weiter vervollkommnet. Unter den heute dabei praktizierten Verfahrensweisen nimmt die phylogenetische Systematik in Form der Kladistik mit Abstand den ersten Platz ein. Nur sie kann in dieser kurzen Einführung berücksichtigt werden.

Phylogenetische Systematik (Kladistik). Die Arbeitsrichtung geht auf W. HENNIG (1950) zurück. Um eine phylogenetische Systematik handelt es sich deshalb, weil ihre Zielsetzung eine Systematik auf der Basis von phylogenetisch bedingten Verwandtschaftsverhältnissen ist. Den Namen Kladistik hat sie daher, dass sie zur Aufstellung von Stammbäumen aus phylogenetischen Entwicklungszweigen (gr. klados = Zweig, **Kladus**) führt, zu deshalb so genannten **Kladogrammen**. Die Grundeinheit bei der Konstruktion der Kladen und damit auch der Kladogramme ist, wenn irgend möglich, die **monophyletische Gruppe**, die gleich definiert werden wird.

Die berücksichtigten Merkmale werden zur Aufdeckung von Verwandtschaftsverhältnissen nach strengen Regeln bewertet. Zunächst bildet man Gruppen mit gemeinsamen Merkmalen. Solche Ähnlichkeiten in der Merkmalsbildung können aber auf ganz verschiedene Ursachen zurückgehen (Abb. 1.4). Einmal muss es sich um **homologe Merkmale** handeln. Dann spielt der phylogenetische Status solcher homologer Merkmale (»**abgeleitet**« oder »**ursprünglich**«) die entscheidende Rolle. Dabei sind die Begriffe »ursprünglich« und »abgeleitet« relativ. Denn ein bestimmtes Merkmal kann auf einem gegebenen Evolutionsniveau »abgeleitet« sein und auf dem nachfolgenden Evolutionsniveau als »ursprünglich« bewertet werden. Man muss also die Kategorien berücksichtigen, in denen gewertet wird. Mehrere »ursprüngliche« und »abgeleitete« Merkmale der Spermatophyten finden sich in Tab. 3.1 (→ Seite 62).

Doch weiter in der Terminologie der Kladistik:

Homologe abgeleitete Merkmale nennt man **apomorph** und ihr Auftreten **Apomorphie**. Findet sich das gleiche apomorphe Merkmal in von einer gemeinsamen Stammart abgeleiteten Gruppen, spricht man von **Synapomorphie**.

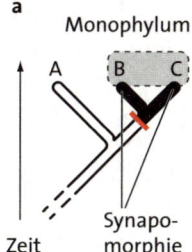

a Monophylum

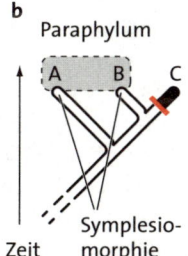

b Paraphylum

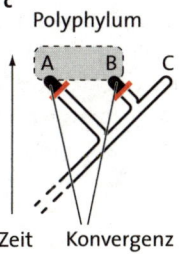

c Polyphylum

| Abb. 1.4

Kladogramme mit Ähnlichkeiten auf Basis unterschiedlicher phylogenetischer Abläufe. In allen drei Kladogrammen: schwarz: abgeleiteter Merkmalszustand; weiß: ursprünglicher Merkmalszustand; rote Balken: Evolutionsschritte. **a** Monophylum (monophyletische Gruppe): Die Taxa B und C stimmen über Synapomorphie in einem abgeleiteten Merkmal (schwarz) auf Basis eines Evolutionsschrittes überein, B und C gehen auf die gleiche unmittelbare Stammart an der Verzweigungsstelle zurück; **b** Paraphylum (paraphyletische Gruppe): Die Taxa A und B stimmen über Symplesiomorphie in einem ursprünglichen Merkmal (weiß) überein. Das Taxon C mit einem abgeleiteten Merkmal (schwarz) entstand ebenfalls über *ein* Evolutionsereignis, gehört aber nicht zum Paraphylum. **c** Polyphylum (polyphyletische Gruppe): Die Taxa A und B stimmen über Konvergenz in einem abgeleiteten Merkmal (schwarz) überein, und zwar auf Basis von zwei unabhängigen Evolutionsschritten (stark verändert nach WIESENMÜLLER et al. 2003).

Homologe ursprüngliche Merkmale nennt man **plesiomorph** und ihr Auftreten **Plesiomorphie**. Tritt in mehreren Teilgruppen das gleiche plesiomorphe Merkmal auf, spricht man von **Symplesiomorphie**.

Definition

Monophyletische Gruppe (Monophylum): taxonomische Gruppe, die alle Nachkommen einer gegebenen Stammart umfasst.

Zentral wichtig bei der Aufstellung eines Kladogramms sind die apomorphen Merkmale. Denn über Synapomorphie entsteht die **monophyletische Gruppe (Monophylum)**. Sie wird als taxonomische Gruppe definiert, die **alle** Nachkommen einer Stammart einschließt (Abb. 1.4). Damit handelt es sich um eine geschlossene Verwandtschaftsgruppe, den Baustein der Kladogramme.

Im Kladogramm legt man auch die relativen Zeiten fest, zu denen sich die jeweiligen Apomorphien mit nachfolgender dichotomer Verzweigung ausbildeten. Wenn man weiß, wie viele Schritte zu einer bestimmten Merkmalsänderung führen, und wenn die Mutationsrate bekannt ist, kann man gegebenenfalls auch die absoluten Zeiten abschätzen.

Die Apomorphien müssen in bestimmten Arten entstanden sein. Doch anders als in den gewohnten Stammbäumen bleiben sie in Kladogrammen hypothetisch. *Exakte* Angabe zur Stammart, in der sich die jeweilige Apomorphie bildete, werden nicht gemacht.

Doch Ähnlichkeiten können auch andere Ursache als die gewünschten Synapomorphien haben. Hier müssen paraphyletische Gruppen und Konvergenzerscheinungen berücksichtigt werden (Abb. 1.4). Eine **paraphyletische Gruppe (Paraphylum)** bildet sich über Symplesiomorphie. Zu ihr gehören einige, aber *nicht alle* der Gruppen, die auf einen unmittelbaren gemeinsamen Vorfahren zurückgehen. Der ursprüngliche Zustand bleibt über einige Verzweigungen hinweg erhalten, erst später tritt eine Veränderung ein. Eine **polyphyletische Gruppe (Polyphylum)** geht auf Konvergenzen zurück. Das den Teilgruppen gemeinsame Merkmal entsteht also über *mehre getrennte Evolutionsschritte*.

In der »reinen« Kladistik wird nur mit monophyletischen Gruppen gearbeitet. Diese müssen also von para- und polyphyletischen Gruppen unterschieden werden. Dazu stehen Methoden wie der Schwestergruppenvergleich zur Verfügung, die hier nicht besprochen werden können.

Bei der Aufstellung von Kladogrammen auf Basis monophyletischer Gruppen können sich mehrere Möglichkeiten ergeben. Dann wählt man diejenige Variante, die mit der geringsten Zahl an Merkmalsänderungen, d. h. Evolutionsschritten auskommt. Man folgt also dem **Prinzip der sparsamsten Erklärung** (Parsimonieprinzip, maximum parsimony).

Systematische Kategorien und Nomenklatur | 1.4

Definitionsgemäß sollen die Lebewesen in ein hierarchisches System eingeordnet werden. Damit stellt sich die Frage nach dem Aufbau dieses Systems und nach der Nomenklatur, also der Benennung seiner Rangstufen.

Der Artbegriff | 1.4.1

Die Art ist die Grundeinheit des Systems. Sie ist schwer zufrieden stellend zu definieren. Das lässt sich schon daran erkennen, dass sich in der Literatur bis heute die verschiedensten Definitionen nebeneinander gehalten haben. Die drei wichtigsten dieser Artbegriffe seien genannt:

Rangstufen in der Taxonomie der Pflanzen und ihre Nomenklatur. | **Tab. 1.1**
Die Spermatophyta werden als Abteilung geführt (siehe Tab. 1.2).

Rangstufe deutsch	Rangstufe lateinisch	Abkürzung	Endung	Beispiel
Reich	regnum			Eukarya
Unterreich	subregnum		-bionta	Chlorobionta
Abteilung (Stamm)	divisio (phylum)		-phyta	Spermatophyta
Unterabteilung	subphylum		-phytina	Spermatophytina (Angiosperme)
			-mycotina (bei Pilzen)	
Klasse	classis		-opsida (oder -atae)	Rosopsidae
			-mycetes (bei Pilzen)	
			-phyceae (bei Algen)	
Unterklasse	subclassis		-idae	Asteridae
Überordnung	superordo		-anae	Asteranae
Ordnung	ordo		-ales	Asterales
Familie	familia	fam.	-aceae	Asteraceae
Unterfamilie	subfamilia	sfam.	-oideae	Cichorioideae
Tribus	tribus	trib.		Lactuceae
Gattung	genus	gen.		*Lactuca*
Untergattung	subgenus	sgen.		
Sektion	sectio	sect.		
Serie	series	ser.		
Aggregat (Sammelart)	aggregatum	agg.		
Art	species	spec., sp.		*Lactuca sativa*
Unterart	subspecies	sspec., ssp., subsp.		
Varietät	varietas	var.		*Lactuca sativa* var. *capitata*
Form	forma	f.		

▶ **Biologische Art:** Eine Art ist ein Gruppe sich untereinander kreuzender oder unter einander kreuzungsfähiger Populationen, die von anderen solchen Gruppen durch Fortpflanzungs-Schranken isoliert ist.

▶ **Evolutionäre Art:** Eine Art ist eine einzelne Linie von Vorfahren-Nachkommen-Populationen, die ihre Identität gegenüber anderen solchen Linien wahrt und ihre eigenen evolutionären Tendenzen und ihr eigenes historisches Schicksal hat.

▶ **Morphologische Art:** Eine Art ist eine Gruppe von Organismen, die in ihrer Morphologie wesentliche Übereinstimmungen zeigen.

Am häufigsten wird der biologische Artbegriff benutzt, demzufolge die Art eine Fortpflanzungs-Gemeinschaft ist, die durch Kreuzungsbarrieren von anderen Fortpflanzungsgemeinschaften getrennt wird. Auch bei dem auf den ersten Blick komplizierten evolutionären Artbegriff spielen letztlich Kreuzungsbarrieren eine ausschlaggebende Rolle. Durch diesen Bezug auf die Fortpflanzung ergeben sich für den Taxonomen Schwierigkeiten. Denn besonders im Freiland hat er im Zweifelsfall kaum die Möglichkeit, einen Kreuzungsversuch durchzuführen. Er bevorzugt deshalb pragmatisch wie schon Linné den wenig präzisen morphologischen (oder taxonomischen) Artbegriff.

1.4.2 | Rangstufen in der Taxonomie der Pflanzen und ihre Nomenklatur

Tab. 1.1 orientiert über die Rangstufen und ihre Benennung.

1.5 | Übersicht über das System der Pflanzen

Mit Kenntnis der Rangsstufen und ihrer Nomenklatur wollen wir uns einen Überblick über das System der Pflanzen verschaffen. Dabei sollen die möglichen phylogenetischen Bezüge berücksichtigt werden

1.5.1 | System der Fungi und Plantae

Die Pilze (Fungi) stehen den Tieren auch nach molekularen Daten besonders nahe (s. Abb. 1.6). Sicherlich haben sie wie Pflanzenzellen eine feste Wand, doch sie besteht bei der Hauptgruppe der Pilze nicht aus Cellulose, sondern wie bei den Arthropoden aus Chitin. Wenn man sie in ein übergeordnetes System einbezieht, sollte dieses System eigentlich dasjenige der Tiere (Animalia) sein. Doch unsere Kollegen in der Zoologie zeigen wenig Neigung, die Pilze in »ihr« System einzuordnen. Traditionsgemäß werden sie deshalb meistens von den Botanikern als

Übersicht über das System der Fungi und Plantae.

| Tab. 1.2

Taxon	Charakteristika	Organisationstypen
Subregnum Heterokontobionta	heterokonte Begeißelung	Pilze / Thallophyten
Abt. Oomycota	Cellulosepilze, „Algenpilze"	
Kl. Oomycetes (→ Seite 30)	einzige Klasse	
Subregnum Mycobionta	Chitinpilze	
Abt. Eumycota	einzige Abteilung	
Kl. Zygomycetes	Jochpilze	
Kl. Ascomycetes (→ Seite 32)	Schlauchpilze	
Kl. Basidiomycetes (→ Seite 34)	Ständerpilze	
Anhang: Lichenes	Flechten: Symbiose	
Subregnum Glaucobionta	ursprüngliche Algen	Algen / Thallophyten
Abt. Glaucophyta	einzige Abteilung	
Subregnum Rhodobionta	Rotalgen s.l.	
Abt. Rhodophyta	Rotalgen	
Abt. Heterokontophyta	heterokonte Begeißelung	
Kl. Phaeophyceae (→ Seite 36)	Braunalgen	
Subregnum Chlorobionta	Viridiplantae	
Abt. Chlorophyta	„Grünalgen" 1. Teil	
Kl. Ulvophyceae (→ Seite 40)		
Kl. Chlorophyceae (→ Seite 42)		
Abt. Streptophyta	»Grünalgen« 2. Teil	Archegoniatae / Embryophyten / Kormophyten
Abt. Bryophyta	Moose	
Kl. Marchantiopsida (→ Seite 44)	Lebermoose	
Kl. Bryopsida (→ Seite 44)	Laubmoose	
Kl. Anthocerotopsida (→ Seite 44)	Hornmoose	
Abt. Pteridophyta	Farnpflanzen	
Kl. Psilophytopsida (→ Seite 47)	Urfarne, †	
Kl. Psilotopsida (→ Seite 47)	Gabelblattgewächse	
Kl. Lycopodiopsida (→ Seite 47)	Bärlappe	
Kl. Equisetopsida (→ Seite 50)	Schachtelhalme	
Kl. Pteridopsida (→ Seite 51)	Farne	
Abt. Spermatophyta	Samenpflanzen, Gymnospermae, Nacktsamer	
Kl. Cycadopsida (→ Seite 57)	Palmfarne	
Kl. Ginkgopsida (→ Seite 57)	Ginkgogewächse	
Kl. Coniferopsida (→ Seite 58)	Nadelhölzer	
Kl. Gnetopsida (→ Seite 58)	Ephedra, Gnetum, Welwitschia	
U. Abt. Spermatophytina	Angiospermae, Bedecktsamer, Blütenpflanzen	
Kl. Magnoliopsida (→ Seite 108)	1. Gruppe Dikotyledonen zweikeimblättrig	
Kl. Liliopsida (→ Seite 113)	Monokotyledonen einkeimblättrig	
Kl. Rosopsida (→ Seite 135)	Eudikotyledonen	
	2. Gruppe Dikotyledonen zweikeimblättrig	

Übersicht über das System der Fungi und Plantae, weitgehend nach KADEREIT (2002), doch ohne die hier nicht behandelten Akaryonten (Bacteria und Archaea) und die beiden ersten Unterreiche der Eukaryonten, die den Organisationstyp »Schleimpilze« umfassen. Die Tabelle beginnt mit dem Subregnum Heterokontobionta, von dem die Oomycetes im Text behandelt werden. Die bei KADEREIT (2002) als Unterabteilungen der Streptophyta aufgefassten Bryophytina, Pteridophyta und Spermatophytina werden traditionell als eigene Abteilungen Bryophyta, Pteridophyta und Spermatophyta ausgewiesen. Alle im Text ausführlicher behandelten Abteilungen und Klassen sind aufgeführt, dazu Seitenangaben. Charakteristika finden sich als Stichworte. Auch Organisationstypen sind angegeben. Die »Viridiplantae« (Grüne Pflanzen) sind hellblau unterlegt.

Subregnum *Mycobionta* in Kombination mit den Pflanzen (Plantae) besprochen.

Neuerungen im System:

▶ Die »**Grünalgen**« als geschlossenes Taxon gibt es nicht mehr. Sie werden auf zwei verschiedene Abteilungen verteilt. Ein erster Teil findet sich unter den Chlorophyta, ein zweiter Teil bei den Streptophyta.

▶ Die **Streptophyta** s.l. bilden nicht nur aufgrund von DNA-Ähnlichkeiten eine Einheit, sondern sind unter anderem auch durch die Ausbildung eines *Phragmoplasten* bei der mitotischen Zellteilung miteinander verbunden. Es wurde vorgeschlagen, aus bisherigen Abteilungen Unterabteilungen zu machen, um alle Taxa mit entsprechenden Merkmalen den Streptophyta neuer Art zuordnen zu können. Diese Unterabteilungen wären die Streptophytina, Bryophytina, Pteridophytina und Spermatophytina. In diesem Text blieb es jedoch wie vielfach sonst bei den Abteilungen **Streptophyta** s.s., **Bryophyta**, **Pteridophyta** und **Spermatophyta**. Damit bilden die Spermatophyta nach wie vor eine eigene Abteilung.

▶ Die frühere Gliederung der Unterabteilung Spermatophytina = Angiospermen in Monokoteledonen und Dikotyledonen entfällt. Denn die **Dikotyledonen wurden in zwei Klassen gegliedert, die Magnoliopsida und die Rosopsida**. Sie haben zwar manches gemeinsam, nicht zuletzt die beiden Keimblätter, aber vieles andere nicht (→ Seite 108, 135). Die Monokotyledonen bilden als **Liliopsida** die dritte Klasse.

▶ Die Begriffe *Grünalgen* oder *Dikotyledonen* haben nach wie vor ihren Ordnungswert, der zudem als Bezeichnung leicht »eingeht«. Nur können sie nicht mehr als verbindliche Taxa gelten. Entsprechendes gilt für eine Reihe weiterer Termini wie *Archegoniaten, Embryophyten, Kormophyten, Tracheophyten* und möglicherweise (→ Seite 71) auch für *Gymnospermen*. Sie alle geben jeweils bestimmte Organisationsformen an. Man nennt sie deshalb **Organisationstypen**.

1.5.2 Kardinalfragen der Phylogenie

Im Folgenden soll kurz dargestellt werden, welche Fragen sich aus der wissenschaftlichen Auseinandersetzung mit der Phylogenie ergeben haben und weiter ergeben.

1.5.2.1 Entscheidende Stadien der Evolution

Im Ablauf der Phylogenese finden sich mehrere entscheidend wichtige Stadien: die Bildung der Zellkerne (1), die Entstehung der wichtigsten Organellen, der Mitochondrien (2) und der Chloroplasten (3), der Übergang zum Landleben (4) und das Auftreten der Angiospermen (5). Wir gehen an dieser Stelle auf die Entwicklungsschritte 1 und 2 bis 3 (Abb.

1.5) ein. Die folgenden Schritte werden behandelt, wenn sie auf unserem Gang durch das System, das ja auch Rückschlüsse auf die Phylogenie erlaubt, fällig werden (4 auf Seite 48, 5 auf Seite 71).

▶ **Die Bildung des Zellkerns:** Auf welchem Weg das genetische Material in einem von einer Doppelmembran umgebenen Zellkern organisiert wurde, ist noch weitgehend unklar. Immerhin gibt es insofern wenigstens einen Bezug zu Membransystemen, als bei den Bakterien das übertrieben als »Chromosom« bezeichnete ringförmige Hauptgenom an der Membran aufgehängt ist. Doch damit ist jedoch noch nicht erklärt, wie ausgerechnet die Doppelmembran in der bekannten, als ER (Endoplas-

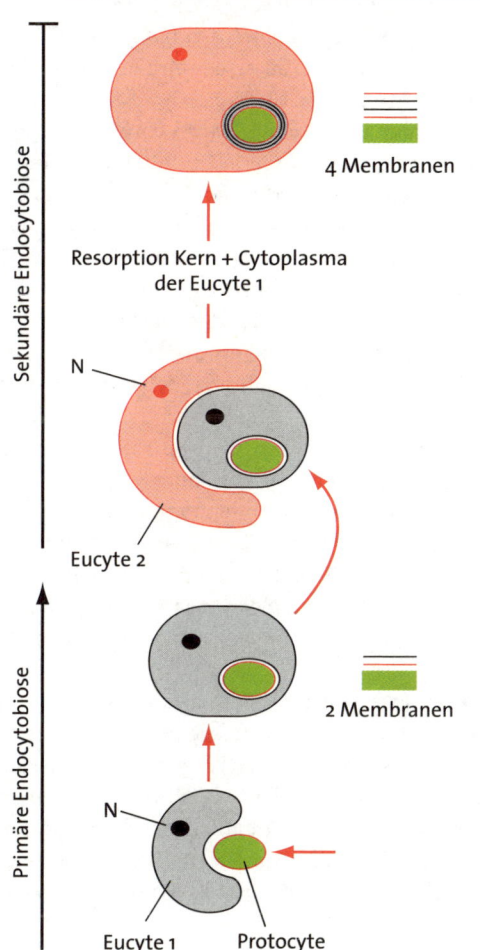

Abb. 1.5

Primäre und sekundäre Endocytobiose (Endosymbionten-Hypothese). *Primäre Endocytobiose*: Eine chloroplastenfreie Eucyte 1 (N Zellkern) nimmt eine Protocyte, und zwar ein Photosynthesebakterium, aller Wahrscheinlichkeit nach ein Cyanobakterium (»Blaualge«), über Phagocytose auf. Die Protocyte bleibt erhalten und wird zum Endosymbionten. Es kommt zur »Gendrift« aus der Protocyte in den Zellkern. Die Protocyte wird zu einer Plastide mit Doppelmembran. Diese ursprüngliche Situation findet sich bei den Chlorobionta, Rhodobionta und Glaucobionta (s. Abb. 1.6). *Sekundäre Endocytobiose*: Eine chloroplastenfreie Eucyte 2 (N Zellkern) nimmt eine Eucyte auf, die über primäre Endocytobiose bereits einen Chloroplasten führt. Von dieser werden Zellkern und Cytoplasma über Zwischenstufen, die auch noch Reste des Zellkerns enthalten können, abgebaut. Erhalten bleibt eine Plastide mit Vierfachmembran. Diese Situation findet sich bei den Heterokontophyta.

matisches Reticulum) ins Cytoplasma hineinreichenden Organisationsform hätte zustande kommen können.

▶ **Die Entstehung von Mitochondrien und Chloroplasten:** *die Endosymbionten-Hypothese* (Abb. 1.5). Nach der **Endosymbionten-Hypothese** sollen sowohl Mitochondrien als auch Chloroplasten in Form von **Protocyten** (einzellige Akaryonten) von **Eucyten** (einzellige Eukaryonten) aufgenommen und (nach vorübergehender Existenz als Symbionten im Zellinneren, daher *Endo*symbionten) als Organellen integriert worden sein.

▶ **Rezente Endosymbiosen von Einzellern (*Endocytobiosen*):** Protocyten finden sich mehrfach als Endosymbionten (Endocytobionten) in Zellen von Eukaryonten. Das gilt vor allem für tierische, aber auch pflanzliche Eukaryonten, bei diesen zum Beispiel für das Cyanobakterium *Nostoc*. Es bildet Zellfäden aus und finden sich als Endosymbiont, der möglicherweise Luftstickstoff binden kann, in Zellen der Angiosperme *Gunnera*. Ein bekannteres Beispiel ist die *Wurzelknöllchen-Symbiose*, bei der Bakterien der Gattungen *Rhizobium* und *Bradyrhizobium* vorübergehend endosymbiontisch in Zellen von Leguminosen leben. Allerdings erfolgt hier die Aufnahme der Bakterien nicht über Phagocytose.

▶ **Aufnahme über Phagocytose:** Eine Aufnahme von Fremdmaterial in die Zelle über Invagination der Zellmembran nennt man *Endocytose*. Handelt es sich dabei um feste Partikel, liegt eine *Phagocytose* vor. Die phagozytierten Partikel können abgebaut werden (jedoch nicht bei der Endosymbiose). Falls die aufnehmende Eucyte heterotroph ist, kann sie von Endosymbionten profitieren, wenn diese als Energielieferanten erhalten bleiben. Im Fall zukünftiger Mitochondrien sind dies Protocyten mit der Fähigkeit zur biologischer Oxidation, und im Fall zukünftiger Chloroplasten Protocyten mit der Fähigkeit zur Photosynthese. Die aufgenommenen Protocyten werden von der Außenmembran der aufnehmenden Zelle umhüllt. Sie sind also von einer Doppelmembran umgeben, innen von der eigenen Membran und darüber von der Membran der aufnehmenden Eucyte (Abb. 1.5). Rezente **Endocytobiose**n, die so entstanden sein könnten, sind bei Tieren häufig, finden sich aber auch zum Beispiel bei Pilzen.

Soweit die **primäre Endocytobiose**. Bei Chloroplasten kennt man noch eine **sekundäre Endocytobiose**: Eine Eucyte, die bereits eine Photosynthese-Protocyte als Plastide inkorporiert hatte, wird selbst von einer Eucyte phagocytiert und bis auf ihre Plastide degradiert. Der sekundäre Endosymbiont wird dann von vier Membranen umgeben (von außen nach innen): der Zellmembran der aufnehmenden Eucyte, seiner eigenen Zellmembran und der Doppelmembran seines primären Endosymbionten (Abb. 1.6).

Grundzüge der Phylogenie

1.5.2.2

Die derzeit verfügbaren Daten gestatten es, eine vorläufige Phylogenie zu rekonstruieren (Abb. 1.6):

Aus Vorformen hatten sich vom Hauptweg der Stammesgeschichte aus zunächst kernlose Formen (*Procaryonta*) entwickelt. Dabei handelt es sich um das **Reich der Bacteria** (mit den früheren »Blaualgen«, den Cyanobakterien) und das **Reich der Archaea.** Sie ähneln in ihrer Gestalt den Bakterien, führen aber in ihren Zellwänden nicht die für Bakterien typische Muraminsäure. Viele Archaea sind an eine extreme Umwelt angepasst, wie zum Beispiel an einen hohen Salzgehalt oder an hohe Temperaturen.

Abb. 1.6

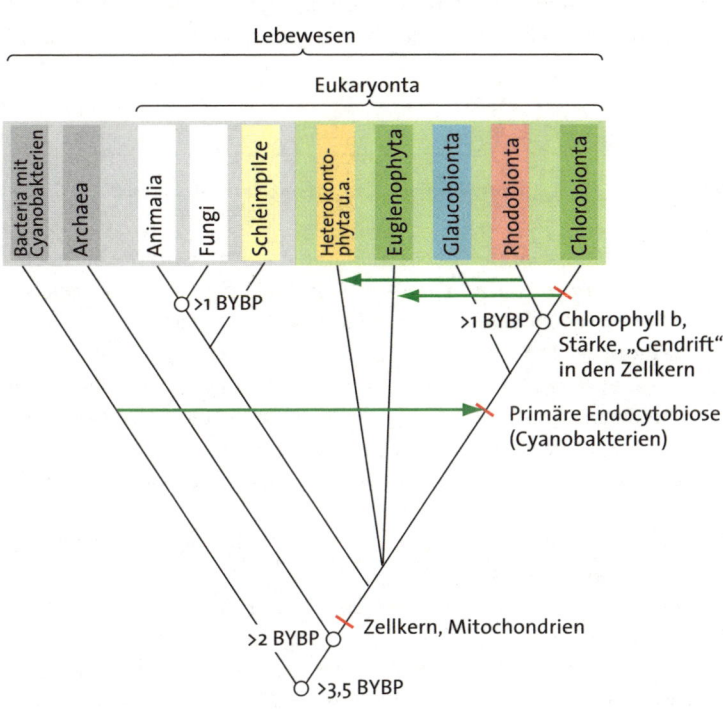

Kladogramm einer vorläufigen Phylogenie. Einige kleinere und teilweise in ihrer Einordnung fragliche Taxa wurden nicht berücksichtigt. Zum Organisationstyp der *Heterokontophyta* (mit den Phaeophyceae) mit seinen zwei verschiedenen Geißeln (→ Seite 36) werden oft auch die ebenfalls heterokonten Oomycetes (→ Seite 30) gestellt. Bei den Schleimpilzen handelt es sich um einen Organisationstyp, der die Acrasiobionta und die Myxobionta umfasst. Die Animalia und andere zoologische Bereiche blieben weiß ausgespart. Der Bereich der Plantae wurde hellgrün unterlegt. Rote Balken: Evolutionsereignisse. Waagrechter grüner Pfeil von links nach rechts: primäre Endocytobiose; waagrechte grüne Pfeile von rechts nach links: sekundäre Endocytobiosen. BYBP = Billion Years Before Present. Sonstige Erklärung siehe Text (stark verändert nach JUDD et al. 2000).

Nach Abzweigung der *Prokarya* führt die Entwicklung zu kernhaltigen Formen, den *Eukarya* (*Eukaryonta*). Innerhalb der Eukarya entwickelten sich über kernhaltige Einzeller (Protista) kernhaltige vielzellige Organismen.

▶ Einzellige Eukarya (Eucyten) erwerben über Endocytobiose von Bakterien Mitochondrien. Die Art der aufgenommenen Bakterien ist umstritten. Danach führt eine Abzweigung zum **Reich der Animalia**, der Tiere. Von diesem Weg führen Seitenzweige zum Organisationstyp der Schleimpilze und zum **Reich der Fungi**, den Pilzen (Mycobionta).

▶ Auf dem weiteren Weg kommt es zunächst zum Abzweig der *Heterokontophyta* mit den Phaeophyceae (Braunalgen) sowie der *Euglenophyta*.

▶ Ein wichtiger Schritt ist dann die primäre Endocytobiose. Vermutlich aus endosymbiontischen Cyanobakterien entstehen Chloroplasten. Im

---

Box 1.1

Belege für die Endosymbionten-Hypothese

Die Existenz von rezenten Endocytobiosen und Phagocytosen bildet eine Grundlage für die Annahme, entsprechende Vorgänge könnten auch in der Stammesgeschichte stattgefunden haben. Entscheidend für die Bestätigung der Hypothese ist, ob diese Vorgänge auch zur Entstehung von Organellen geführt haben. Dafür gibt es Belege, die mit geringfügigen Unterschieden für Mitochondrien ebenso wie für Chloroplasten gelten. Die meisten von ihnen sollen wenigstens erwähnt werden:

▶ Die bei einer primären Endocytobiose zu fordernde **Doppelmembran** ist vorhanden.

▶ Die bei einer sekundären Endocytobiose zu fordernde **vierfache Membran** ist vorhanden.

▶ Die **Zusammensetzung der Doppelmembran** entspricht der mutmaßlichen Herkunft. Die innere Membran gleicht den Zellmembranen von Bakterien. Sie führt den bakteriellen Membranbaustein **Cardiolipin**, ein Phospholipid; umgekehrt fehlen ihr Sterole wie Cholesterol, typische Membranbausteine der Eukaryonten. Die äußere Membran entspricht einer Eukaryonten-Membran: Sie enthält **Sterole**, aber kein Cardiolipin.

▶ Die **DNA der Organellen** ist nicht wie bei Eukaryonten linear in Chromosomen organisiert, sondern wird wie bei Bakterien in Form von DNA-Ringen an der inneren Membran aufgehängt.

▶ Die **Replikation der Organellen** und mit ihnen ihrer DNA ist autonom, d. h. vom Geschehen im Bereich des Zellkerns unabhängig.

kleinen Abzweig *Glaucobionta* lassen sich die ehemaligen Cyanobakterien noch besonders gut erkennen. Man hielt sie zunächst auch für endosymbiontische Cyanobakterien und nannte sie »Cyanellen«. Der nächste Abzweig sind die *Rhodobionta* (Rotalgen). Dann führt die Evolution zu den *Chlorobionta* (Viridophyta), den grünen Pflanzen.

▶ Über sekundäre Endozytobiose erhalten die beiden früh abgezweigten Gruppen Chloroplasten. Sie stammen von den Taxa, die Chloroplasten über primäre Endocytobiose erworben hatten. Die Endosymbionten sind bei den Euglenophyta Grünalgen oder deren Vorstufen, bei den Heterokontophyta Rhodobionta. Damit wären die wichtigsten Taxa entstanden, die man als **Reich der Plantae** (Pflanzen) zusammenfasst.

▶ Die bei der Transkription gebildete mRNA besitzt keine »**Kappe**« (bestimmte RNA-Sequenz) am einen und keine **Poly-A-Sequenz** am anderen Ende und gleicht damit bakterieller mRNA. Diejenige der Eukaryonten verfügt über die »Kappe« und mit Ausnahme der mRNA für Histone über die Poly-A-Sequenz.

▶ Die **Ribosomen** von Mitochondrien, Chloroplasten und Bakterien zeigen mit rund 70 S etwa den gleichen Sedimentationskoeffizienten (**70S-Ribosomen**; S = Svedbergeinheit, die unter definierten Bedingungen über die Sedimentationsgeschwindigkeit in der Ultrazentrifuge ermittelt wird. Bei rundlichen Partikeln ist sie der Masse proportional). Sie gleichen sich auch in ihrem Aufbau aus Proteinen und ribosomalen RNAs (rRNAs). Bestimmte rRNAs sind aufgrund ihrer wegen geringer Mutationshäufigkeit »hoch konservierten« Struktur besonders zur Beweisführung für phylogenetische Beziehungen über große evolutionäre Entfernungen hinweg geeignet, wie sie hier zur Diskussion stehen. Vor allem die 16S-rRNA wurde in dieser Hinsicht eingehend untersucht. Auch sie weist bei beiden Organellen und Bakterien weitgehende Übereinstimmungen auf. Im Gegensatz dazu finden sich im Cytoplasma der Eukaryonten **80S-Ribosomen** mit anderen Proteinen und rRNAs.

▶ Die **Translation** beginnt wie bei Bakterien mit Formylmethionyl-tRNA. Bei den 80S-Ribosomen im Cytoplasma von Eukaryonten beginnt sie mit Methionyl-tRNA.

Fragen (mit Seitenverweisen zur Beantwortung)

1 Definieren Sie die Begriffe Systematik und Taxonomie! (→ Seite 8)

2 Lebte Linné im 16. oder im 19. Jahrhundert? (→ Seite 9)

3 Was verstehen Sie unter »binärer Nomenklatur«? (→ Seite 9)

4 Wie unterscheiden sich »künstliche« von »natürlichen« Systemen? (→ Seite 12)

5 Wer stellte das erste »natürliche« System auf? (→ Seite 12)

6 Was verstehen Sie unter Kladistik? (→ Seite 12)

7 Definieren Sie den Begriff »Monophylum«! (→ Seite 14)

8 Was verstehen Sie unter einer »biologischen Art«? (→ Seite 16)

9 In welche zwei Klassen werden die früheren Dikotyledonen heute gegliedert? (→ Seite 18)

10 Schildern Sie die Prinzipien der Endosymbionten-Hypothese! (→ Seite 20)

11 Was verstehen sie unter einer sekundären Endocytobiose? (→ Seite 20)

Sexuelle Fortpflanzung und Generationswechsel | 2

Inhalt

Die Sexuelle Fortpflanzung birgt in ihren beiden Teilprozessen Syngamie und Meiosis die Möglichkeiten zur Rekombination. Sie wird dadurch zu einem Faktor der Evolution und damit der Ökologie. Je nach der Lage von Syngamie und Meiosis im Entwicklungszyklus unterscheidet man Haplonten, Diplonten und Haplo-Diplonten.

Sexuelle Fortpflanzung mit Rekombinationsmöglichkeiten über Syngamie und Meiosis, Generationswechsel

Sexuelle Fortpflanzung und Rekombination | 2.1

Linnés System war ein Sexualsystem. Er hatte damit intuitiv die Bedeutung der Sexualität und der sexuellen Fortpflanzung in der Evolution der Pflanzen richtig erfasst und erkannt, dass sich ein derart wichtiges Prinzip als Grundlage für ein System der Pflanzen eignen könnte.

Wichtig wird die sexuelle Fortpflanzung dadurch, dass es bei ihr unter bestimmten Voraussetzungen zu Rekombinationen, also zu Veränderungen im genetischen Material kommen kann.

Definition

Sexuell nennt man eine Fortpflanzungsweise, die auf Syngamie und Meiosis basiert.

Solche Rekombinationen können vorteilhaft sein, wenn sich die Umwelt verändert. Denn möglicherweise kommt eine der Rekombinanten besser mit der neuen Umwelt zurecht als die anderen. Die Rekombination wird damit zu einem Faktor der Ökologie. Sie wird aber auch weiterhin beibehalten werden, solange die Umwelt sich nicht erneut ändert. Damit wird sie auch zu einem Faktor der Phylogenie.

Möglichkeiten zur Rekombination ergeben sich bei beiden Grundprozessen der sexuellen Fortpflanzung, bei der Syngamie ebenso wie bei der Meiosis. Dass es bei der Fusion genetisch ungleicher Gameten zu einer Rekombination kommt, ist leicht einzusehen. Doch auch die Meiosis dient keinesfalls nur der Reduktion der Chromosomenzahlen nach erfolgter Syngamie, sondern kann über einen *Umbau der Chromosomen* und eine *Umordnung des Genoms* genetische Effekte mit sich bringen.

2.2 | Formen der Syngamie

Unter Syngamie versteht man die Fusion von Gameten oder bei der Gametangiogamie und Somatogamie die Fusion von Zellkernen mit umgebendem Cytoplasma. Wenn wir die bei den Spermatophyta übliche Siphonogamie (→ Seite 55) außer Acht lassen, handelt es sich um folgende Möglichkeiten (Abb. 2.1):

▶ **Isogamie:** Die beiderseitigen Gameten sind morphologisch gleich, aber geschlechtlich differenziert (+ beziehungsweise -).

▶ **Anisogamie:** Die beiderseitigen Gameten sind ungleich groß. Dann bezeichnet man die kleineren Mikrogameten als männlich, die größeren Makrogameten als weiblich. Von einer *physiologischen Anisogamie* spricht man, wenn die Gameten zwar gleich aussehen, sich aber verschieden verhalten (→ Seite 37, Abb. 3.7).

▶ **Oogamie:** Diese stellt einen Extremfall der Anisogamie dar, denn die Makrogameten sind unbeweglich und werden Eier oder Eizellen genannt. Sie werden in Oogonien gebildet. Die beweglichen Mikrogameten heißen hier **Spermatozoide**. Sie werden in Antheridien gebildet und suchen die Eizellen auf, die aus den Oogonien entlassen werden können. Die befruchteten Eizellen nennt man **Zygoten**. Man kann noch eine *Oogoniogamie* abgliedern. Dabei handelt es sich um eine Oogamie, bei der die Eizellen im Oogonium verbleiben und dort befruchtet werden.

▶ **Gametangiogamie:** Es werden keine Gameten mehr gebildet. Über die Meiosis werden nur haploide Zellkerne angeliefert. Die ganzen Gametangien verschmelzen miteinander. Danach kommt es zur Fusion der Zell-

Abb. 2.1 |

Möglichkeiten der Syngamie (ohne Siphonogamie).
I Isogamie, **II** Anisogamie, **III** Oogamie, **IV** Oogoniogamie, **V1** Iso-Gametangiogamie, **V2** Aniso-Gametangiogamie, **VI** Somatogamie (Plasmogamie bei Basidiomyceten, Zellkerne fusionieren nicht: 1–3 aufeinander folgende Stadien der Plasmogamie; 4 Zustand nach der ersten Teilung der gebildeten dikaryotischen Zelle). + / - verschiedene Geschlechter, Mi Mikrogameten, Ma Makrogameten, S Spermatozoide, E Eizelle, Z Zygote MiG Mikrogametangium, MaG Makrogametangium (I bis V WEBERLING und SCHWANTES 2000; VI nach HESS 1990).

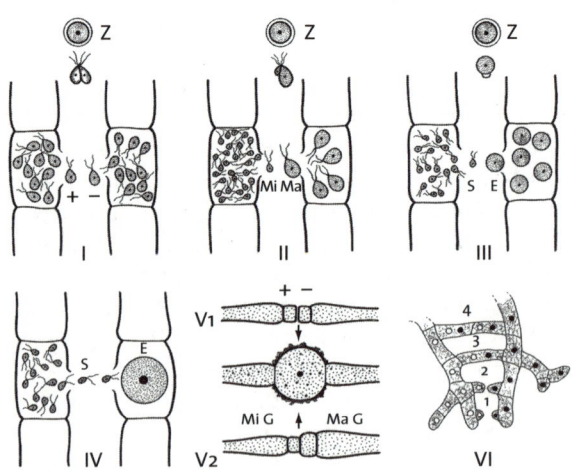

kerne (Karyogamie). Die Fusionskerne umgeben sich mit Cytoplasma und werden zu Zygoten. Bei den Ascomycetes (→ Seite 32) kommt es zunächst nur zur Verschmelzung der beiderseitigen Cytoplasmen *(Plasmogamie)* und erst später zur Fusion der Zellkerne *(Karyogamie)*. Zunächst bildet sich ein Mycel aus zellulären Elementen, die jeweils zwei Zellkerne enthalten, ein *Dikaryon* (dikaryotisches Mycel). Die Gametangien können äußerlich gleich (+ beziehungsweise −) oder verschieden groß sein. Im letzten Fall spricht man von Mikro- und Makrogametangien.

▶ **Somatogamie:** Anstatt Gametangien verschmelzen normale vegetative Zellen. Bei den Basidiomycetes (→ Seite 34), bei denen das der Fall ist, findet sich wieder ein Dikaryon.

Die genannten Möglichkeiten beinhalten eine unterschiedliche Abhängigkeit von flüssigem Wasser. Begeißelte Gameten, wie sie bei der Isogamie, der Anisogamie und der Oogamie auftreten, sind darauf angewiesen. Beim Übergang zum Landleben ist das ein Nachteil.

Generationswechsel | 2.3

Im Pflanzenreich folgen oft Generationen mit unterschiedlichen Eigenschaften aufeinander. Bei einem solchen Generationswechsel können sich die Gestalten ändern. Oft, aber nicht immer, ist der Gestaltswechsel von einem Wechsel in der Kernphase begleitet. Unter Kernphase versteht man den haploiden beziehungsweise den diploiden Zustand der Zellkerne. Die Kernphase wird durch Syngamie (→ 2n) und Meiosis (→ 1n) bedingt. Beide können im Pflanzenreich an ganz verschiedenen Stellen im Entwicklungs-Zyklus stattfinden. Je nachdem unterscheidet man Haplonten, Diplonten und Haplo-Diplonten (Abb. 2.2):

Definition

Eine Generation ist ein mehr- bis vielzelliges Entwicklungsstadium, das aus einem bestimmten Fortpflanzungskörper über mitotische Zellteilungen entsteht und mit der Bildung andersartiger Fortpflanzungskörper endet.

▶ Bei **Haplonten** findet die Meiosis unmittelbar nach der Syngamie statt. Die Zygote keimt unter Meiosis aus. Der entstehende Organismus ist haploid. Er bildet Gameten, ist also ein **Gametophyt** (→ Seite 28).

▶ Bei **Diplonten** liegt die Meiosis unmittelbar vor der Syngamie. Die diploide Zygote bildet über mitotische Zellteilungen einen vielzelligen diploiden Organismus, den man **Sporophyt** nennt. An bestimmten Stellen im Organismus werden über die Meiosis haploide Gameten produziert. Der Mensch und die höheren Tiere sind Diplonten; die höheren Pflanzen sind es nicht.

▶ Bei **Haplo-Diplonten** liegt die Meiosis zwar auch vor der Syngamie, aber nicht unmittelbar wie bei den Diplonten, sondern beide sind durch einen vielzelligen Haplonten getrennt. Hierher gehören die Spermatophyta, bei denen die Gametophyten allerdings stark reduziert sind. Die Meiosis findet auf dem Diplonten, dem **Sporophyten** statt. Sie liefert vier Gonen in Form von Meiosporen (→ Seite 36) an, von denen jede über mitotische Zellteilungen zu einer haploiden Generation heranwachsen kann. Ohne Meiosis bildet der Haplont haploide Gameten aus. Er heißt deshalb **Gametophyt**.

Merksatz

Der Gametophyt ist haploid und bildet Gameten; der Sporophyt ist diploid und kann Sporen bilden.

Die Gametophyten können geschlechtsverschieden sein: Makrogametophyten bilden *Makrogametangien* mit größeren weiblichen Gameten aus. Wenn es sich dabei um Eizellen handelt, werden die Gametangien *Oogonien* genannt. Mikrogametophyten entwickeln *Mikrogametangien* mit einer höheren Anzahl kleinerer männlicher Gameten. Handelt es sich um Spermatozoide, heißen die Gametangien *Antheridien*.

Verschiedengeschlechtliche Gameten fusionieren zur wieder diploiden Zygote. Über mitotische Zellteilungen entsteht aus ihr erneut ein vielzelliger Diplont, der an bestimmten Stellen über die Meiosis wieder Gonen anliefert etc. Da der Generationswechsel mit einem Kernphasen-Wechsel von haploid zu diploid gekoppelt ist, spricht man von einem *heterophasischen Generationswechsel.*

Abb. 2.2

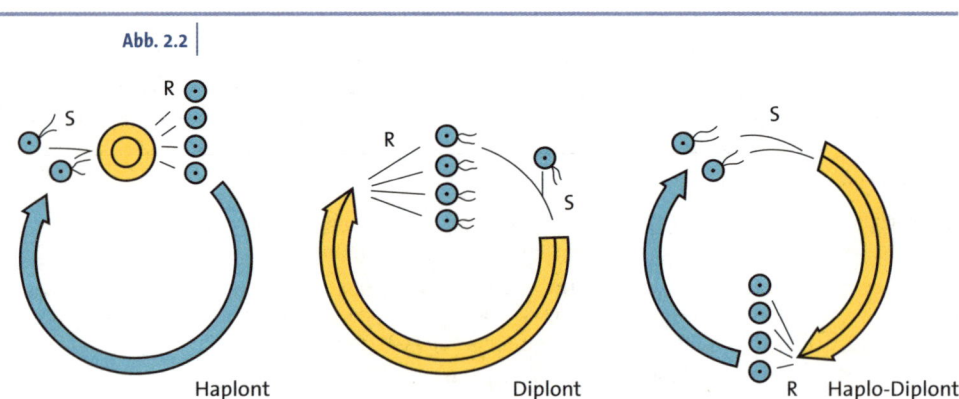

Haplont   Diplont   Haplo-Diplont

Möglichkeiten des Kernphasen- und Generationswechsels. S Syngamie, R Meiosis (Reduktionsteilungen). Beim Haplonten symbolisiert der gelbe Doppelkreis die Zygote, den einzigen diploiden Entwicklungszustand (HESS 1990).

Die Frage drängt sich auf, wozu denn eigentlich ein vielzelliger Diplont benötigt wird. Denn zu Syngamie und Meiosis und damit zu Rekombinationen kommt es ja auch bei einem simplen Haplonten. Wir werden diese Frage beantworten können, wenn wir einen Gang durchs System unternommen haben.

Fragen (mit Seitenverweisen zur Beantwortung)

1 Was verstehen Sie unter sexueller Fortpflanzung? (→ Seite 25)
2 Welches sind die Effekte der Meiosis, wenn die Ausgangszellen heterozygot waren? (→ Seite 25)
3 Was ist eine Oogoniogamie? (→ Seite 26)
4 Was ist eine anisomorphe Gametangiogamie? (→ Seite 27)
5 Was verstehen Sie unter einem heterophasischen Generations-wechsel? (→ Seite 28)

3 | Übersicht über das System der Pilze und Pflanzen

Ziel einer Einführung kann es nicht sein, alle die unzähligen Varianten auswendig zu lernen, die wir im System der Pilze und Pflanzen auffinden könnten. Ein exemplarischer Überblick, der Basiswissen vermittelt, muss genügen. Er wird im Folgenden gegeben und richtet sich nach Tab. 1.2 (→ Seite 17). Bei der Besprechung eines übergeordneten Taxons werden zunächst allgemeine Angaben gemacht, dann einige Subtaxa genannt und schließlich typische Entwicklungszyklen gebracht. Dabei sollten wir ein spezielleres Ziel vor Augen haben: Stehen die Fakten, die wir kennen lernen werden, mit der Hypothese im Einklang, die Sexualität ermögliche oder beschleunige über Rekombinationen die Evolution? Unter welchen Bedingungen werden Diplonten ausgebildet? Nach der Besprechung der Entwicklungszyklen stellen wir deshalb jeweils heraus, ob sich ein Zusammenhang zwischen Kernphase und Lebensweise fassen lässt. Am Ende unseres Streifzugs durch das System werden wir Bilanz ziehen. Auf Basis der Daten, die wir beim Gang durch das System kennen lernten, wird abschließend die Phylogenie diskutiert.

3.1 | Oomycetes

Allgemeine Daten: Die Oomycetes (Algenpilze, Abb. 3.1) sind wasserlebende Saprophyten oder ein- oder mehrkernige (siphonale) fädige ebenso wie lappige Strukturen. Sie können spross-, blatt- und wurzelähnliche Strukturen zeigen, die man *Cauloide, Phylloide* und *Rhizoide* nennt.

Die Oomycetes bilden farblose Hyphen, deren Wände im Gegensatz zu den Hyphen der Pilze aus **Cellulose** (und anderen Glukanen), nicht aus Chitin bestehen. Zoosporen, die der vegetativen Vermehrung dienen, sind **heterokont** begeißelt (→ Seite 36). Freie Gameten finden sich nicht, Befruch-

Definition

Thallus: Gestaltstyp, der kein → Kormus ist
Thallophyt: Orgsanisationstyp, der kein → Kormophyt ist.

tungsschläuche übertragen männliche Kerne zu Eiern im Oogonium. Es handelt sich dabei um eine Sonderform der Oogamie, die **Siphonogamie** (Schlauchbefruchtung). Die sexuelle Fortpflanzung wird durch sie vom flüssigen Wasser unabhängig.

Gattungen/Arten: *Saprolegnia* (Wasserschimmel), *Peranospora* (Falscher Mehltau), *Plasmopora viticola* (Falscher Mehltau des Weines), *Phytophthora infestans* (Kraut- und Knollenfäule der Kartoffel).

| Abb. 3.1

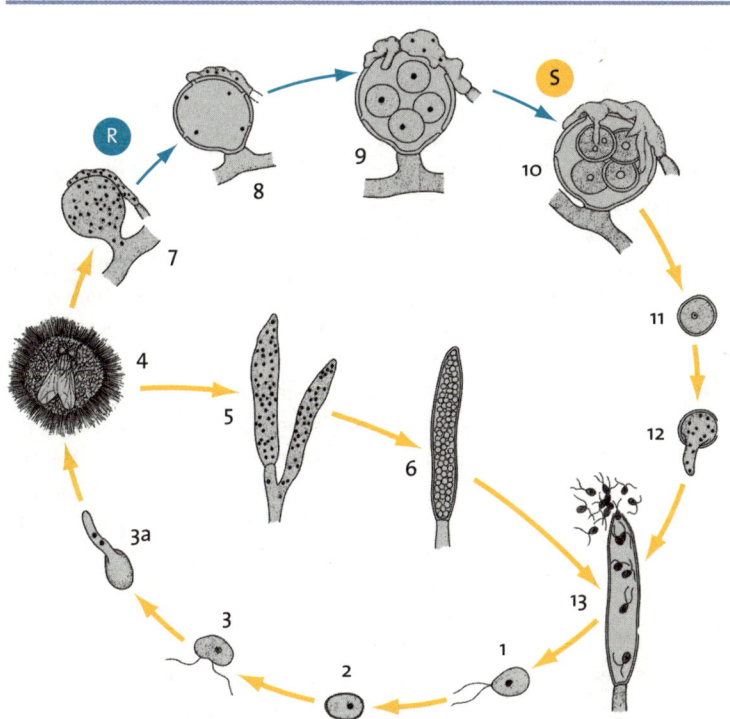

Entwicklungszyklus von *Saprolegnia*. Lebt im Wasser auf Pflanzenresten, toten Fliegen oder Fischen, muss aber auch ein Austrocknen überstehen können. Bei günstigen Außenbedingungen bilden sich zweigeißelige diploide Zoosporen (**1**). Sie durchlaufen ein Ruhestadium (**2**), schwärmen dann wieder (**3**), keimen (**3a**) und wachsen z.B. auf toten Fliegen (**4**) zu einem nach wie vor diploiden Mycel aus. Bei günstigen Außenbedingungen kommt es zur vegetativen Vermehrung: Hyphenenden schwellen zu Zoosporangien an (**5**, **6**) und setzen wieder Zoosporen frei (**13**). Bei der sexuellen Fortpflanzung bilden sich Oogonien und Antheridien, in denen die Meiosis abläuft. Doch werden in den Oogonien zwar Eier, aber in den Antheridien keine Gameten gebildet (**7**, **8**). Statt dessen bringt ein verzweigter Antheridien-schlauch die männlichen Kerne in das Oogonium ein (**9**), in dem dann die Syngamie erfolgt (**10**). Die Zahl der Verzweigungen richtet sich nach der Zahl der Eizellen. Die Zygoten umgeben sich mit einer derben Zellwand (**11**) und werden so zu Dauerorganen, die ein Austrocknen überstehen können. Sie keimen (**12**) zu einem diploiden Mycel aus, das wieder Zoosporangien bildet (**13**) (verändert nach WEBERLING und SCHWANTES 2000).

Kernphase und Lebensweise: Meistens handelt es sich um Diplonten. Diese leben entweder im Wasser (teils auch amphibisch), oder sind Parasiten von Landpflanzen. Ungünstige Außenbedingungen wie Trockenzeiten werden mit einer (diploiden) Dauerzygote überstanden (Abb. 3.1).

3.2 | Ascomycetes

Allgemeine Daten: Sapropyhyten oder Parasiten. Die Wände ihrer septierten Hyphen bestehen aus **Chitin** und verwandten polymeren Kohlenhydraten. Die sexuelle Fortpflanzung erfolgt meistens über **Gametangiogamie** (Abb. 3.3): Die Gametangien zweier geschlechtsverschiedener haploider Mycelien verschmelzen miteinander. Dabei kommt es zunächst nur zur *Plasmogamie* (Fusion der Cytoplasmen). Es bildet sich ein **Dikaryon**, in dem sich ein Kern aus dem einen Gametangium mit einem Kern aus dem anderen Gametangium zusammenlagert. Der Fruchtkörper, das **Apothecium**, besteht aus einem engen Verbund haploider und dikaryotischer Hyphen. In schlauchartigen Verlängerungen der dikaryotischen Hyphen, den Asci (Singular: **Ascus**) kommt es zur *Karyogamie* (Kernfusion) und Meiosis. Unbegeißelte haploide **Ascosporen** werden freigesetzt und wachsen zu neuen haploiden Mycelien aus.

Gattungen/Arten: Sehr einfache Formen sind die Wein- und die Bierhefe (*Saccharomyces ellipsoides* und *Saccharomyces cerevisiae*). Höher entwickelt sind *Gyromitra* (Lorchel), *Morchella* (Morchel, Abb. 3.2), *Neurospora* (Brotschimmel), *Pyronema* (Abb. 3.3), *Tuber* (Trüffel). Bekannte Parasiten: *Claviceps purpurea* (Mutterkornpilz), *Erysiphe* (Echter Mehltau), *Sclerotinia* (Kleekrankheiten, »Monilia«-Fäule) und *Venturia* (Nebenfruchtform *Fusicladium*, Apfel- und Birnenschorf, Abb. 3.2). Aus *Gibberella* (Nebenfruchtform *Fusarium)* wurden erstmals Gibberelline isoliert, die sich später auch als Phytohormone erwiesen.

Abb. 3.2 |

Ascomyceten.
1 *Morchella* (Morchel),
2 *Venturia* (Apfelschorf)
(WALTER 1952).

1

2
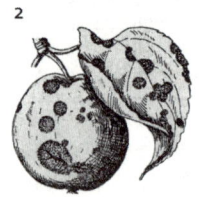

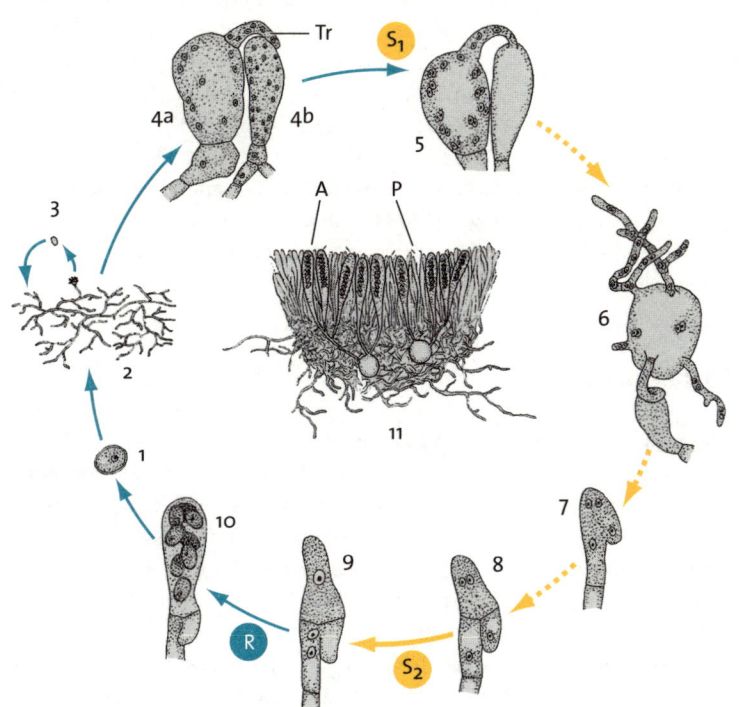

Abb. 3.3

Entwicklungszyklus von *Pyronema confluens*. Weil der Pilz gerne auf Brandstellen wächst, der Name *Pyronema* (= Feuerfaden; gr. pyr = Feuer; gr. nema = Faden). Eine haploide Ascospore (**1**, Spore aus einem Ascus) entwickelt sich zu einem haploiden Mycel (**2**). Auf Ständern, den Konidien, werden *Konidiosporen* gebildet, die zur vegetativen Vermehrung dienen (**3**). Treffen zwei verschiedengeschlechtliche Hyphen aufeinander, werden vielkernige Gametangien entwickelt. Das weibliche Gametangium heißt *Ascogon* (**4a**). Ihm sitzt ein Fortsatz auf, die *Trichogyne* (Tr). Das längliche und hier schlecht ausgebildete Antheridium (**4b**) entlässt alle seine Kerne über die Trichogyne in das Ascogon (**5**). Dort paart sich jeweils ein Kern im Ascogon mit einem Kern aus dem Antheridium ohne zu fusionieren. Es kommt also nur zur Plasmogamie (S1). Dikaryotische (unterbrochene gelbe Pfeile), sog. *ascogene* (ascusbildende) *Hyphen* wachsen aus dem Ascogon aus (**6**). Jede ihrer Zellen enthält ein Kernpaar. Die ascogenen Hyphen haben ihren Namen daher, dass aus ihren Endzellen ein Ascus (gr. askos = Schlauch) gebildet wird. Seine Spitze bildet einen Haken. Das Kernpaar teilt sich (**7**). Ein Tochterkernpaar aus zwei verschiedenartigen Kernen bleibt im Kopf des Hakens. Der eine der beiden anderen Kerne bleibt in der Basalzelle, der andere wandert in die abwärts gerichtete Spitze des Hakens (**8**). Beide können in der Basalzelle unter Auflösung der Zellwände wieder ein Dikaryon bilden (**9**), das erneut einen Ascus ausbilden kann. In der Spitzenzelle des Hakens kommt es nun endlich zur Karyogamie (S2: **8 → 9**). Die Meiosis (R) schließt sich an. Ihre vier Gonen teilen sich noch einmal mitotisch (**10**), sodass acht Ascosporen (**1**) freigesetzt werden. Der Ascus ist also ein *Meiosporangium*, ein Sporangium, in dem die Meiosis abläuft und zu haploiden *Meiosporen*, den Ascosporen führt. Der Fruchtkörper, das Apothecium (**11**), ist hier rot gefärbt und nur wenige mm breit. Im Bild sind zwei Ascogone (Kreise) zu sehen, von denen ascogene Hyphen auswachsen. Asci (A) und zwischen ihnen stehende haploide sterile Hyphen, die der Ernährung dienen, die *Paraphysen* (P), bilden eine Fruchtschicht, das *Hymenium* (verändert nach WEBERLING und SCHWANTES 2000).

Kernphase und Lebensweise: Das Dikaryon entspricht einer Diplophase, also liegt im Prinzip ein Haplo-Diplont mit ungefähr gleichem Anteil der beiden Kernphasen vor (Abb. 3.3). Die Lebensweise ist terrestrisch. Das im Boden wachsende, besser geschützte Mycel ist haploid. Die Bildung der Fruchtkörper wird jedes Jahr neu mit einer Gametangiogamie der im Boden persistierenden haploiden Mycelien gestartet. Der sich über dem Boden exponierte Fruchtkörper besteht weitgehend aus dikaryotischen, d.h. »diploiden« Hyphen.

3.3 | Basidiomycetes

Allgemeine Daten: Ebenfalls Parasiten oder Saprophyten mit **Chitin** als Wandsubstanz. Die sexuelle Fortpflanzung erfolgt über **Somatogamie** (Abb. 3.5): Die Ausbildung von Gametangien unterbleibt; Hyphenzellen geschlechtsverschiedener Mycelien verschmelzen miteinander. Zunächst kommt es nur zur Plasmogamie, so dass sich wieder ein Dikaryon bildet. Dem Ascus entspricht die **Basidie**: Hyphenenden schwellen zu einem Meiosporangium an, in dem die Karyogamie und anschließend die Meiosis stattfinden. Die vier Tochterkerne der Meiosis werden *direkt*, also ohne nachfolgende Mitose, als haploide Meiosporen von der Basidie abgeschnürt und wachsen zu neuen haploiden Mycelien heran.

Das Dikaryon bildet sich schon früh und durchwächst den Boden weithin; auch der *gesamte Fruchtkörper ist dikaryotisch*, ohne dass sich haploide Hyphen beteiligen. Das Dikaryon bleibt über Jahre hinweg erhalten und kann jedes Jahr erneut Fruchtkörper bilden. Die dikaryotische Phase ist also viel ausgedehnter als bei den Ascomyceten.

Für die *Bestimmung* (Giftpilze!) können Hüllen wichtig sein, die zunächst die jungen Basidien vor Austrocknung schützen: Das *Velum universale* überzieht den gesamten jungen Fruchtkörper. Beim Wachstum wird es gesprengt. Fetzen können noch oben auf dem Hut hängen, eine Hülle (Volva) bleibt an der Stielbasis zurück (*Amanita phalloides*). Das *Velum partiale* ist beim jungen Fruchtkörper vom Hutrand zum Stiel gespannt. Wenn es

Abb. 3.4 |

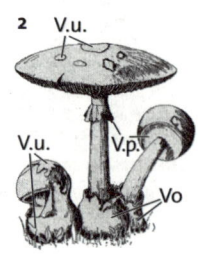

Einige Basidiomycetes. **1** *Boletus* (Steinpilz), **2** *Amanita* (Knollenblätterpilz). V.u. Velamen universale oder Reste davon, Volva (Rest des Velamen universale), V.p. Velamen partiale oder Reste davon (Ring bei 2) (WALTER 1952).

bei der Streckung gesprengt wird, können Fetzen am Hutrand zurückbleiben; der Stiel behält einen Ring (Abb. 3.4, 3.5).

Alle Mycobionta, ganz besonders aber die Basidiomycetes, bilden mit Bäumen eine **Mykorrhiza**.

Gattungen/Arten: Parasiten: *Puccinia* (Rostpilz), *Tilletia* und *Ustilago* (Brandpilze). Speisepilze: *Agaricus bisporus* (Kultur-Champignon), *Boletus edulis* (Steinpilz, Abb. 3.4), *Cantharellus cibarius* (Pfifferling), *Clavaria flava* (Gelber Ziegenbart). Nur jung essbar: *Bovista* (Weichbovist). Ungenießbar:

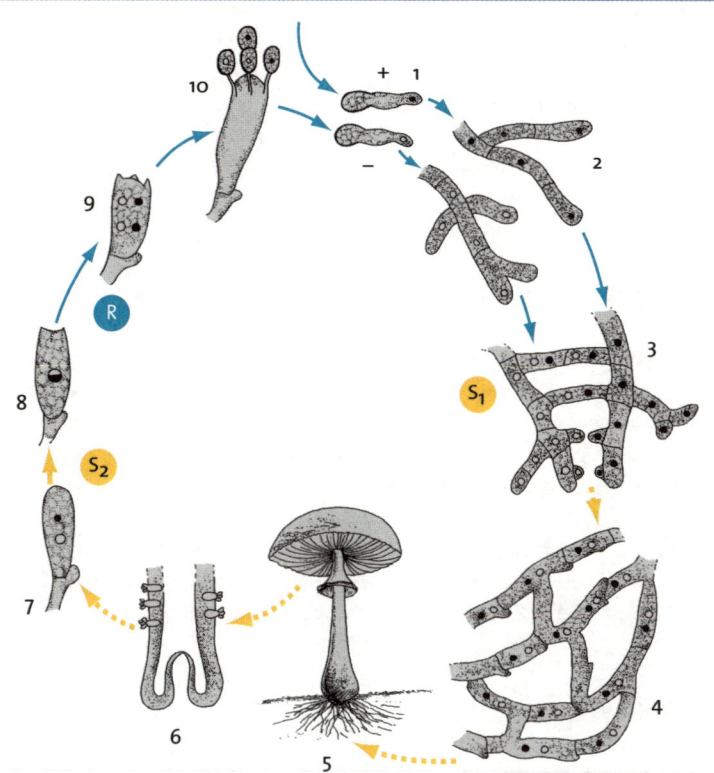

Abb. 3.5

Entwicklungszyklus eines Basidiomyceten. Er zeigt in diesem Fall keine Schnallen. Schnallen kennzeichnen eine Sonderform der Zellteilung, bei der der dikaryotische Zustand erhalten bleibt. Hinsichtlich der Schnallenbildung können sich sogar nahe Verwandte unterschiedlich verhalten. Haploide Basidiosporen (**1**) keimen und wachsen zu haploiden, geschlechtsverschiedenen Mycelien aus (**2**). Zwischen Hyphen der beiden Mycelien kommt es zur Somatogamie (**3**), und dabei zunächst nur zur Plasmogamie (S$_1$). Es entstehen räumlich und zeitlich ausgedehnte Dikarya (**4**, unterbrochene gelbe Pfeile), die Fruchtkörper (**5**) bilden. Am Stiel des Fruchtkörpers befindet sich hier ein Ring, der auf die Sprengung eines Velamen partiale zurückgeht. In Lamellen der Hutunterseite (**6**) bilden sich Basidien. In ihnen findet die Karyogamie statt (S$_2$; **7 → 8**). Die Meiosis folgt (R; **8 → 9**); haploide, geschlechtsverschiedene Basidiosporen werden abgeschnürt (**10**) (verändert nach STEVENSON aus HESS 1990).

Box 3.1

Sporen sind Diasporen

Diasporen nennt man alle Ausbreitungsorgane (→ Seite 100). Zu ihnen gehören auch die in der Regel einzelligen Sporen. Je nach ihrer Lage im Entwicklungszyklus und dem Ort ihrer Bildung unterscheidet man verschiedene Typen:

▶ Lage im Entwicklungszyklus: Bildung über mitotische Teilungen: *Mitosporen*. Bildung über die Meiosis: *Meiosporen*. Die entsprechenden Sporangien kann man Mito- beziehungsweise Meiosporangien nennen.

▶ Ort der Bildung: Innerhalb von Sporangien: *Endosporen*. Sie gliedern sich in mit Geißeln bewegliche *Zoosporen* oder *Planosporen* und geißellose, unbewegliche *Aplanosporen*. Abschnürung nach außen vom Sporangium: *Exosporen* oder *Konidien*. Sie sind immer Aplanosporen und werden meist vom Wind ausgebreitet.

Phallus impudicus (Stinkmorchel). Giftpilze: *Amanita muscaria* (Fliegenpilz), *Amanita phalloides* (Grüner Knollenblätterpilz, Abb. 3.4).

Kernphase und Lebensweise: Das Dikaryon entspricht wieder der Diplophase (Abb. 3.5). Damit liegen erneut Haplo-Diplonten und mit terrestrischer Lebensweise vor, für die die gleichen Überlegungen wie für die Ascomycetes gelten. Nur ist hier das Dikaryon bei weitem stärker ausgebildet als bei diesen. Das kann ebenso wie die Somatogamie an Stelle der Gametangiogamie als »fortgeschrittener« gewertet werden.

Hinweis: Die *Lichenes* (Flechten), Doppel- oder Dreifach-Symbiosen aus Asco- oder Basidiomyceten einerseits und Cyanophyceae und/oder Chlorophyceae andererseits können hier nur erwähnt werden.

3.4 | Phaeophyceae

Die Phaeophyceae (Braunalgen) gehören zu den Heterokontophyta (gr. Pflanzen mit verschiedenartigen Geißeln). Ihren Namen verdanken sie zwei verschiedenen Geißeln, einer nach vorne gerichteten langen Zuggeißel und einer nach hinten gerichteten kurzen Schleppgeißel. Sie reichen in ihrem Habitus von winzigen Fäden bis zu 300 m langen Tangen (Abb. 3.6). Sie können spross-, blatt- und wurzelähnliche Bildungen aufweisen. Meist handelt es sich um Meeresalgen, die mit ihren Rhizoiden auf dem Untergrund festgewachsen sind.

Ihren Namen verdankt die Abteilung dem braunen Farbstoff **Fucoxan-thin**, einem Xanthophyll, das besonders das Blaulicht für die Photosynthese nutzen kann. Es überdeckt die ebenfalls vorhandenen Chlorophylle **a** und **c** (c ist ein einfaches Chlorophyll ohne Phytol-Gruppe). Auch in

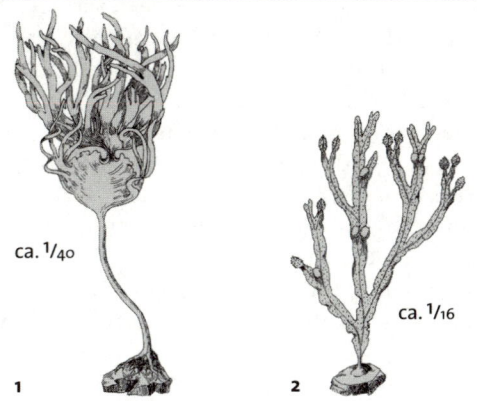

Abb. 3.6

Habitus von großen Phaeophyceae.
1 *Laminaria* (im »Laubwechsel«, die oberen, also älteren Phylloide werden abgestoßen),
2 *Fucus* (WALTER 1952).

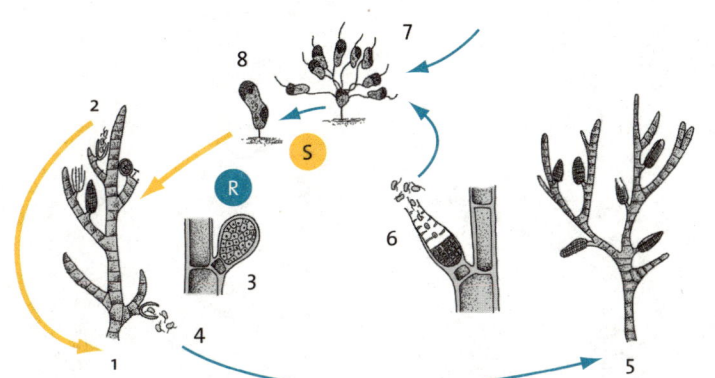

Abb. 3.7

Entwicklungszyklus von *Ectocarpus siliculosus*. Die Art besiedelt Felsen und größere Algen in der Gezeitenzone. Sie zeigt einen isomorphen heterophasischen Generationswechsel: Gametophyt und Sporophyt sehen, abgesehen von den Gametangien bzw. Sporangien, fast gleich aus, nämlich wie kleine Fadenbüschel. Der Sporophyt (**1**) kann sich über diploide Zoosporen vegetativ fortpflanzen (**2 → 1**). Zur sexuellen Fortpflanzung bildet er unilokuläre Sporangien (**3**), in denen über Meiosis (R) zahlreiche haploide Zoosporen gebildet werden. Sie werden freigesetzt (**4**) und wachsen zu Gametophyten (**5**) heran, die pluriloculäre Gametangien tragen (**6**). Die Gameten sehen gleich aus, verhalten sich aber unterschiedlich. Man spricht hier von *physiologischer Anisogamie*: Ein (-)-Gamet setzt sich fest. Er lockt über das Gynogamon Ectocarpen (Abb. 3.9) eine Gruppe von (+)-Gameten an (**7**). Einer von ihnen fusioniert mit dem (-)-Gameten (**8**). In der Syngamie-Gruppe (S) lässt sich auch die heterokonte Begeißelung erkennen. Aus der Zygote entwickelt sich *sofort* ein neuer Sporophyt (**8 → 1**) (verändert nach WEIER et al. aus HESS 1990).

anderen Algenklassen gibt es besondere Xanthophylle, die chemosyste-matisch wichtig sind. Die Zellwände bestehen aus Cellulose und **Alginat,** einem Polysaccharid aus überwiegend Mannuronsäure mit weniger Guluronsäure (beides sind »Uronsäuren«, bei denen die Hexose an C6 eine Carboxylgruppe trägt), das als gelartiger Calcium-Komplex vorliegt. Ca^{2+} und andere mehrwertige Jonen vernetzen dabei die Polysaccharid-ketten über ihre Carboxylgruppen. Die Alginat-Gele werden aus größe-ren Braunalgen (*Laminaria, Macrocystis*) für Zwecke der Nahrungsmittel-industrie und der Medizin in technischem Maßstab gewonnen. *Fucus vesiculosus* (Blasentang) dient als Jod-Lieferant.

Die Alginat-Gele werden in technischem Maßstab aus größeren Braunalgen (*Laminaria, Macrocystis*) für verschiedene Zwecke in der Nah-rungsmittelindustrie und der Medizin gewonnen. *Fucus vesiculosus* (Blasentang) dient als Jod-Lieferant.

Die meisten Braunalgen weisen einen heterophasischen Generations-wechsel auf. Charakteristisch ist, dass der Gametophyt **pluriloculäre** (viel-

Abb. 3.8

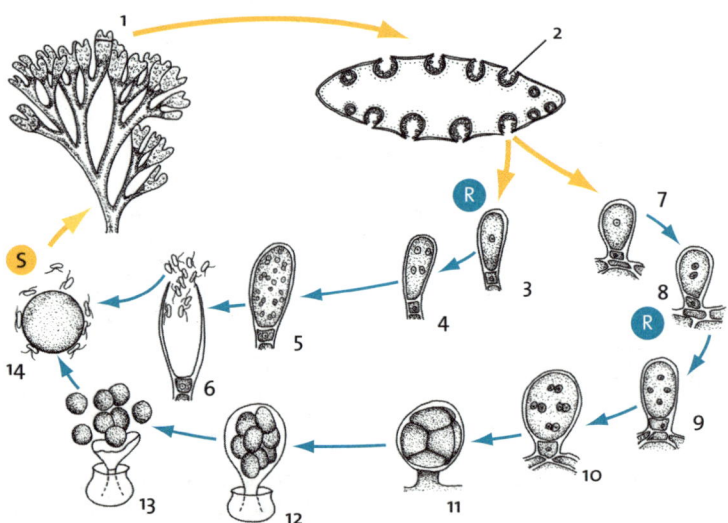

Entwicklungszyklus von *Fucus platycarpus*. Die Gattung *Fucus* besiedelt Felsen in der Gezeitenzone. In schleimerfüllten Hohlräumen von Thallus-Lappen des Sporophyten (**1**, Querschnitt durch den Thal-lus), den Konzeptakeln, werden die Gametangien gebildet. Bei *F. platycarpus* finden sich Antheridien und Oogonien in denselben Konzeptakeln (**2**). In den Antheridien entstehen über die Meiosis (**3 → 4**) und nachfolgende Mitosen (**5**) zahlreiche haploide Spermatozoide (**6**). In den Oogonien teilt sich nach der Meiosis (**7–9**) jeder der vier Kerne noch einmal (**10**), sodass acht Kerne und dann ein achtzelliger Miktohaplont (gr. miktos = gemischt) entstehen. Seine Zellen werden als Eier frei (**12, 13**). Sie locken Spermatozoide über das Gynogamon Fucoserraten an (Abb. 3.9). Nach der Oogamie (**14**) wächst die Zygote *sofort* zu einem neuen Sporophyten (**1**) aus (verändert nach Weier et al. aus HESS 1990).

kammerige) **Gametangien** und der Sporophyt **unilokuläre** (einkammerige) **Sporangien** bildet. Ein *isomorpher Generationswechsel*, bei dem Gametophyt und Sporophyt von den Fortpflanzungsorganen abgesehen fast gleich aussehen, findet sich bei *Ectocarpus siliculosus* (Abb. 3.7). Doch Haplont und Diplont können sich auch so sehr unterscheiden (*heteromorpher Generationswechsel*), dass man sie sogar für verschiedene Gattungen halten konnte: Den Gametophyten von *Cutleria multifida* nannte man früher *Cut-*

Box 3.2

Gynogamone und synchronisierte Entwicklungszyklen bei Phaeophyceae

Pheromone sind Wirkstoffe, die von Individuen einer gegebenen Art nach außen abgegeben werden und (in der Regel) bei Individuen der gleichen Art eine bestimmte Reaktion auslösen. Zu den Pheromonen gehören auch die **Gynogamone**. Bei ihnen handelt es sich um Stoffe, mit denen Eizellen Spermatozoide anlocken. Sie sind bei Braunalgen besonders gut untersucht.

Die Gynogamone kommen nur dadurch voll zur Wirkung, dass sie in einem hochgradig synchronisierten Entwicklungszyklus zum richtigen Zeitpunkt abgegeben werden. Bei *Ectocarpus* wird das besonders deutlich. Die haploiden Zoosporen, die über die Meiosis entstehen, werden bei einem Absenken der Temperatur synchron freigesetzt. Im Golf von Neapel zum Beispiel muss die Temperatur des Meereswassers dazu auf 13 °C absinken. Schon die Gametophyten entwickeln sich dann einigermaßen synchron. Eine weitere Synchronisation findet sich beim Freisetzen der Gameten. Auslöser dafür ist die Morgendämmerung. Die (+)-Gameten und die (-)-Gameten werden also synchron entlassen. Schon dadurch wird die Syngamie-Rate erhöht. Das Tüpfelchen auf dem »i« ist dann das Gynogamon Ectocarpen (Abb. 3.9), das eine zusätzliche Steigerung der Syngamie-Rate bewirkt.

Bei *Fucus* findet sich ebenfalls eine Synchronisation, auch wenn sie weniger gut ausgebaut ist. Der Inhalt der Konzeptakel wird bei Ebbe als schleimige Masse ausgestoßen. In den Pfützen der aufkommenden Flut werden dann die Spermatozoiden und Eizellen freigesetzt und von leichten Flutwellen in die gleiche Richtung geschwemmt. Schon diese Konzentrierung erleichtert die Syngamie. Hinzu kommt dann noch die Anlockung durch Fucoserraten (*Fucus serratus*, Sägetang) oder andere Gynogamone.

| Abb. 3.9

Gynogamone bei Phaeophyceae. **a** Ectocarpen (*Ectocarpus siliculosus*), **b** Fucoserraten (*Fucus serratus*) (HESS 1990).

leria, den Sporophyten *Aglaozonia*. Bei *Laminaria* sind die männlichen und mehr noch die weiblichen Gametophyten stark reduziert, bei *Fucus* (Abb. 3.8) sogar völlig verschwunden.

Gattungen/Arten: *Cutleria multifida*, *Ectocarpus siliculosus* (Abb. 3.7), *Fucus* (Tang, Abb. 3.6), *Laminaria* (Abb. 3.6), *Macrocystis pirifera* (Birntang, wird bis zu 300 m lang).

Kernphase und Lebensweise: Bei den Phaeophyceae findet sich die Tendenz, die Haplophase zu reduzieren. *Ectocarpus* ist ein Haplo-Diplont mit fast isomorphem Generationswechsel (Abb. 3.7), *Laminaria* ein Haplo-Diplont mit stark reduzierter Haplophase, *Fucus* ein Diplont (Abb. 3.8). Sein Miktohaplont ist eine Sonderbildung, die dem normalen Haplonten nicht entspricht. Denn dieser bildet sich aus nur einer der Gonen, während sich an der Entstehung des kurzlebigen Miktohaplonten alle vier Gonen beteiligen (s. Glossar).

Ein klarer Bezug der Kernphase zur Lebensweise lässt sich nicht erkennen. Jedenfalls gibt es hier keine länger andauernden schlechten Außenbedingungen. Ein Trockenlaufen bei Ebbe schadet nicht. Sonst würde zum Beispiel die Zygote nicht bei allen Phaeophyceae *sofort* auswachsen, sondern wie sonst bei ungünstigen Lebensbedingungen zu einem Dauerorgan umgestaltet.

3.5 | Ulvophyceae

Allgemeine Daten: Die Klasse gehört zur Abteilung der Chlorophyta. Mit ihr beginnen die Viridophyta, die grünen Pflanzen. Die früheren Grünalgen werden heute in zwei Gruppen aufgeteilt, von denen die erste zu den Chlorophyta, die zweite zu den Streptophyta gehört. Wir behandeln nur zwei Klassen der Chlorophyta, die Ulvophyceae und die Chlorophyceae.

Bei den Ulvophyceae finden sich Einzeller – verzweigte und unverzweigte Fäden – teils mit mehreren Zellkernen pro Zelle. Typisch ist ein bandförmiger Chloroplast pro Zelle, der manschettenartig an den Zellwänden liegen kann. Die Geißeln von Zoosporen und Gameten sind anders inseriert als bei den frei beweglichen Formen der Chlorophyceae. Meist handelt es sich um Arten der Meeresküste. *Ulothrix* (Abb. 3.10) ist jedoch eine Süßwasser-Art.

Gattungen/Arten: *Enteromorpha* (Wasserdarm), *Ulothrix* (Abb. 3.10), *Ulva lactuca* (Meersalat).

Kernphase und Lebensweise: Generell Haplonten bei an der Meeresküste gleichmäßig günstigen Bedingungen. Wenn sich – wie bei der im Süßwasser lebenden *Ulothrix* – die Lebensbedingungen verschlechtern, kommt es zur Bildung des (diploiden) Dauerorgans Zygote (Abb. 3.10).

Abb. 3.10

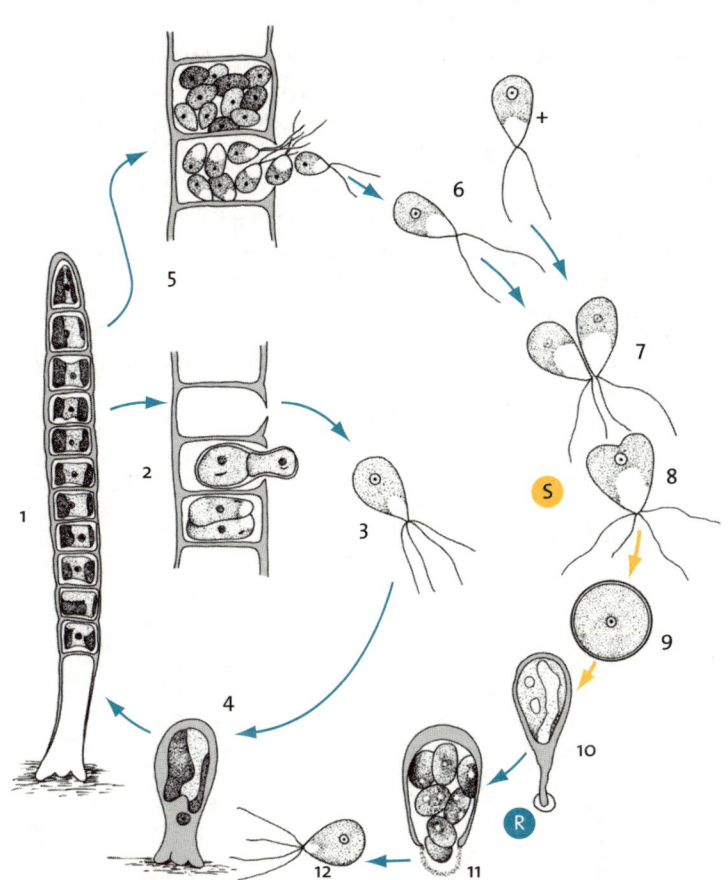

Entwicklungszyklus von *Ulothrix*. Die Fadenalge besteht aus hintereinander gereihten haploiden Zellen mit einem manschettenartigen Chloroplasten (**1**). *Jede* dieser Zellen kann sich teilen, *jede* kann sich vegetativ vermehren, indem durch ein Loch in der Zellwand eine Blase austritt, die viergeißelige Mito-zoosporen (**3**) entlässt. Sie wachsen zu neuen Fäden heran. Die chloroplastenfreie Rhizoidzelle, über die der Faden mit dem Untergrund verwächst, ist die einzige stärker differenzierte Zelle, bei der das nicht mehr möglich ist. Bei Veränderungen in der Umwelt kommt es zur sexuellen Fortpflanzung. Fadenzellen werden zu Gametangien, die mindestens acht kleine zweigeißelige Isogameten (**5**) entlassen. Sie sind je nach dem Faden, der sie anliefert, nach + bzw. - differenziert (**6**). (+)- und (-)-Gameten verschmelzen zur Zygote (**7**, **8**), die zuerst noch viergeißelig umher schwimmt (**8**), sich dann aber abrundet und zu einem widerstandsfähigen Dauerorgan wird (**9**). Nach der Meiosis (**10** → **11**) keimt sie unter Bildung von viergeißeligen Meiozoosporen aus (**11,12**), von denen jede wieder zu einem haploiden Faden (**1**) heranwachsen kann (verändert nach WEBERLING und SCHWANTES 2000).

3.6 | Chlorophyceae

Allgemeine Daten: Bei der zweiten hier behandelten Klasse der Chlorophyta, den Chlorophyceae, handelt sich meistens um Arten des Süßwassers. Unter ihnen finden sich oft Einzeller oder koloniebildende Formen, aber auch vielzellige lappige und fädige Formen, darunter auch vielkernige Arten. Die Zellwände der begeißelten Formen bestehen aus Glykoproteinen, die sonstigen Zellwände aus verschiedenen Polysacchariden, darunter auch Cellulose (diese nicht bei *Chlamydomonas*: Abb. 3.11). Die Geißeln sind anders eingefügt als bei den Ulvophyceae. Die Klasse stellt durchweg Haplonten.

Abb. 3.11 |

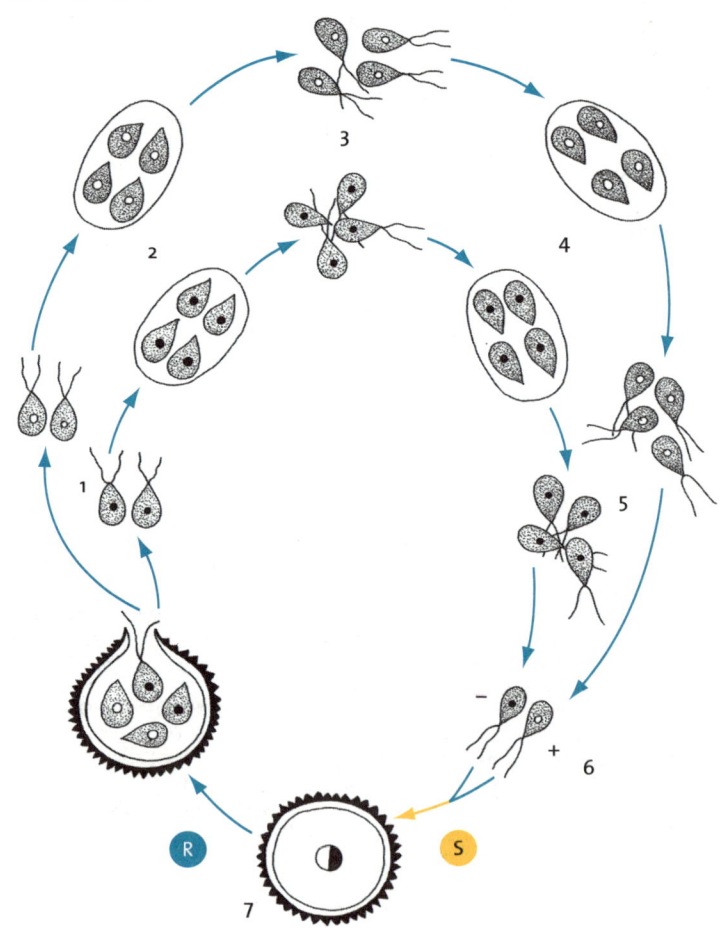

Entwicklungszyklus von *Chlamydomonas*. Eine Zygote (7) liefert unter Meiosis (R) vier haploide zweigeißelige Planosporen an. Sie können sich vegetativ vermehren (1 → 3), aber auch je nach den Außenbedingungen, vor allem bei sich verschlechternden Umweltbedingungen, zu (+)- und (-)-Gameten umfunktioniert werden (4 → 6).
Die beiden Gametentypen fusionieren miteinander (S). Die Zygote schwimmt zunächst noch als viergeißelige Planozygote umher, resorbiert dann aber die Geißeln und umgibt sich mit einer dicken Membran (7). Diese Cysto- oder Hypnozygote fungiert als Überdauerungsorgan. Nach Besserung der Außenbedingungen keimt sie unter Meiosis (R) wieder mit vier Planosporen aus, von denen zwei zum (+)-, zwei zum (-)-Typ gehören (verändert nach WEIER et al. aus HESS 1990).

Box 3.3

Vom Einzeller über Zellkolonien zum Vielzeller

Die Volvocales liefern eine Modellreihe dafür, wie man sich die Entstehung eines vielzelligen Organismus vorstellen könnte (Abb. 3.12). Am Beginn stehen Einzeller wie *Dunaliella,* eine marine Alge, die wegen ihres hohen Carotinoidgehaltes rot gefärbt ist und als Ernährungszusatz verwendet wird. Kolonien entstehen bei Teilungen einer Ausgangszelle dadurch, dass sich die jeweiligen Tochterzellen nicht voneinander lösen, sondern verklebt bleiben. Bei » echten« Kolonien sind die Zellen einander gleich. Eine erste, tafelförmige Kolonie aus meist vier Zellen liegt mit *Gonium* vor. *Pandorina* besteht aus 8 oder 16, *Pleodorina* aus 128 Zellen. Bei allen Arten sind die Zellen in Gallerte eingebettet und über Plasmodesmen verbunden, die den Geißelschlag koordinieren. Koordinierte Bewegung bedeutet gerichtete Bewegung und damit ein »Vorn« und »Hinten«. Dementsprechend kommt es zu Unterschieden zwischen einem vorderen (vegetativen) und hinteren (generativen) Pol: vorn sind die Zellen größer, mit größeren Geißeln und größerem Augenfleck.

Diese polaren Differenzierungen beginnen andeutungsweise schon bei *Pandorina* und gipfeln bei *Volvox.* Ihre Arten bilden Gallerthohlkugeln mit Tausenden von Zellen. Die Kugeln können stecknadelkopfgroß werden. Auch die Vermehrung ist polar lokalisiert:

Die *vegetative Vermehrung* geht von Einzelzellen am hinteren Pol aus. Sie teilen sich, bis genügend Zellmaterial vorliegt, um über Gestaltungsbewegungen Tochterkugeln zu bilden, die zunächst ins Innere der Hohlkugel abgegeben werden. Bei ihrer Freisetzung gehen die restlichen Zellen der ursprünglichen Kugel zugrunde (Leiche!).

Sexuelle Fortpflanzung: Die *Volvox*-Arten können mon- oder diözisch sein. Am hinteren Pol werden Eizellen und/oder Spermatozoide gebildet. Die Zygote ist ein Dauerorgan. Die restlichen Zellen sterben auch hier ab (Leiche!).

Volvox zeigt also nicht nur eine koordinierte Bewegung und eine polare Differenzierung, sondern auch eine Leichenbildung. Die Leiche ist aber eines der Kriterien für vielzellige Organismen. *Volvox* gehört zweifelsfrei zu ihnen.

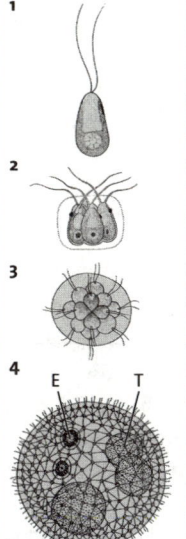

| Abb. 3.12

Vom Einzeller über Kolonien zum Vielzeller. **1** *Dunaliella,* **2** *Gonium,* **3** *Pandorina,* **4** *Volvox.* E Eizelle, T vegetative Tochterkugeln (1 bis 3 aus WEBERLING und SCHWANTES 2000; 4 aus WALTER 1952).

Gattungen/Arten: *Chlamydomonas* (Abb. 3.11), *Dunaliella, Gonium, Pandorina, Pleodorina, Volvox* (vier der fünf letztgenannten in Abb. 3.12), *Hydrodictyon utriculatum* (Wassernetz).

Kernphase und Lebensweise: Im Süßwasser muss eher mit Veränderungen der Umwelt, zum Beispiel über Austrocknen gerechnet werden als im Meer. Bei Verschlechterung des Mediums kommt es zur Syngamie. Die Zygote fungiert als Dauerorgan (Abb. 3.11).

3.7 | Bryophyta (Moosgewächse)

Allgemeine Daten: Mit den Bryophyta gelangen wir zum Organisationstyp der **Archegoniata,** zu denen man auch die Pteridophyta zählt. Namengebend sind die weiblichen Gametangien, die **Archegonien.** Sie werden ebenso wie die männlichen Gametangien auf Moospflänzchen gebildet.

Definition

Archegoniata: Organisationstyp, der Archegonien ausbildet.

Beide sind von schützenden Blättchen umgeben. Die flaschenförmigen Archegonien enthalten bei den Moosen von oben nach unten die **Halskanalzellen,** eine **Bauchkanalzelle** und eine **Eizelle.** Nach Verschleimung der Zellen oberhalb der Eizelle kann es zur Syngamie durch zweigeißelige **Spermatozoide** kommen. Sie werden in Vielzahl in männlichen Gametangien – den **Antheridien** – gebildet und schwimmen chemotaktisch angelockt zur Eizelle. Die Syngamie erfordert also Wasser, ein Nachteil insofern, als fast alle Moose Landpflanzen sind. Die Moose kann man außerdem zum Organisationstyp der **Embryophyten** zählen. Denn in ihrer Entwicklung bildet sich als Zwischenstadium kurzfristig eine embryoähnliche Struktur.

Definition

Embryophyten: Organisationstyp, der Embryonen ausbildet.

Klassen/Gattungen/Arten: Marchantiopsida (Hepaticae, Lebermoose): Meist thallöse Formen wie *Marchantia* (Abb. 3.13); foliose Formen wie *Plagiochile* können einschichtige Blättchen ohne Mittelrippe aufweisen. Rhizoide sind einzellig. Die Hepaticae werden auch in zwei Klassen gegliedert. Doch sprechen neuere Daten dafür, sie wie hier wieder in nur einer Klasse zusammenzufassen.

Bryopsida (Musci, Laubmoose): Foliose Formen, Blättchen mit Mittelrippe, Rhizoide mehrzellig. *Funaria hygrometrica* (Drehmoos, Abb. 3.15), *Buxbaumia, Hylocomium* (Stockwerkmoos), *Mnium* (Sternmoos), in Abb. 3.14: *Polytrichum* (Frauenhaarmoos), *Sphagnum* (Torfmoos).

Anthoceratopsida (Hornmoose): Thallus, kleines Taxon.

Kernphase und Lebensweise: Der Entwicklungszyklus wird für ein Laubmoos geschildert (Abb. 3.15). Auffallend ist, dass hier der diploide Sporophyt, das **Sporogon**, in seiner Entwicklung völlig vom Moospflänzchen, dem Gametophyten, abhängig ist. Dieses Moospflänzchen bleibt trotz eines oft hohen morphologischen und anatomischen Differenzierungsgrads ein Thallus. Wurzeln fehlen ihm. Statt dessen werden Rhizoide gebildet, bei denen es sich um nur wenigzellige Auswüchse handelt. Im Gegensatz zum sonstigen Entwicklungstrend zu den Angiospermen hin **dominiert** hier also nicht der Sporophyt, sondern **der Gametophyt**, das Moospflänzchen. Es ist aber hochgradig austrocknungsfähig und kann so überdauern. Einen wie bei den Pteridophyta weitaus stärker entwickelten Sporophyten besitzt *Buxbaumia*. Einige Hornmoose weisen einfache Spaltöffnungen auf, doch im Gegensatz schon zu den Urfarnen fehlen ihnen weitere Anpassungen an ein Landleben (s. Box 3.4). Insgesamt zeigen die Moose eine Evolution »in die Sackgasse«. Keine wesentlichen anderen Gruppen leiten sich von ihnen ab, keinesfalls etwa die Pteridophyta (→ Seite 71).

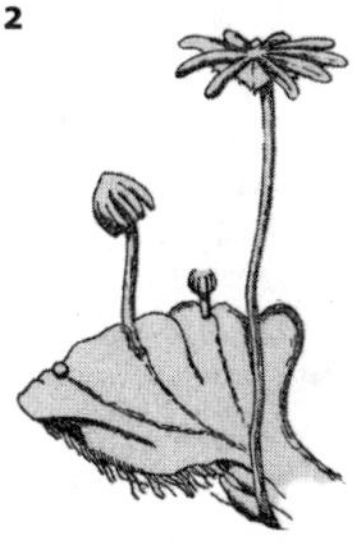

Abb. 3.13

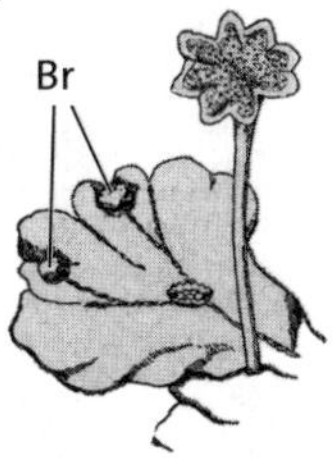

Hepaticae (Lebermoose). *Marchantia polymorpha* (Brunnenlebermoos; thalloses Lebermoos): **1** ♂ Thallus mit einem Antheridienstand und Br Brutknospen; **2** ♀ Thallus mit 4 Entwicklungsstadien von Archegonienständen. Auf der Unterseite sind Rhizoide sichtbar (WALTER 1952).

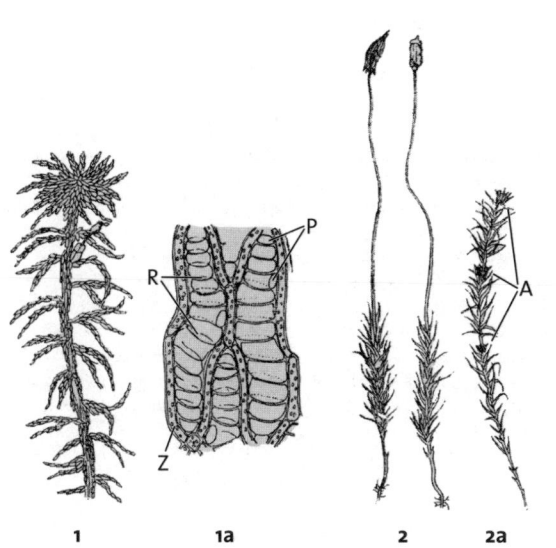

Abb. 3.14

Musci (Laubmoose). *Sphagnum cymbifolium* (Torfmoos): **1** Pflänzchen, **1a** Blättchen in Aufsicht mit großen, ringförmig versteiften Zellen (R). Sie nehmen über P Poren Wasser auf, das sie speichern. Um sie herum liegen lebende grüne Z Zellen mit Chloroplasten. Beide Zelltypen entstehen über inäquale Teilungen aus einer Mutterzelle. *Polytrichum commune* (Frauenhaarmoos): **2** zwei ♀ Pflänzchen mit aufsitzenden Sporogonen, das linke mit, das rechte ohne Calyptra (Haube; Teil der Archegonienwand, der bei der Streckung des Sporogons abgerissen und emporgehoben wurde), **2a** ♂ Pflänzchen aus drei Jahrestrieben. Jeder von ihnen endete mit einem A Antheridienstand (WALTER 1952).

1   1a   2   2a

Abb. 3.15

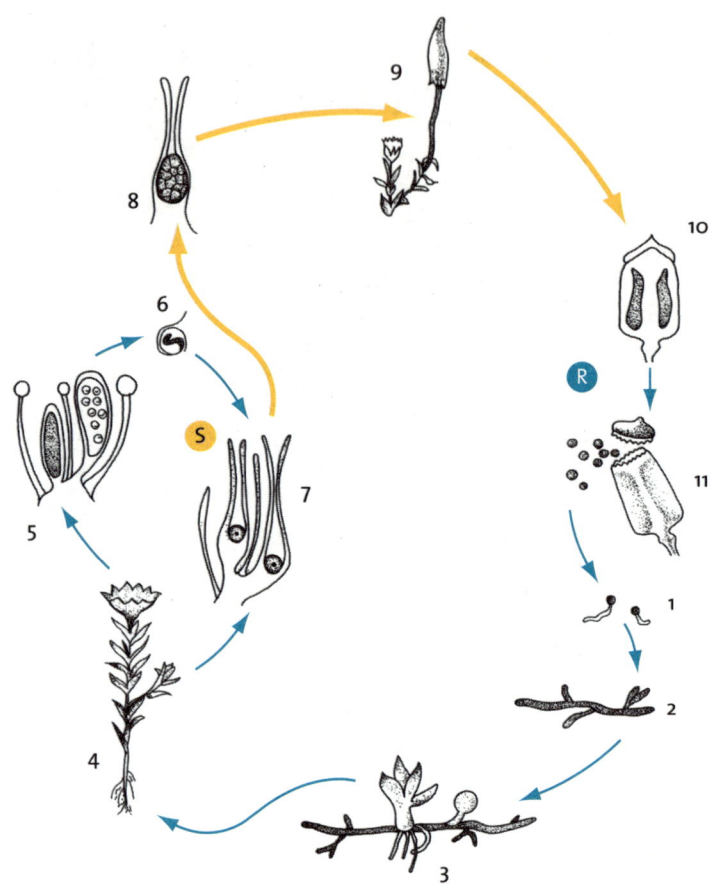

Entwicklungszyklus von *Funaria hygrometrica* (Drehmoos). Eine Meiospore (**1**) keimt zu einem haploi-den Protonema (**2**) aus. Es würde Pilzhyphen gleichen, wenn es nicht Chloroplasten enthielte. An ihm entstehen Knospen (**3**), aus denen sich die nach wie vor haploide eigentliche Moospflanze (**4**) mit Achse und ansitzenden Blättchen entwickelt. Protonema und Moospflänzchen bilden den Gametophyten. Das Pflänzchen bildet Sexualorgane, Antheridien (**5**) und Oogonien, die hier Archegonien heißen (**7**). In den Antheridien werden Spermatozoide (**6**) gebildet, die in Wassertröpfchen zu den Archegonien schwimmen. Diese enthalten je eine Eizelle, die befruchtet wird (**6** bis **7**). Aus der Zygote entwickelt sich ein diploider Sporophyt, den man Sporogon nennt (**8**, **9**). Er bleibt zeitlebens mit dem Gametophyten verbunden. Als braunes, chlorophyllarmes Gebilde wird er über den Gametophyten ernährt. Auf einem Stiel trägt er eine Kapsel (**9**). Dabei handelt es sich um ein Sporangium, in dem die Meiosis abläuft (**10**, **11**). Ihre Gonen werden zu Meiosporen (**1**) (verändert nach SINNOT und WILSON aus HESS 1990).

Pteridophyta (Farnpflanzen) | 3.8

Allgemeine Daten: Die Pteridophyta gehören zu den Organisationstypen der **Kormophyten** und auch **Tracheophyten**. Sie sind außerdem wie auch die Bryophyta **Embryophyten** und **Archegoniata**. Im Gegensatz zu den Moosen ist der Gametophyt nur ein kleiner Thallus, der **Prothallium** genannt wird. Die Archegonien enthalten außer der Eizelle nur **eine Halskanalzelle**. Die Syngamie erfordert auch hier Wasser: **Spermatozoide** schwimmen chemotaktisch angelockt zu den Archegonien.

> **Definition**
>
> **Tracheophyten:** Organisationstyp der Gefäßpflanzen.

Die rezenten Farngewächse sind überwiegend Landpflanzen. Bei den ausgestorbenen Psilophytopsidae waren die Sporophyten noch thallös. Aber schon bei den ebenfalls ausgestorbenen Schuppen- und Siegelbäumen (*Lepidodendron* und *Sigillaria*) der Steinkohlenzeit (Karbon) waren die Sporophyten groß, baumförmig und gabelig verzweigt (Abb. 3.19).

Auch bei den rezenten Farngewächsen ist der Sporophyt verglichen mit dem Prothallium geradezu riesig. Es handelt sich um einen **Kormus**. Denn eine Hauptwurzel fehlt zwar, doch an ihre Stelle treten von Anfang an **sprossbürtige Wurzeln**, die von der Sprossbasis ausgehen. Die Sporangien werden an

> **Definition**
>
> **Kormus:** Gestalttyp, der in Spross, Blätter und Wurzeln gegliedert ist.
> **Kormophyten:** Organisationstyp, Gewächse vom Gestalttyp eines Kormus.

Blattorganen ausgebildet, die man **Sporophylle** nennt. Sie können in **Sporophyllständen** zusammen gestellt sein. Außerdem können spezielle Blattorgane ausgebildet werden, deren Hauptfunktion die Photosynthese ist. Man nennt sie **Trophophylle** (Abb. 3.16). Die **Sporen** sind von zwei Wandungen umgeben, dem häutigen **Endospor** und dem derben **Exospor**.

Klassen/Gattungen/Arten:

▶ Psilophytopsida (Urfarne †): Box 3.4. *Cooksonia*, *Rhynia* (beide Abb. 3.17), *Zosterophyllum rhenanum* (Abb. 3.18). Die Klasse starb bereits im Ober-Devon aus.

▶ Psilotopsida (Gabelfarne): Bei der kleinen rezenten Ordnung der Tropen und Subtropen handelt es sich nicht um »Lebende Fossilien«, wie man früher annahm, sondern um zwar einfache, **wurzellose**, aber doch schon abgeleitete Formen.

▶ Lycopodiopsida (Bärlappgewächse): *Lepidodendron* † (Schuppenbaum, Abb. 3.19), *Lycopodium* (Bärlapp), *Isoetes* (Brachsenkraut), *Selaginella*

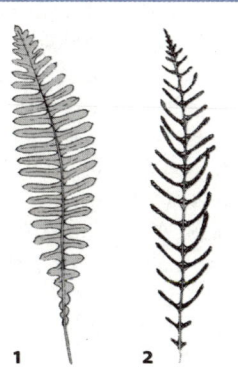

| Abb. 3.16

Sporo- und Trophophylle. *Blechnum spicant* (Rippenfarn): **1** Trophophyll, **2** Sporophyll. (WALTER 1952, SCHMEIL-SEYBOLD 1958).

1   **2**

Box 3.4

Der Übergang zum Leben auf dem Land

Abb. 3.17

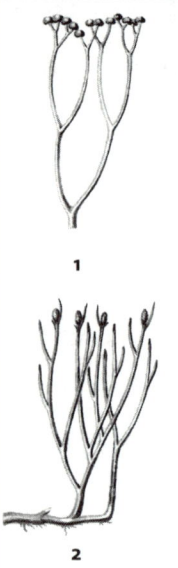

Psilophytopsida (Urfarne): Rekonstruktion früher Landpflanzen.
1 *Cooksonia*, die derzeit älteste Landpflanze aus dem Ober-Silur.
2 *Rhynia* aus dem Unter-Devon (verändert nach STEINER 1993).

Der Übergang aufs Land erfolgte vermutlich aus dem Süßwasser. Die ersten Landpflanzen traten im Ober-Silur auf. Sie gehörten zu den Psilophytopsida, den Urfarnen. Derzeit gilt *Cooksonia* (Abb. 3.17) als erste Landpflanze. Im Unter-Devon kamen *Psilophyton, Rhynia, Zosterophyllum* und weitere Arten hinzu. Früher hatte man *Rhynia* (Abb. 3.17) für die erste Landpflanze gehalten. Die Gattung ist nach einer Fundstätte bei der schottischen Ortschaft Rhynie benannt. Wichtigste Errungenschaft, die diese frühen Arten zum Landleben befähigte, war ein leistungsfähiges System der Wasserleitung: Sie bildeten primitive **Leitbündel** aus, die auch als **Festigungselemente** dienten. Hinzu kamen eine **Epidermis** mit einfachen **Spaltöffnungen,** über deren Transpiration der Wasserstrom in Gang gehalten wurde, und eine **Cuticula**, die eine unkontrollierte Transpiration erschwerte. Damit waren wichtige Voraussetzungen für ein Landleben gegeben.

Die Psilophytopsida waren noch **Thallophyten.** Wurzeln zur Aufnahme von Wasser und Nährsalzen waren nicht vorhanden. Die gabelig verzweigten Sprosse waren nackt, sie bildeten keine echten Blätter aus. Daher kommt auch der Name: gr. psilos = nackt, also Psilophyten = nackte Gewächse. Doch konnten bei höher entwickelten Arten schuppen- oder blättchenähnliche Phylloide – im Gegensatz zu Blättern ohne Leitbündel – die gesamte Oberfläche abdecken.

Für einige Arten ließ sich der Entwicklungszyklus rekonstruieren (Abb. 3.18). Danach handelt es sich um Haplo-Diplonten, bei denen der Gametophyt sehr viel stärker ausgebildet war als bei unseren rezenten Farngewächsen. Doch der Sporophyt war der Größe nach bereits fast gleichwertig, ein wesentlicher Unterschied zu den Moosen. Seine Sporangien waren endständig und bildeten derbe Sporen aus, die als allerdings »nur« haploide Überdauerungsorgane dienten.

Die Psilophytopsida starben bereits im Ober-Devon aus. Doch sie standen am Beginn der Entwicklung zu den riesigen Sporophyten der Pteridophytenzeit, die sogar ein schwaches sekundäres Dickenwachstum aufwiesen. In der »Steinkohlenflora« des Karbon wuchsen auch bei uns **baumförmige Pteridophyten** (Bärlappe, Schachtelhalme und Farne, Abb. 3.36), die das Ausgangsmaterial für die *Steinkohle* bildeten Sie waren teils gabelig verzweigt. Das gilt auch für die Wurzelträger, Sprossabschnitte, an denen sich schwache sprossbürtige Wurzeln entwickelten (Abb. 3.19). Demnach handelte es sich um **Kormophyten.**

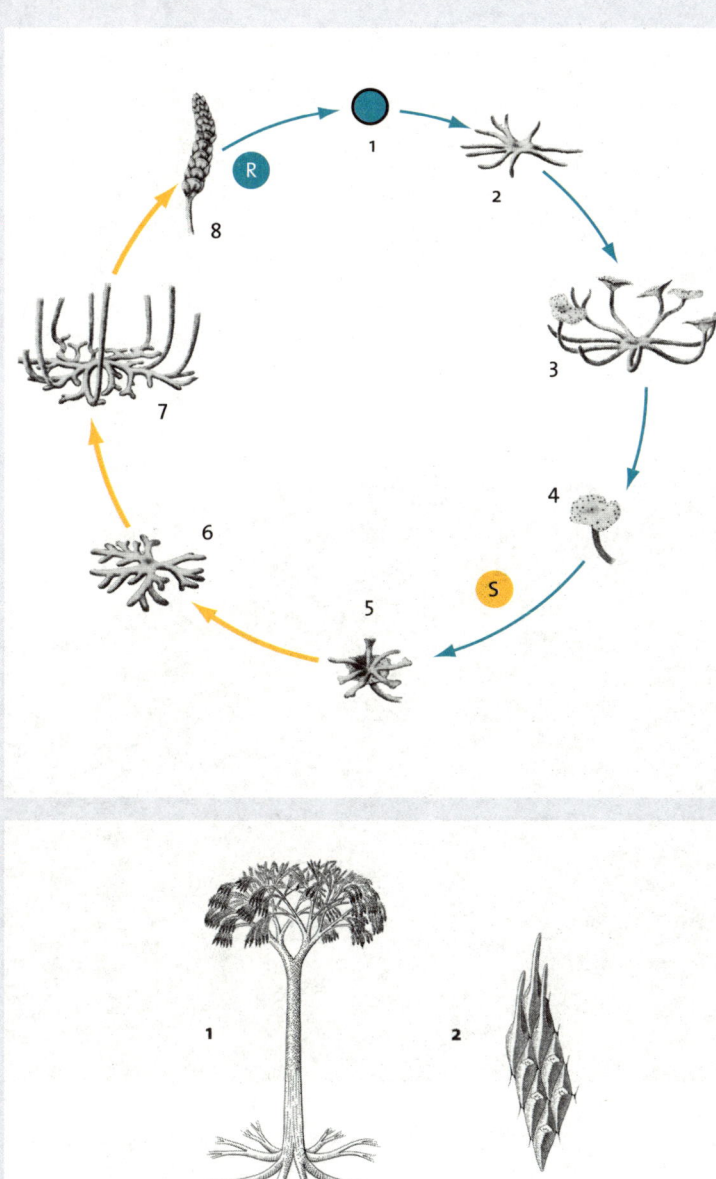

| **Abb. 3.18**

Mutmaßlicher Entwick-
lungszyklus von *Zostero-
phyllum rhenanum*.
1 Spore, keimt zu einem
sternförmigen **2** Prothallium aus. Es bildet **3** Gametangienträger. Dieser Entwicklungszustand wurde
früher für eine eigene Gattung *Sciadophyton* gehalten.
4 Einzelner Gametangienträger. Er bildet in der Mitte
Archegonien, am Rand An-
theridien. Nach der S Syngamie entwickelt sich auf dem
5 Gametangienträger ein
Sporophyt. Verzweigungen
verankern den abgelösten
6 Sporophyten im Substrat.
7 Bogenförmig aufsteigende
»Luftsprosse« bilden
8 Sporangienstände, in
denen über die R Meiosis
derbe, haploide **1** Sporen
angeliefert werden, die,
gegebenenfalls nach Über-
dauerung ungünstiger Um-
weltverhältnisse, keimen
(verändert nach SCHWEITZER
1990).

| **Abb. 3.19**

*Lepidodendro*n (Schuppenbaum).
1 Rekonstruktion. Das
Bärlappgewächs wurde
über 30 m hoch. Es trug
zapfenartige Sporophyll-
stände (»Blüten«) an den
Zweigenden.
2 Ausschnitt aus der Rinde
eines *Lepidodendron* mit
Blattpolstern. Sie bildeten
das namengebende Schup-
penmuster der Stammober-
fläche (JUDD et al. 2002).

Abb. 3.20

Lycopodium clavatum
(Keulen-Bärlapp). Sporophyt mit vier Sporophyllständen (WALTER 1952).

Abb. 3.21

Equisetum arvense
(Acker-Schachtelhalm).
1 Ein fertiler Frühlingsspross mit zwei Sporophyllständen. R ringförmiger kleiner Blattwirtel.
2 Steriler grüner Sommerspross (WALTER 1952).

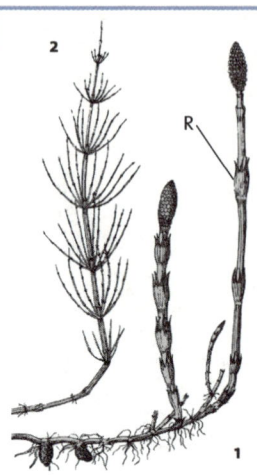

Abb. 3.22

Pteridium aquilinum
(Adlerfarn) auf ehemaligen Weidfeldern im Südschwarzwald. Die Pflanzen
sind noch in der Entwicklung. Entlang der besser
belichteten Viehtritte hat
sich *Chamaespartium
sagittale* (Flügelginster,
gelbblühend) angesiedelt
(Orig. D. HESS).

(Moosfarn, Abb. 3.24), *Sigillaria* † (Siegelbaum). Der Sporophyt der Bärlappe ist gabelig verzweigt und dicht mit kleinen, einfachen Blättchen –
den **Mikrophyllen** – besetzt. Sie sind **schraubig** angeordnet (Abb. 3.20).

▶ Equisetopsida (Schachtelhalmgewächse): *Equisetum* (Schachtelhalm, Abb.
3.21). Bei der einzigen rezenten Gattung *Equisetum* ist der Sporophyt

deutlich in **Knoten und Internodien** gegliedert. Die **Mikrophylle** sitzen **wirtelig** an den Knoten. Auch eventuell vorhandene Seitenzweige sind in Wirteln angeordnet.

▸ Pteridopsida (Filicopsida, Filicatae, Farngewächse): *Botrychium lunaria* (Mondraute), *Dryopteris filix-mas* (Wurmfarn), *Blechnum spicant* (Rippenfarn, Abb. 3.16), *Polypodium vulgare* (Gemeiner Tüpfelfarn, Abb. 3.23), *Pteridium aquilinum* (Adlerfarn, Abb. 3.22), *Salvinia natans* (Schwimmfarn). Die Sporophyten sind große Blattorgane, die **Makrophylle** (Farnwedel, s. Glossar). Sie gehen aus dem Wurzelstock hervor und sind oft stark geteilt (gefiedert).

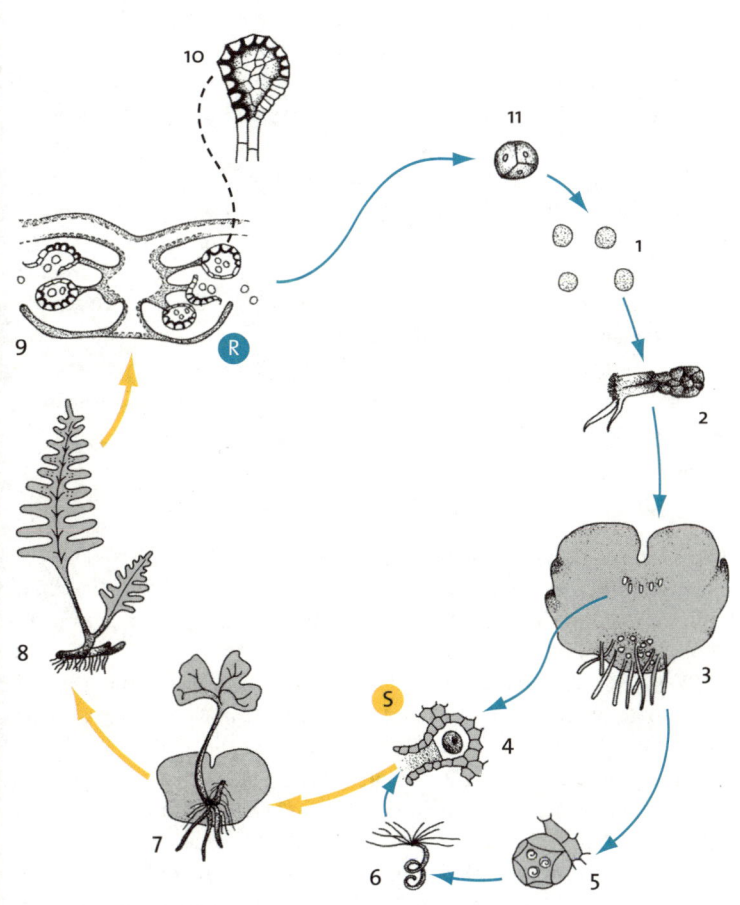

Abb. 3.23

Entwicklungszyklus des isosporen Farns *Polypodium vulgare* (Gewöhnlicher Tüpfelfarn). Eine haploide Spore (**1**) keimt zu einem lappigen, grünen, dem Boden anliegenden Prothallium aus (**2, 3**). Auf seiner Unterseite werden Oogonien (**4**) und Antheridien (**5**) gebildet. Die in den Antheridien gebildeten Spermatozoide (**6**) schwimmen zu den Oogonien und fusionieren mit der einzigen Eizelle (**6 → 4**). Aus der Zygote entwickelt sich der diploide grüne Farnwedel (**7, 8**), der Sporophyt. Auf der Unterseite seiner Blattfiedern stehen in einem Sorus unter einem schützenden Häutchen (Indusium) viele Sporangien, in denen die Meiosis abläuft (**9**). Die Sporangien (**10**) öffnen sich über Kohäsionsbewegungen mit Hilfe eines Anulus. Er ist in **9** und vergrößert in **10** als Zellreihe mit U-förmig wandverdickten Zellen zu sehen. Die hier zunächst als Tetraden (**11**) freigesetzten haploiden Meiosporen (**1**) können wieder zu Prothallien auskeimen (verändert nach SINNOT und WILSON aus HESS 1990).

Box 3.5

Giftfarne

Einige Farne sind **giftig**. Dazu gehört *Dryopteris filix-mas* (Wurmfarn). Seine Giftstoffe sind teils labile, mono- bis oligomere Acyl-Derivate des Phloroglucins, die Acylgruppen werden von Buttersäure und Isobuttersäure gestellt. Diese *Butanonphloroglucine* waren es auch, weswegen *Dryopteris* in der Volksmedizin seit dem Altertum als Wurmmittel verwendet wurde, wobei es zu tödlichen Vergiftungen kommen konnte. Heute verfügt man über wirksame und weniger bedenkliche synthetische Wurmmittel. *Pteridium aquilinum* (Adlerfarn) ist hochgiftig. Die Wedel des bis 2 m hohen Farns sind derart drei- bis vierfach gefiedert, dass er verzweigt erscheint. Im Querschnitt der Blattstiele kann man einen Doppeladler aus Leitbündeln erkennen, daher der Name. Die Art enthält ein krebserregendes *Sesquiterpenderivat*. Außerdem können Nichtwiederkäuer (Pferde und Schweine) durch enzymatischen Abbau von Thiamin (Vitamin B_1) geschädigt werden. Wiederkäuer sind nicht auf Thiamin-Zufuhr angewiesen. Trotzdem können auch sie unter schweren Vergiftungen leiden, die vermutlich auf Steroidsaponine zurückgehen.

Der Adlerfarn ist ein Kosmopolit, der alle freien Flächen rasch erobert (Abb. 3.22). In manchen Gegenden erfasst er die Landschaft nach Aufgabe der Weidenutzung weiträumig. Deshalb sollte unbedingt geklärt werden, ob das Einatmen von Sporen – wie vermutet – bei Menschen kanzerogen ist. Die Bekämpfung ist schwierig. Sie kann durch Chemikalien oder durch zwei-, besser dreimaliges Abmähen pro Vegetationsperiode erfolgen

Kernphase und Lebensweise: Im Gegensatz zu den Moosen wird der Sporophyt viel stärker ausgebildet als die kleinen Gametophyten. Zwischen der Betonung des diploiden Sporophyten und dem Leben auf dem Land scheint ein Zusammenhang zu bestehen.

Die meisten Farngewächse sind **isospor**, nur einige **heterospor**. Der bei uns häufige *Polypodium vulgare* (Tüpfelfarn) liefert ein Beispiel für **Isosporie** (Abb. 3.23). Hier sind die Meiosporen gleich groß.

Heterosporie findet sich bei vielen Bärlappgewächsen (*Selaginella*, *Isoetes*), einigen Schachtelhalmgewächsen und wenigen Farnen (*Salvinia*, *Azolla*). Dabei werden unterschiedlich große Meiosporen gebildet: In **Makrosporangien** entstehen über die Meiosis größere **Makrosporen**, die **Makroprothallien** bilden; in **Mikrosporangien** entstehen kleinere **Mikrosporen**, die zu **Mikroprothallien** heranwachsen (Abb. 3.24).

Abb. 3.24

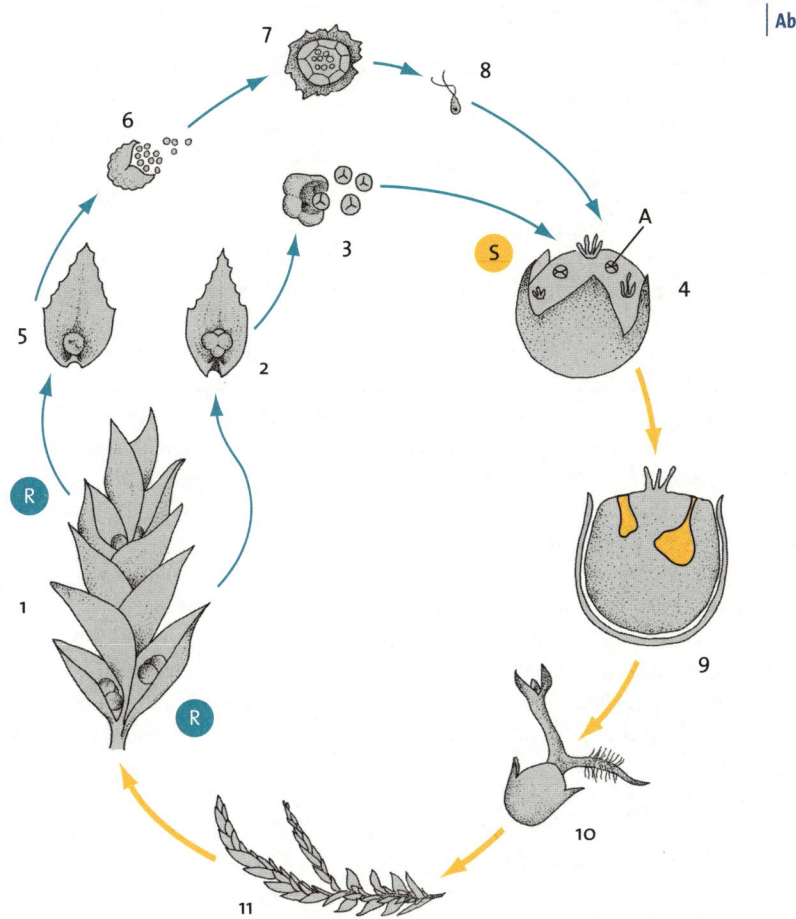

Entwicklungszyklus des heterosporen Moosfarns *Selaginella*. Ein Sporophyllstand (**1**) trägt an seiner Basis Makrosporophylle mit Makrosporangien (**2**) und an seiner Spitze Mikrosporophylle mit Mikrosporangien (**5**). In den Makrosporangien entstehen über die Meiosis (R) vier Makrosporen (**3**), von denen sich jede noch in der Sporenhülle zu einem Makroprothallium entwickelt (**4**). Jedes Makroprothallium ist ein vielzelliger Gewebekomplex mit einigen Archegonien (A), die je eine Eizelle enthalten. In den Mikrosporangien werden ebenfalls unter Meiosis (R) zahlreiche kleinere Mikrosporen angeliefert (**6**). In jeder von ihnen entwickelt sich ein Mikroprothallium, das fast nur aus einem Antheridium besteht (**7**). Die in ihm gebildeten Spermatozoiden (**8**) schwimmen zum Makroprothallium Dort ist inzwischen die Wandung oberhalb der Archegonien aufgeplatzt, so dass es zur Syngamie (S) kommen kann. Aus der Zygote entwickelt sich, zunächst noch im Verbund des Makroprothalliums (**9,10**), ein Sporophyt, der eigentliche Moosfarn. Freigeworden (**11**) kann er an seinen Triebenden wieder Sporophylle (**1**) ausbilden (verändert nach SINNOT und WILSON aus HESS 1990).

Box 3.6

Heterosporie bei den Pteridophyta: auf dem Weg zum Status der Spermatophyta

Die Heterosporie (Abb. 3.24) ist unter phylogenetischen Aspekten besonders interessant. Zunächst sollte erwähnt werden, dass einige heterospore Farngewächse im Wasser leben. Doch hatten sie sich zuvor an Land entwickelt und waren danach erst sekundär zum Leben im Wasser übergegangen. Sie können also in die folgenden Überlegungen einbezogen werden.

Beginnen wir mit der Oogamie. Sie bedeutet einen Vorteil, weil die Eizelle – freilich auf Kosten ihrer Beweglichkeit – Nährstoffe für die Entwicklung des neuen Sporophyten speichern kann. Arbeitsteilig übernehmen dann die kleineren Spermatozoide das Aufsuchen der Eizelle. Schwachstellen im Entwicklungszyklus sind offensichtlich die Gametophyten mitsamt Gametangien. Jedenfalls kann man das deshalb vermuten, weil sie nun reduziert werden.

Auf der weiblichen Seite müssen die Eizellen (wie erwähnt) Reservestoffe für die weitere Entwicklung bereit halten, sodass man dort – schon wegen der Größe der Eizellen und der für ihre Ausbildung notwendigen Strukturen – nicht so weitgehend reduzieren kann wie auf der männlichen Seite. Daraus ergibt sich eine **sexuelle Differenzierung** in Makroprothallien mit Makrogametangien (Archegonien) und Mikroprothallien mit Mikrogametangien (Antheridien), wie sie sich bei den heterosporen Farngewächsen findet.

Nun einen Schritt zurück: Die Entwicklung der Makroprothallien beginnt zweckmäßigerweise mit einer ebenfalls großen Meiospore, der

3.9 | Spermatophyta (Samenpflanzen)

Allgemeine Angaben: Die Spermatophyta zählen zu den **Kormophyten, Embryophyten und Tracheophyten.** Ein wichtiges vegetatives Kennzeichen der Spermatophyta ist, dass ihre **Verzweigung** nicht mehr gabelig (dichotom), sondern aus Blattachseln heraus (**axillär**) erfolgt. Ein zweites Charakteristikum im vegetativen Bereich ist die Fähigkeit, über ein **sekundäres Meristem** Holz zu bilden. Auch Spermatophyta, die diese Fähigkeit im Verlauf der Evolution wieder verloren haben, hatten sie doch zunächst entwickelt.

Makrospore. Entsprechend genügt für die Entwicklung der Mikroprothallien eine kleinere Spore, die Mikrospore. Damit sind wir bei der **Heterosporie** angelangt. Die beiden Sporensorten werden in Makro- beziehungsweise Mikrosporangien ausgebildet: Die sexuelle Differenzierung ist also auf den Sporophyten »übergesprungen«.

Jetzt einen Schritt vorwärts zur Entwicklung nach der Syngamie, die bei den Farngewächsen generell als **Oogoniogamie** (Abb. 2.1) erfolgt. Bei *Selaginella* beginnt die Entwicklung des neuen Sporophyten noch innerhalb des Makroprothalliums. Das bedeutet, dass der Sporophyt zunächst noch vom Makroprothallium ernährt und außerdem von dessen Hülle geschützt werden kann.

Der *nächste Schritt wäre*, dass der neue Sporophyt im Makroprothallium, dieses in der Makrospore, diese im Makrosporangium und dieses auf dem alten Sporophyten verbliebe. Letztlich würde dann der alte Sporophyt die gesamte Ernährung übernehmen. Der Makrogametophyt könnte dann noch weiter reduziert werden. Bei *Selaginella apoda* wird der neue Sporophyt tatsächlich wie eben skizziert auf dem alten Sporophyten gebildet. Damit wäre zumindest auf der weiblichen Seite der Zustand der Spermatophyten erreicht.

Auf der männlichen Seite besteht bei den heterosporen Farnen noch Nachholbedarf. Immerhin entwickelt sich auch hier der Mikrogametophyt noch in den schützenden Mikrosporen und bildet dort Antheridien. Doch aus ihnen werden Spermatozoide freigesetzt, die Wasser benötigen, um zu den Archegonien schwimmen zu können, ein gravierender Nachteil für eine Landpflanze. Der Status der Spermatophyten wird hier bei weitem nicht erreicht.

Die Samenpflanzen sind **Haplo-Diplonten** mit einem **heterophasischen Generationswechsel**. Mit dem Wechsel in der Kernphase ist also ein Gestaltswechsel gekoppelt. Dabei werden die Gametophyten extrem reduziert. Außerdem findet sich **Heterosporie** ähnlich wie bei *Selaginella*. Die **Makrogametophyten sind völlig von den Sporophyten umschlossen**. Die wenigzelligen **Mikrogametophyten bleiben in der Mikrosporenhülle** und werden unter Überbrückung des Luftzwischenraums passiv auf Sporophyten übertragen. Auf diesen keimen sie aus. Die männlichen Sexualzellen gelangen von Ausnahmen abgesehen über **Siphonogamie** zu den Makrogametophyten, die sich innerhalb der Sporophyten befinden und je eine

Abb. 3.25

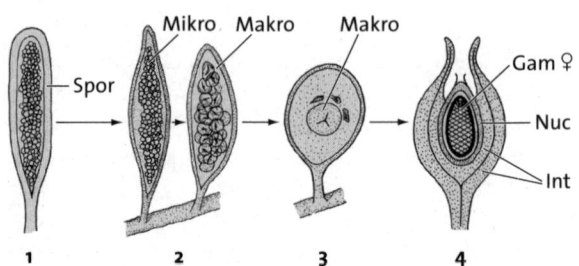

Mutmaßliche Evolution der Samenanlage. **1** Homosporie, gleiche Sporen im Sporangium (Spor) eines frühen Vorfahren. **2** Heterosporie. Differenzierung in Mikrosporangien mit zahlreichen Mikrosporen (Mikro) und Makrosporangien mit zahlreichen Makrosporen (Makro). **3** Reduzierung der Zahl der Makrosporen auf eine, die sich im Sporangium zum Makrogametophyten weiter entwickelt. **4** Samenanlage. Vom Sporophyten werden Integumente (Int) gebildet, wobei eine Öffnung (Mikropyle) für die Syngamie erhalten bleibt. Das Makrosporangium bzw. seine Wand wird zum Nucellus (Nuc), der den Makrogametophyten (Gam ♀) umgibt (verändert nach JUDD et al. 2002).

Eizelle enthalten. Auch die weitere Entwicklung der Zygote zum neuen Sporophyten findet auf dem alten Sporophyten statt. Der dabei in einer Samenanlage (Abb. 3.25) gebildete **Samen** (→ Seite 66) ist das namengebende Kennzeichnen.

Für die Sexualprozesse der Spermatophyta gibt es eine eigene Terminologie. Sie findet sich bei der Besprechung von Entwicklungszyklen der Gymnospermen (→ Seite 59) und Angiospermen (→ Seite 64). Dort und in Abb. 3.35 werden auch die Homologien zu den anderen Embryophyten herausgestellt.

Klassen: Die Spermatophyta gliedern sich in folgende Klassen:

Cycadopsida	
Ginkgopsida	*Gymnospermae*
Gnetopsida	
Coniferopsida	

Magnoliopsida	
Liliopsida	*Angiospermae*
Rosopsida	

Die ersten vier Klassen bezeichnet man ihrem Organisationstyp nach als **Gymnospermae** (Nacktsamer). Denn ihre Samen sind nicht von Fruchtblättern umschlossen und unter diesem Aspekt »nackt«. Im Gegensatz dazu sind die Samen der drei letztgenannten Klassen von Fruchtblättern umgeben. Sie bilden die Unterabteilung **Angiospermae** (Magnoliophytina, Bedecktsamer).

Gymnospermae

3.9.1

Allgemeine Angaben: Derzeit ist umstritten, ob die Gymnospermen para- oder monophyletisch sind. Falls monophyletisch, sollen sie sich alle aus einem gemeinsamen Vorläufer unter den **Samenfarnen** des Paläophyticums entwickelt haben. Diese **Pteridospermen** bildeten noch farnartige Blätter, aber auch schon Samen (Abb. 3.26). In der Anatomie der Gymnospermen finden sich **Siebzellen**, keine Siebröhren mit Geleitzellen wie bei den Angiospermen. Ebenso gibt es trotz Ansätzen in dieser Richtung bei *Ephedra* und *Gnetum* **keine echte doppelte Befruchtung** und damit **kein sekundäres Endosperm** (→ Seite 66). Dass die **Samen** »nackt« sind, war schon erwähnt worden. Weitere Details finden sich bei den Coniferopsida (Abb. 3.32).

Abb. 3.26

Rekonstruktion des Samenfarns *Medullosa noei*. Die Art wurde 3,5 bis 4,5 m hoch (JUDD et al. 2002).

Klassen/Gattungen/Arten: Die Gymnospermae gliedern sich wie erwähnt in vier Klassen, zu denen von den Coniferopsida abgesehen heute nur wenige Arten mit teils ursprünglichen Merkmalen gehören:

▶ Cycadopsida (Palmfarne): Syngamie noch mit Hilfe von Spermatozoiden. *Cycas* ist ein »Lebendes Fossil«. *Dioon, Zamia.*

▶ Ginkgopsida (Ginkgo-Gewächse): Nur eine Art, *Ginkgo biloba.* Syngamie noch mit Hilfe von Spermatozoiden. Es handelt sich um ein »Lebendes Fossil«, dass sich seit 200 Millionen Jahren kaum verändert hat. Wildformen existieren noch in China. Die erste Beschreibung für den Westen gab E. KAEMPFER 1712. Ginkgo ist über die zweiteiligen spatelförmigen Blätter ohne Mittelrippe (Abb. 3.27) spätestens seit Goethe als Symbol für Liebe bekannt. Die Art ist außerordentlich widerstandsfähig. Sie eignet sich deshalb als Straßenbaum. Bekannt ist, dass ein Ginkgo in Hiroshima nur 800 m vom Explosionszentrum entfernt die Atombombe von 1945 überlebte. Auf Flavonoide sowie Derivate von Di- und Sesquiterpenen geht es zurück, dass Ginkgo-Blätter weltweit vor allem gegen zerebrale Durchblutungsstörungen eingesetzt werden.

Abb. 3.27

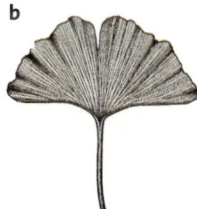

Ginkgo biloba (Ginkgo). **a** »Lebendes Fossil« mit prachtvoller Herbstfärbung (Orig. D. HESS). **b** Blatt (SCHMEIL und SEYOLD 1958).

Abb. 3.28

Ephedra gerardiana,
blühend (Orig. D. HESS)

▶ Gnetopsida (*Gnetum*-Gewächse): Nur die drei Gattungen *Gnetum*, *Ephedra* und *Welwitschia*. Sie ähneln den Angiospermen in verschiedener Hinsicht, wie in blütenähnlichen Bildungen und teilweise in der Bestäubung durch Insekten. Zu ihnen gehört der Rutenstrauch *Ephedra* (Abb. 3.28), wegen seines Gehalts an Ephedrin, einem Alkaloid, eine uralte Heilpflanze. *Ephedra sinica* wurde in China nachweislich schon etwa 200 Jahre vor Christus vor allem gegen Husten und Asthma verschrieben. Heute ist Ephedrin synthetisch erhältlich. Eine sonderbare Pflanzengestalt ist *Welwitschia mirabilis* in Südafrika. Ihr fast ganz im Boden sitzender Stamm entwickelt zeitlebens nur zwei schleppenartige Blätter, die an ihrer Basis nachwachsen.

▶ Coniferopsida (Nadelhölzer):

Allgemeine Angaben: Es handelt sich um die heute weitaus wichtigste Klasse der Gymnospermen. Zu ihr zählen Gehölze mit widerstandsfähigen **Nadeln** oder **Schuppen** als Blattorgane, die in Kurztrieben gehäuft sein können. Die Nadeln sind sommer- oder immergrün. Die Blüten sind eingeschlechtlich und dabei teils monözisch, teils diözisch (→ Seite 87). Die **männlichen Blüten sind Zapfen.** Die Staubblätter = Mikrosporophylle sind **Schuppen**, die auf ihrer Unterseite zwei Pollensäcke = Mikrosporangien

Abb. 3.29

Pinus contorta (Dreh-Kiefer). Detail aus einem männlichen Zapfen. Man sieht die schuppenartigen Staubblätter, die auf ihrer Unterseite je zwei Pollensäcke tragen. Auf den Schuppen sind Pollenkörner zu erkennen (HESS 1990).

Abb. 3.30

Pinus contorta (Dreh-Kiefer). Detail aus einem weiblichen Zapfen. Die spitz zulaufenden Schuppen sind durch Verwachsung von Deck- und Samenschuppe (oben) entstanden (HESS 1990).

tragen (Abb. 3.29). Sie sind schraubig so um eine Achse angeordnet, dass die Blüte = Mikrosporophyllstand Zapfenform erhält. Die männlichen Zapfen fallen nach der Abgabe der Pollen ab.

Auch die **weiblichen Blüten bilden Zapfen.** Die Situation ist hier jedoch komplizierter. Wiederum finden sich Schuppen, die um eine Achse angeordnet sind. Nur sind sie aus **Deck- und Samenschuppen** zusammengewachsen (Abb. 3.30). Mehr noch, die Samenschuppen sind aus Kurztrieben entstanden und damit selbst schon komplexe Gebilde (Abb. 3.31). Der **weibliche Zapfen entspricht** damit **einem Blütenstand,** besteht also aus vielen Makrosporophyllständen. Die Bestäubung erfolgt über den Wind (Anemophilie, → Seite 92).

Familien/Arten: Zu den Nadelhölzern gehören als wichtigste Familie die Pinaceae (Kieferngewächse) mit *Abies* (Tanne), *Larix* (Lärche), *Picea* (Fichte) und *Pinus* (Kiefer). Einige weitere Familien sind die Araucariaceae (Araukariengewächse), Cupressaceae (Zypressengewächse) und Taxaceae (Taxusgewächse).

Kernphase und Lebensweise: Abb. 3.32 zeigt den Entwicklungszyklus von *Pinus*, einer für die Mehrzahl der Gymnospermen typischen Gattung. Wiederum ist die Haplophase extrem reduziert, verbleibt jetzt aber auf der weiblichen Seite (Makrogametophyt) völlig auf dem alten Sporophyten, auf der männlichen Seite (Mikrogametophyt) weitgehend. Die Pollenkörner müssen ja schließlich übertragen werden. Der alte Sporophyt, in diesem Fall die Kiefer, schützt also den Makrogametophyten permanent, den Mikrogametophyten wenigstens zeitweise. Die Siphonogamie macht Wasser bei der Syngamie überflüssig. Die Pollenkörner sind über ihre derbe Exine vor Austrocknung bei der Windübertragung geschützt. Die Anpassung an das Landleben ist also weit vorangeschritten. Doch noch bleiben »Wünsche« offen:

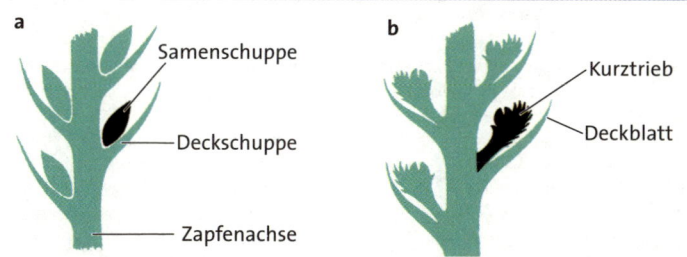

a Samenschuppe

Deckschuppe

Zapfenachse

b Kurztrieb

Deckblatt

| Abb. 3.31

Herleitung der Samenschuppe von Koniferen. **a** Rezente Konifere. Aussschnitt aus einem ♀ Zapfen mit Samen- und Deckschuppe. **b** *Lebachia piniformis* aus dem Paläozooikum. Ausschnitt aus einem Zapfen mit Deckblatt und achelständigem Kurztrieb. In der Evolution wurde das Deckblatt zur Deckschuppe und der Kurztrieb zur Samenschuppe. Der ♀ Koniferenzapfen ist also keine Blüte, sondern ein Blütenstand (verändert nach VOGELLEHNER 1972).

Abb. 3.32

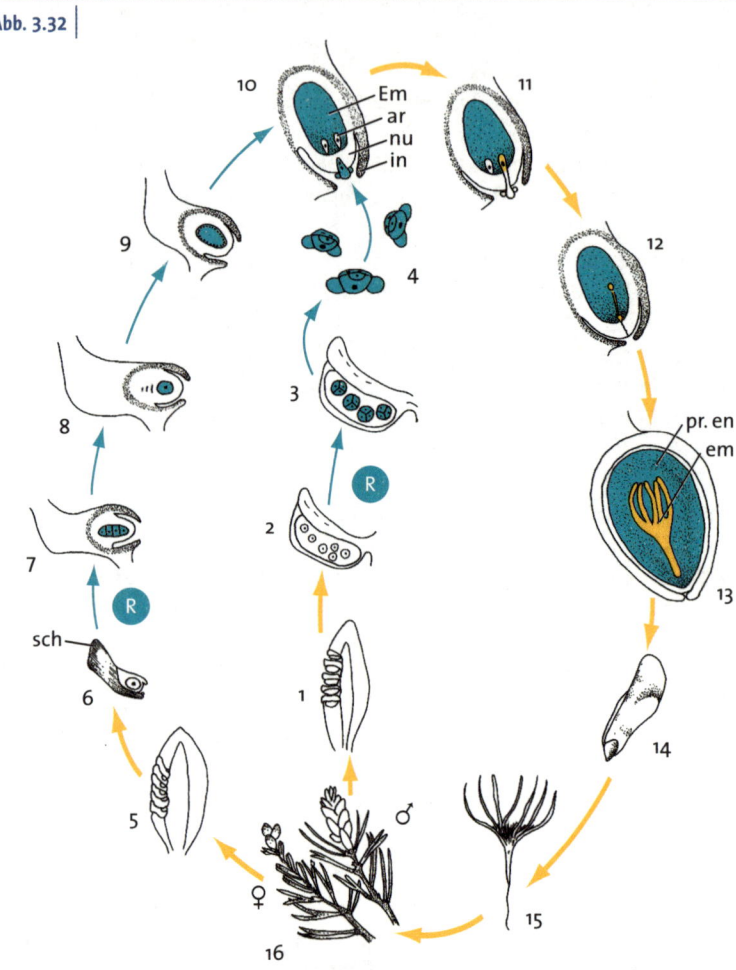

Der Entwicklungszyklus von *Pinus* (Kiefer). Die Kiefern tragen an ihren Zweigen männliche oder weibliche Zapfen (**16**). Die männlichen Zapfen bestehen aus einer Achse, der schuppenartige Staubblätter = Mikrosporophylle (**1**) ansitzen. In Pollensäcken = Mikrosporangien auf der Unterseite der Schuppen (**2**) läuft in Pollen-Mutterzellen = Mikrosporen-Mutterzellen die Meisois ab (R; **2 → 3**). Dabei bilden sich Tetraden aus haploiden Pollenzellen = Mikrosporen (**3**), die sich zu reifen Pollenkörnern entwickeln (**4**). Sie enthalten vierzellige Mikrogametophyten. Bei anderen Gymnospermen finden sich bis zu 40 Zellen pro Mikrogametophyt, in allen Fällen mehr als bei den Angiospermen (→ Seite 65). Die Pollenkörner besitzen oft seitliche Luftsäcke, die eine Ausbreitung über den Wind fördern und eine korrekte Landung auf der Mikropyle (**4 → 10**) ermöglichen. Die weiblichen Zapfen (**5**) tragen an ihrer Achse komplex gebaute Schuppen (**6**, sch; Abb. 3.31), die nach oben zu Samenanlagen = Makrosporangien (**6**) tragen. In ihnen läuft in einer Makrosporen-Mutterzelle die Meiosis ab (R; **6 → 7**). Von den zunächst 4 Makrosporen (**7**) bleibt nur eine erhalten (**8**). Sie entwickelt sich zum Makrogametophyten = Embryosack (**8 → 9 → 10**). Die Samenanlage (**10**) besteht jetzt aus dem Embryosack (EM) mit den Archegonien (ar), dem Nucellus = Rest des Makrosporangiums (nu) und *einem* Integument (in). Für das Integument kennt man kein Homologon. Nach der Syngamie (S, **11**) entwickelt sich aus der Zygote ein Embryo = junger Sporophyt, aus dem Rest des Embryosacks das primäre Endosperm (pr.en; **12 → 13**). **13** Junger Same mit Embryo (em) und primärem Endosperm (pr.en). **14** Reifer Same. **15** Keimling (verändert nach Sɪɴɴoᴛ und Wɪʟsoɴ aus Hᴇss 1990).

▶ Der Mikrogametophyt in den Pollenkörnern »ließe« sich noch weiter reduzieren, wodurch seine Ausbreitung gefördert werden könnte.

▶ Die Anemophilie ist »akzeptabel«, wenn große Individuenzahlen einer Art über weite Flächen gegeben sind. In der Tundra der hohen Breiten ist das bei den Nadelhölzern, in Steppen und Savannen bei den sekundär windblütigen Gräsern (→ Seite 132) der Fall. Bei geringerer Individuenzahl pro Art und Fläche und dabei hoher Artenzahl pro Fläche sollte die Bestäubung aber gezielt sein.

▶ Das Endosperm heißt deshalb »primär«, weil es schon *vor* der Syngamie vorhanden ist und nur noch weiter ausgebaut wird. Es ist also auch dann gegeben, wenn gar keine Syngamie stattfindet und deshalb auch kein Embryo ernährt werden muss. Mehr Ökonomie bei Bildung oder Nichtbildung des Nährgewebes wäre »wünschenswert«.

▶ Die Ausbreitung der Samen durch Tiere würde gefördert, wenn mehr Anreize dazu vorhanden wären als nur der Nährstoffgehalt des primären Endosperms.

Alle diese »Wünsche« sind bei den Angiospermen erfüllt.

Angiospermae (Magnoliophytina, Blütenpflanzen) | 3.9.2

Allgemeine Angaben: Die für die Spermatophyta generell genannten Merkmale (→ Seite 55) gelten auch für die Angiospermen. Über mehrere ursprüngliche und abgeleitete Merkmale bei den Spermatophyten, unter denen sich auch Neuerungen bei den Angiospermen befinden, orientiert Tab. 3.1. Der namengebende, grundlegende Unterschied zu den Gymnospermen war schon genannt worden:

> **Die Samenanlage und dann auch die Samen sind bei Angiospermen nicht mehr »nackt«, sondern sie sind in einem Fruchtknoten aus einem oder mehreren Fruchtblättern eingeschlossen.**

Sie sind also »bedeckt«, daher Bedecktsamer = gr. Angiospermae. Die Bezeichnung gibt nicht nur einen Organisationstyp wieder, sondern ist auch mit der Unterabteilung Magnoliophytina deckungsgleich. Während man früher alle Spermatophyta Blütenpflanzen nannte, bezieht man ihn heute zunehmend nur auf die Magnoliophytina (→ Seite 104). Die Ausbildung von Fruchtblättern beziehungsweise Fruchtknoten wird auch für die Vermeidung einer Selbstbefruchtung und damit für die Erhöhung der Rekombinationsrate wichtig. Denn im Fruchtknoten kommen die Mechanismen der Selbstinkompatibilität zur Wirkung. Im Gegensatz zu den Gymnospermen findet sich deshalb bei den Angio-

Blüten sind Sporophyllstände.

spermen **Selbstinkompatibilität**. Mit den Fruchtblättern im Zusammenhang steht auch die Ausbildung einer Narbe (→ Seite 86), die nicht nur das Auskeimen des Pollens fördern, sondern auch bei der Selbstinkompatibilität eine Rolle spielen kann.

Weitere Kennzeichen im anatomischen Bereich sind im Xylem das Vorhandensein von Tracheen, im Phloem die Siebzellen mit Geleitzellen. Die Leitungssysteme werden dadurch erheblich verbessert.

Unterklassen/Familien/Gattungen/Arten: (→ Seite 104ff.)

Kernphase und Lebensweise: Die Bezeichnung **Blütenpflanzen** lässt erkennen, dass wir uns im Folgenden immer wieder mit Blüten befassen werden. Eine **Definition der Blüte** kann morphologisch und funktionell ausgerichtet sein (→ Seite 83). Sie kann sich aber auch auf die Homologie-Situation beziehen.

Tab. 3.1 | **Wertung einiger Merkmale bei den Spermatophyta.**

ursprünglich	abgeleitet
verholzt	krautig
Tracheiden	Tracheen
Siebzellen	Siebröhren mit Geleitzellen
Blüten eingeschlechtig	Blüten zwittrig
Blütenhülle einfaches Perianth (Perigon)	Blütenhülle doppeltes Perianth (Kelch und Krone)
Blüten radiär	Blüten zygomorph
Kronblätter frei	Kronblätter verwachsen
Staubblätter zahlreich	Staubblätter wenige
Staubblattzahl variabel	Staubblattzahl fixiert
Staubblätter schraubig gestellt	Staubblätter wirtelig gestellt
Pollenkörner mit einer einzigen Apertur	Pollenkörner mit drei Aperturen
Anemophilie *	Zoophilie
Nacktsamer	Bedecktsamer
Fruchtblätter zahlreich	Fruchtblätter wenige
Fruchtblattzahl variabel	Fruchtblattzahl fixiert
Fruchtblätter schraubig gestellt	Fruchtblätter wirtelig gestellt
Fruchtknoten apokarp	Fruchtknoten coenokarp
Fruchtknoten oberständig	Fruchtknoten unterständig
Selbstinkompatibilität fehlend	Selbstinkompatibilität vorhanden
einfache Befruchtung	doppelte Befruchtung
primäres Endosperm	sekundäres Endosperm

*Ausnahme sekundäre Anemophilie

Derartige Sporophyllstände finden sich auch bei den Gymnospermen. Damit wird es inkonsequent, nur die Angiospermen als Blütenpflanzen zu bezeichnen. Der Thematik dieses Kapitels entspricht es, zunächst dennoch von der eben gebrachten Definition auszugehen, um die Homologien zu den bereits besprochenen Taxa herauszustellen (s. auch Abb. 3.35).

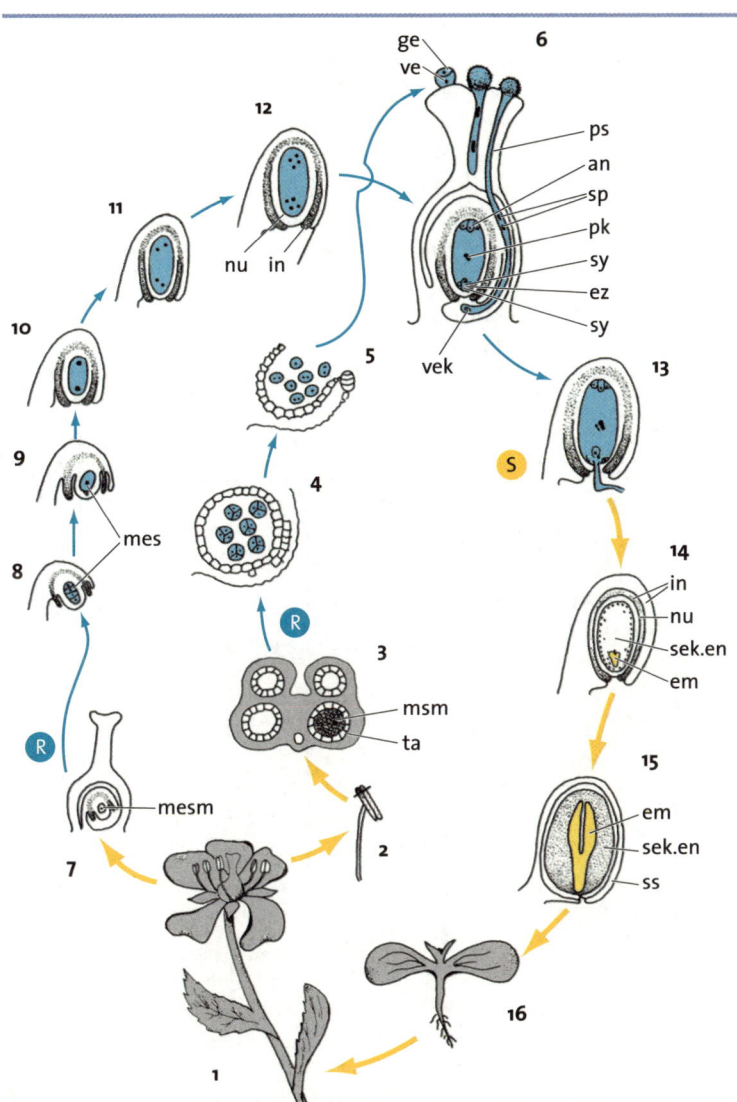

Abb. 3.33

Entwicklungszyklus von Angiospermen. Erklärung siehe Text (verändert nach SINNOT und WILSON aus HESS 1990).

Die vier Klassen der Gymnospermen weisen Unterschiede in ihren Entwicklungszyklen auf. Damit verglichen ist die Situation bei den Angiospermen geradezu genormt. Wenn wir den für sie typischen Entwicklungszyklus (Abb. 3.33) an dieser Stelle besprechen, müssen allerdings einige Begriffe wie Staubblätter oder Fruchtknoten vorausgesetzt werden, die erst später (→ Seite 83) genauer erklärt werden.

Merksatz

Die reifen Pollenkörner sind keine Mikrosporen mehr, sondern stark reduzierte Mikrogametophyten in der Sporenhülle.

Beginnen wir mit einer diploiden Blüte (1) auf einer diploiden Pflanze, und zwar mit einem **Staubblatt** (2, Mikrosporophyll) und damit der »männlichen« Seite. Wenn man den **Staubbeutel** quer schneidet, erkennt man, dass in jedem der vier **Pollensäcke** (Mikrosporangien) eine zentrale Zellmasse von Wandschichten umgeben wird. Die innerste Wandschicht ist das *Tapetum* (3 ta), das die Versorgung der inneren Zellmasse übernimmt und später die äußerste Pollenwandung, die

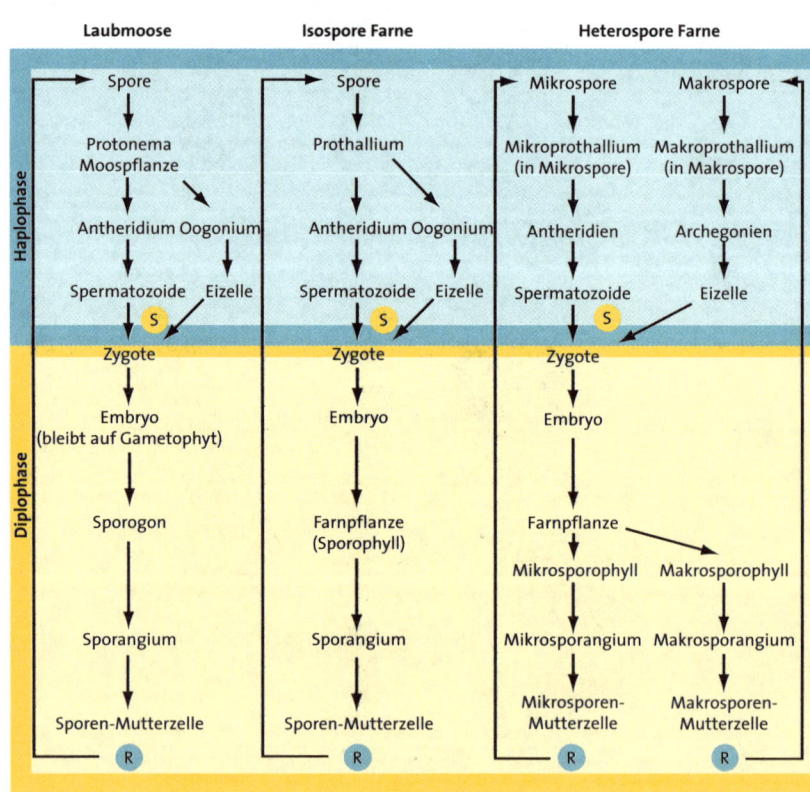

Exine, ausbilden wird. Die zentrale Zellmasse besteht aus den diploiden **Pollenmutterzellen** (3 msm, Mikrosporenmutterzellen). Sie liefern über die Meiosis jeweils eine *Pollentetrade* (4), die später in einzelne haploide **Pollenzellen** (5, Mikrosporen) zerfällt. Sie teilen sich in einer ersten inaequalen Pollenmitose in eine *vegetative* (6 ve) und eine *generative Zelle* (6 ge). In einer zweiten normalen Pollenmitose teilt sich die generative Zelle in zwei Spermazellen (6 sp). Damit sind die Pollenkörner oder Pollen fertiggestellt. Dabei handelt es sich um Mikrogametophyten mit zwei Wandschichten, der eben erwähnten derben Exine und einer zarten Intine, die vom Mikrogameto-

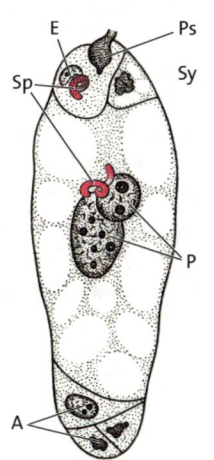

Abb. 3.34

Embryosack bei der doppelten Befruchtung. Der Pollenschlauch (Ps) ist bereits in eine der Synergiden (Sy) eingedrungen. Eine seiner beiden Spermazellen (Sp, rot) steht vor der Syngamie mit der Eizelle (E), die zweite vor der Fusion mit den beiden Polkernen (P). A Antipoden (nach GUIGNARD aus OEHLKERS 1956).

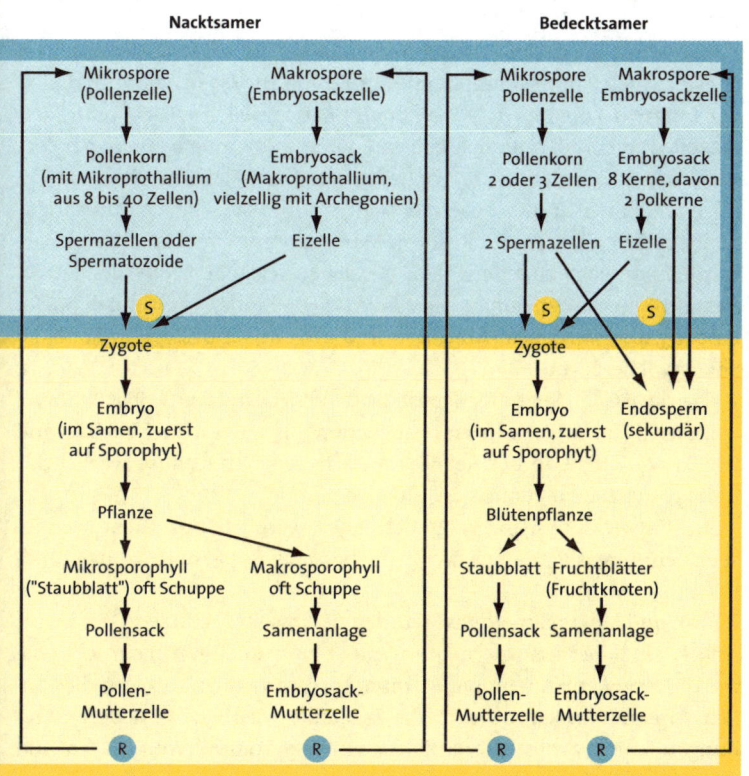

Abb. 3.35

Homologien im heterophasischen Generationswechsel der Embryophyten. Homologe Stadien stehen auf gleicher Höhe. Bei den Spermatophyten (Nacktsamer und Bedecktsamer) ist das Pollenkorn ein unterschiedlich stark reduzierter Mikrogametophyt mit den Funktionen eines (nicht ausgebildeten) Antheridiums. Bei den Nacktsamern werden im Embryosack, dem Makrogametophyten, noch Archegonien gebildet, im stärker reduzierten Embryosack der Bedecktsamer nicht mehr (HESS 2004).

phyten selbst gebildet wird. Die Pollenkörner werden von Wasser (selten), Wind oder Tieren, bei uns vor allem Insekten, auf die Narben übertragen. Wenn das Pollenkorn auf die Narbe gelangt, kann es schon dreizellig sein. Falls es noch zweizellig ist (6), findet die zweite Pollenmitose im auswachsenden Pollenschlauch (6 ps) statt. Der Pollenschlauch wird von der vegetativen Zelle gebildet. Ihr Zellkern (6 vek) steuert das Wachstum.

Nun zur weiblichen Seite. Im **Nucellus** (Makrosporangium) der im Fruchtknoten eingeschlossenen Samenanlagen geht eine diploide **Embryosackmutterzelle** (7 mesm, Makrosporenmutterzelle) in die Meiosis ein. Von den zunächst vier Gonen, den **Embryosackzellen** (mes, Makrosporen) wird eine wechselnde Anzahl resorbiert. Oft bleibt wie in (9) nur eine einzige erhalten. Sie entwickelt sich zum Makrogametophyten, dem **Embryosack**. Ihr Kern teilt sich dazu dreimal, so dass acht Kerne resultieren (9 bis 12). Sie umgeben sich teilweise mit Cytoplasma und Membranen und bilden den Embryosack (6). Er besteht aus drei *Antipoden* (an), zwei *Synergiden* (sy), dazwischen einer *Eizelle* (ez), und zwei *Polkernen* (pk, nur Kerne, keine Zellen).

Die Syngamie findet als **doppelte Befruchtung** (13) statt. Eine der beiden Spermazellen (sp) verschmilzt mit der Eizelle zur **Zygote**, die zum diploiden **Embryo** (13 bis 15, em; junger Sporophyt) auswächst. Die zweite Spermazelle verschmilzt mit den beiden Polkernen zu einem triploiden Zellkern, der das nach wie vor triploide **sekundäre Endosperm** bildet (14, 15 sek.en). Es dient in der Regel als Nährgewebe. Der zunächst noch vorhandene Nucellus (14 nu, Rest des Makrosporangiums) kann resorbiert werden oder sich zu einem Nährgewebe entwickeln. Die beiden **Integumente** (14 in) werden zur Samenschale (15 ss). Embryosack und doppelte Befruchtung werden in Abb. 3.34 und 4.10 in vergrößertem Maßstab besser wiedergegeben.

Damit ist der **Samen** fertiggestellt (15). Er besteht aus dem Embryo, dem sekundären Endosperm, gegebenenfalls auch dem Nucellus und der Samenschale. In der Regel erst nach einer Ruhepause wächst der Embryo zur neuen Pflanze (16) aus.

Im Entwicklungsgang zeigt sich eine – verglichen mit den Gymnospermen (→ Seite 60) – noch weiter verbesserte Anpassung an das Landleben:

▶ Mikro- und Makrogametophyt wurden noch weiter reduziert.
▶ Primär sind die Angiospermen insektenblütig, auch wenn ein sekundärer Übergang zur Anemophilie unter entsprechenden Außenbedingungen vorkommen kann. Durch die Zoophilie wird eine gezielte Bestäubung möglich. Sie ist die Basis für eine Coevolution von Blüten und Bestäubern (→ Seite 82).

▶ Über die doppelte Befruchtung entstehen nicht nur der Embryo, sondern auch ein sekundäres Endosperm. Verglichen mit dem primären Endosperm der Gymnospermen ist das rationeller, weil das Nährgewebe Endosperm nur dann gebildet wird, wenn ein Embryo versorgt werden muss.

▶ Fruchtblätter (und fallweise auch der Blütenboden) bieten nicht nur Schutz, sondern lassen sich in der Frucht (→ Seite 97) nach Färbung, Duft und Inhaltsstoffen so ausgestalten, dass Tiere angelockt werden, und die Zoochorie (→ Seite 101) gefördert wird.

In Abb. 3.35 werden die Homologien in den Entwicklungszyklen der Embryophyten abschließend herausgestellt.

Evolutionstrend zu Diplonten | 3.10

Zu Beginn dieses Kapitels hatten wir die Frage gestellt, ob die Diplophase etwas mit der Lebensweise, also den Umweltbedingungen, zu tun haben könne. In jedem Teilkapitel sind wir darauf eingegangen. Dabei schien die Diplophase bei schlechteren Umweltbedingungen bevorzugt zu sein. Jetzt können wir versuchen, Bilanz zu ziehen.

Diplophase und Leben auf dem Land | 3.10.1

Zygoten: Zunächst lässt sich feststellen, dass in allen Taxa diploide Zygoten Überdauerungsorgane sein können. Bei Wasserpflanzen lassen sich Unterschiede zwischen Süß- und Meerwassergewächsen erkennen. So ist die Ulvophycee *Ulothrix zonata* eine Süßwasserpflanze. Sie ist zwar ein Haplont, übersteht aber ungünstige Bedingungen mit einer Zygote als Überdauerungsorgan (→ Seite 40). Ebenfalls eine Ulvophycee ist die marine *Ulva lactuca* (Meersalat). Bei ihr handelt es sich um einen Haplo-Diplonten mit isomorphem Generationswechsel, der unter gleichmäßig guten Außenbedingungen lebt (auch wenn die Ebbe überstanden werden muss). Die Zygote keimt hier sofort aus, ist also kein Überdauerungsorgan.

Meer- und Süßwasserpflanzen: Im vegetativen Bereich finden sich bei Wasserpflanzen bald Haplonten, bald Diplonten, bald Haplo-Diplonten, ohne dass ein klarer Bezug zur Umwelt erkennbar ist. Wenigstens gilt das für einen ständig konstanten Wasserstand. Aber nicht nur im tiefen Wasser, sondern auch in der Gezeitenzone sind die Außenbedingungen offensichtlich noch so gut, dass es auf die Kernphase nicht ankommt. Anders steht es mit Süßwasserpflanzen wie *Ulothrix*, die plötzlich eintretende Trockenzeiten überstehen müssen (s. oben).

Landpflanzen: Allerdings konnten nur so wenige wasserlebende Arten besprochen werden, dass allein darauf basierende Rückschlüsse kaum gerechtfertigt erscheinen. Verglichen mit den Lebensbedingungen im Wasser stellt das Leben an Land weitaus höhere Anforderungen und bringt vermehrt Gefahren mit sich. Bei rezenten Landpflanzen zeigt sich nun eine starke Tendenz zur Diplophase. Das gilt schon für Thallophyten wie zum Beispiel die *Mycobionta*, bei denen das der Diplophase entsprechende Dikaryon besonders bei den Basidiomyceten stark betont wird (→ Seite 36). Das gilt ausnahmsweise *nicht* für die *Bryophyta* (→ Seite 44), die jedoch (deswegen?) eine Sackgasse der Evolution darstellen. Es gilt wieder für die *Pteridophyten* mit ihrem stark reduzierten Gametophyten (→ Seite 47) und desgleichen für die *Gymnospermen* (→ Seite 57) und besonders die *Angiospermen* mit ihren noch stärker reduzierten Mikro- und Makrogametophyten (→ Seite 61).

In der rezenten Pflanzenwelt wird also zweifellos der Übergang zum Leben an Land von einer immer stärkeren Ausbildung der Diplophase begleitet. Man nimmt an, dass der Querschnitt der rezenten Pflanzen auch Rückschlüsse auf ein entsprechendes Evolutionsgeschehen erlaubt. Beim Übergang zum Landleben sollte auch dabei die Diplophase betont worden sein. Die Situation bei den ersten Landpflanzen bestätigt diese Annahme. Denn schon die *Psilophytopsida* besaßen außer dem haploiden Gametophyten einen gut ausgebauten diploiden Sporophyten (→ Seite 48).

3.10.2 Ursachen für die Ausbildung der Diplophase

Der Übergang zum Landleben bringt ein erhöhtes Risiko mit sich und erfordert Anpassungen der verschiedensten Art (→ Seite 48). Die Ausbildung einer Diplophase begegnet dem Risiko und ermöglicht die Vielfalt.

Reserveallele: Im diploiden Zustand sind zwei Allele pro Zellkern vorhanden. Schädliche Mutationen, die beim Landleben vermehrt auftreten könnten (zum Beispiel durch erhöhte UV-Strahlung), betreffen in der Regel immer nur eines der beiden Allele eines Genorts. Sie sind außerdem meistens rezessiv. Das zweite, nicht mutierte Allel kann dann den Schaden kompensieren, deshalb nennt man es auch Reserveallel. Das Mutationsrisiko wird also reduziert.

Erst in den Nachkommenschaften treten entsprechend den Mendelschen Regeln Individuen mit mutiertem Phänotyp auf. Und ebenfalls entsprechend den Mendelschen Regeln kann unter den Nachkommen das mutierte Allel mit den verschiedensten anderen Genorten kombiniert werden. Möglicherweise kann eine dieser Rekombinanten vorteilhaft sein, vor allem, wenn eine Anpassung an geänderte Umweltbedingungen notwendig wird. Schon eine diploide Zygote bietet unter dem

Aspekt des Reserveallels Schutz, der allerdings nicht mehr gegeben ist, wenn die Zygote unter Meiosis auskeimt und sich haploide Gametophyten entwickeln. Wenn sich aus der Zygote eine diploide Phase (Sporophyt) bildet, ist der Schutz weiterhin gegeben. Der stärker gefährdete Gametophyt kann wie bei Diplonten ganz aufgegeben werden. Er lässt sich aber auch dadurch absichern, dass er wie bei den Spermatophyten von einem diploiden Sporophyten umgeben wird.

Erhöhung der Rekombinationsrate: Dies erleichtert Anpassungen. Zu mehr Rekombinationen kann es über die Syngamie ebenso wie über die Meiosis kommen (Abb. 2.2). Bei Haplonten folgt auf **eine Syngamie** bei der Keimung der Zygote **eine Meiosis.** Die Rekombinationsrate ließe sich bei den Haplonten durch die Bildung von mehr Gameten und entsprechend »mehr« Syngamie mit nachfolgender Meiosis steigern. Bei Ausbildung einer Diplophase kann man jedoch sozusagen nebenbei zu einer Erhöhung der Rekombinationsrate kommen. Wenn aus den eben genannten Gründen sowieso eine Diplophase ausgebildet wird, lässt sie sich leicht dazu nutzen. Denn die Meiosis kann auf dem vielzelligen Diplonten nicht nur an einer, sondern an vielen Stellen stattfinden. Auf **eine Syngamie** folgen dann **viele meiotische Teilungen** mit entsprechender Steigerung der Rekombinationsrate.

Ausbau des Sporophyten und Reduktion des Gametophyten muss also die Devise sein. Sie ist bei den Spermatophyta realisiert.

Hypothesen zu Evolution der Pflanzen | 3.11

Vor unserem Streifzug durch das System der Pflanzen war eine Übersicht zur mutmaßlichen Phylogenie gegeben worden (Abb. 1.6). Das könnte zu dem Irrtum führen, zuerst hätte man an Hand paläobotanischer Befunde den Gang der Evolution erarbeitet und dann nach ihr das System rezenter Pflanzen ausgerichtet. Die paläobotanischen Befunde sind aber zu selten und oft zu unterschiedlich interpretierbar, als dass das möglich gewesen wäre. Sie geben wichtige Fixpunkte. Doch Rückschlüsse auf die möglichen Verbindungen zwischen diesen Fixpunkten und damit auf die Evolution kann man erst aus der Verwandtschaftsforschung an rezenten Arten ziehen. Ihre Methoden werden in Kapitel 4 besprochen. Selbstverständlich versucht man, auch Fossilien mit diesen Methoden zu analysieren. Doch ist das keineswegs immer machbar. Ehemals zarte Blüten an fossilen Pflanzen zum Beispiel haben sich selten als Versteinerungen erhalten.

Fossile Funde und mehr noch die Verwandtschaftsforschung an rezenten Arten ermöglichen es also, Hypothesen zum Ablauf der Evolution aufzustellen. Deshalb sei darauf erst jetzt nach der stichprobenartigen Besprechung vor allem der rezenten Pflanzenwelt abschließend darauf eingegangen. Der Übergang zum Landleben wurde bereits diskutiert (→ Seite 48). In Abb. 3.36 finden sich die rezenten und fossilen Taxa der Plantae (vgl. Abb. 1.6) ohne phylogenetische Bezüge. Von diesen weitge-

Abb. 3.36

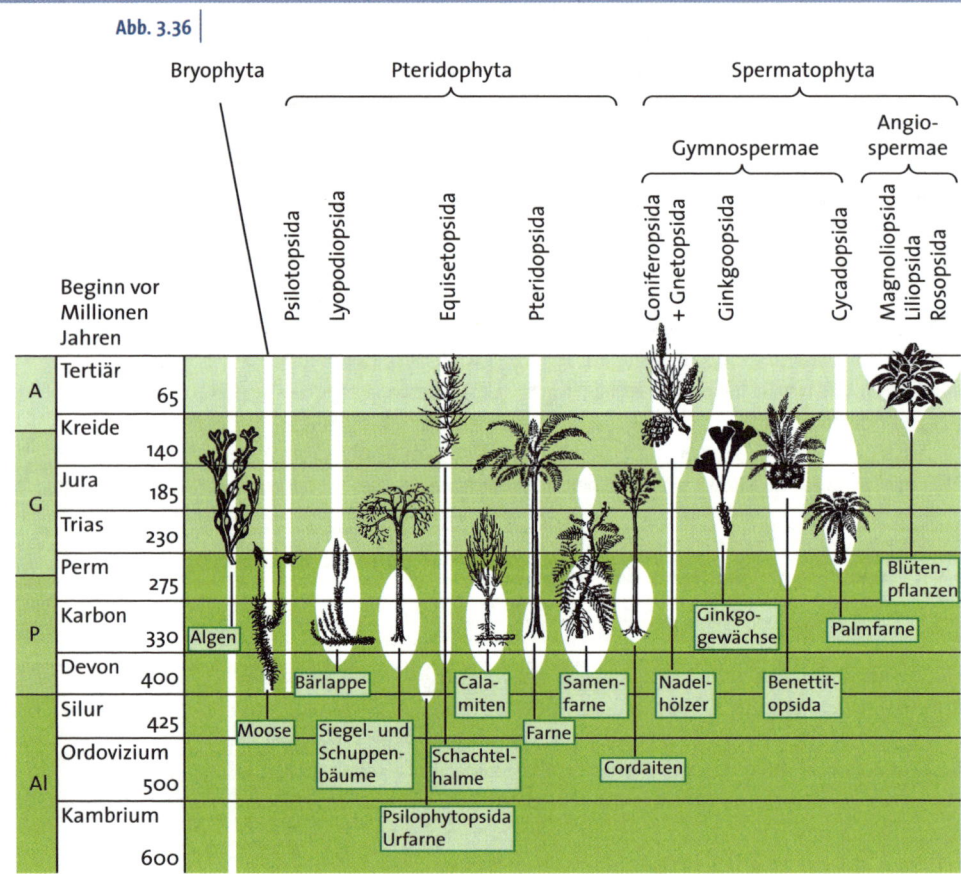

Die Pflanzenwelt in der Erdgeschichte. Die Abstufungen des Grüns deuten von oben nach unten das Neo-, Meso- und Paläozoikum an. Die Zeitalter der Paläobotaniker sind von oben nach unten: **A** Angiospermenzeit = Neophytikum, **G** Gymnospermenzeit = Mesophytikum, **P** Pteridophytenzeit = Paläophytikum, **Al** Algenzeit = Proterophytikum. Fossile Befunde belegen Beginn, Ende und Häufigkeit der Taxa (weiß gehalten). Fossile baumförmige Vertreter der Calamiten (Schachtelhalmartige), die Siegel- und Schuppenbäume (Bärlappartige) und die Cordaiten (Nadelholzartige) waren wesentliche Komponenten unserer Steinkohlenwälder. Die ebenfalls ausgestorbenen Bennettitopsida werden wegen vieler Ähnlichkeiten mit den Blütenpflanzen auch Blumenpalmfarne genannt. Die weißen Bereiche stehen im Großen und Ganzen fest. Umstritten ist dagegen der phylogenetische Zusammenhang, vor allem die Ableitung der Spermatophyta (siehe Text; stark verändert nach VOGELLEHNER 1972).

hend gesicherten Befunden ausgehend lassen sich Vorstellungen zur Phylogenie zumindest im Prinzip verstehen. Da sie gerade derzeit stark umstritten sind, sei auf ihre bildliche Darstellung verzichtet.

Die **Bryophyta** entwickelten sich aus Grünalgen und liefen bis in die Gegenwart ohne wesentliche Abzweigungen weiter. Grünalgen waren auch die Vorstufen der **Psilophytopsida** (Urfarne). Sie stellten die ersten Landpflanzen und über sie alle Kormophyten. Frühe Abzweiger von ihnen waren schon im Silur die vier rezenten Klassen der **Pteridophyta,** die eine paraphyletische Gruppe (→ Seite 14) bilden.

Die Phylogenie der **Spermatophyta** ist umstritten. Bis vor einigen Jahren nahm man an, die **Gymnospermen** wären über zwei getrennte Entwicklungszweige für die beiden Gruppen der **Cycadophyten** (*Cycadopsida mit Gnetopsida*) und der **Coniferophyten** (*Coniferopsida mit Ginkgopsida*) entstanden. Dabei hätte sich auch der **Samen zweimal** entwickeln sollen. Molekulare Befunde führten jedoch zu der Auffassung, **der Samen** sei nur **einmal** »erfunden« worden. Die Entwicklung ging auch nach molekulargenetischen Analysen von den Psilophytopsida aus. Von ihnen leiteten sich die **Pteridospermae** (Samenfarne) ab. *Bei deren Entstehung sei es vor rund 360 Millionen Jahren zur Samenbildung gekommen.* Vor etwas mehr als 325 Millionen Jahren hätten sich dann **alle vier Abteilungen der Gymnospermen** und außerdem die Schwestergruppe der **Angiospermen aus einer Stammart** unter den Pteridospermen entwickelt. Danach wären zumindest die rezenten Gymnospermen eine monophyletische Gruppe (→ Seite 14). Die nach derzeitigen Erkenntnissen **erste Angiosperme** datiert aus der untersten Kreide. Doch erst in der Oberkreide kam es zu einer explosionsartigen Entwicklung der Angiospermen. Charles Darwin schrieb dazu 1879 in einem Brief an seinen Freund Joseph D. Hooker von einem »abominable mystery«. Trotz vieler Hypothesen ist das Rätsel der für erdgeschichtliche Zusammenhänge plötzlichen Ausbreitung der Angiospermen noch immer nicht zufrieden stellend gelöst.

1 Aus welchen Substanzen bestehen die Zellwände bei den Oomycetes, aus welchen bei den Mycobionta? (→ Seite 17)

2 Wo im Gang durch das System stießen Sie auf Siphonogamie? (→ Seiten 31, 35)

3 Welche Form der Syngamie findet sich bei den Ascomyceten, welche bei den Basidiomyceten? (→ Seiten 32, 34)

4 Was ist ein Dikaryon? (→ Seite 32)

5 Was bedeutet der Begriff Heterokontophyta? (→ Seite 16)

6 Sind bei den Phaeophyceae die Gametangien oder die Sporangien pluriloculär? (→ Seite 38)

7 Ist ein Gynogamon ein Hormon oder ein Pheromon? (→ Seite 39)

8 In welche zwei Abteilungen ordnet man heute die »Grünalgen« ein? (→ Seite 40)

9 In welchen beiden Formen liegt der Gametophyt der Laubmoose vor? (→ Seite 46)

10 Warum ist das Sporogon der Laubmoose keine »ungeschlechtliche« Generation? (→ Seiten 25 und 46; achten Sie auf die Meiosis)

11 Welche Abteilungen gehören zu den Kormophyten? (→ Seite 17)

12 Wie viele Halskanalzellen finden sich im Archegonium der Pteridophyten? (→ Seite 47)

13 In welchem Erdzeitalter traten die ersten Landpflanzen auf? Wie hieß ihre Klasse? (→ Seite 48)

14 Nennen Sie einige Eigenschaften, die für das Leben an Land ausgebildet wurden! (→ Seite 48)

15 Nennen Sie einen heterosporen Farn! (→ Seite 52)

16 Nennen Sie einige Charakteristika der Spermatophyta! (→ Seite 54)

17 Welcher Bildung der Pteridophyten ist der Nucellus der Spermatophyten homolog? (→ Seiten 60, 66)

18 Welche Unterschiede zwischen Gymnospermen und Angiospermen kennen Sie? (→ Seite 66)

19 Welche Funktionen lassen sich den Fruchtblättern beziehungsweise dem Fruchtknoten der Angiospermen zuordnen? (→ Seite 61)

20 Aus welchen Zellen beziehungsweise Zellkernen besteht der Makrogametophyt der Angiospermen? (→ Seiten 65, 66)

Kriterien und Methoden in der Systematik

4

Vergleichende Phytochemie

4.1

Molekulare Systematik

4.1.1

»Molekular« bedeutet im Folgenden »makromolekular«: Die Molekulare Systematik beschäftigt sich mit den Makromolekülen DNA, RNA und Proteinen.

4.1.1.1   Verwendete Gene

Das Genom einiger Pflanzenarten ist bereits vollständig sequenziert. Für die Verwandtschaftsforschung ist eine komplette Sequenzierung jedoch nicht erforderlich, denn man kann die Ähnlichkeiten einzelner Gene oder ihrer RNA bestimmen, falls sie günstige Voraussetzungen mit sich bringen.

Von den drei DNA-Typen der Pflanzenzelle, der Kern-DNA (nDNA, nucleäre DNA), Chloroplasten-DNA (cpDNA) und Mitochondrien-DNA (mtDNA) wird dafür heute meistens die **cpDNA** verwendet. Denn die Gene der nDNA können bei der Homologisierung Schwierigkeiten machen, weil sie häufig als Genfamilien vorliegen. Die Gene der mtDNA rearrangieren oft zu schnell. Im Gegensatz zur nDNA gibt es in der cpDNA zwei Regionen, in den die Gene immer einzeln, als »single copy« vorliegen. Man unterscheidet hier eine große und eine kleine »single-copy-Region«. Außerdem findet sich bei ihnen das richtige Mittelmaß zwischen zu häufiger und zu seltener Mutation. Bei drei Mutationen pro 10 000 Basenpaaren einer DNA-Doppelhelix ist eine Absicherung gegen methodische Fehler bei der Sequenzierung nicht mehr möglich.

Aus der cpDNA wird vor allem das Gen für die große Untereinheit der RubisCO, des Schlüsselenzyms der Photosynthese eingesetzt, *rbcL* (RubisCO Large). Hinzu kommen unter anderem die Gene *ndhF* für die Untereinheit F der NADP-Dehydrogenase und *atpB* für die ß-Untereinheit der ATP-Synthase. *RbcL* und *atpF* waren bei Untersuchungen zur Phylogenie der Angiospermen besonders wichtig.

Auch ribosomale RNA beziehungsweise ihre Gene lassen sich einsetzen. Die drei Gene für 18S-, 5.8S- und 28S-rRNA der cytoplasmatischen Ribosomen liegen in der nDNA als Transkriptionseinheit vor. In der genannten Reihenfolge liegen viele solcher Transkriptionseinheiten hintereinander auf der DNA. Die von ihnen kodierten RNAs können in

---

Abb. 4.1

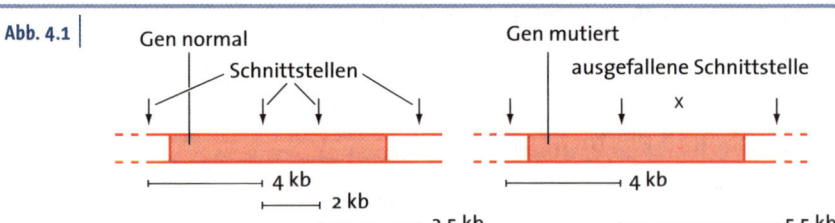

Restriktionsstellen-Analyse (Restriktionsfragment-Längenpolymorphismus). Im von der Analyse erfassten Bereich lagen vier Schnittstellen für ein bestimmtes Restriktionsenzym, davon zwei im Gen selbst. Das Restriktionsenzym lieferte drei Fragmente der angegebenen Länge (**links**). Durch Mutation fiel eine Schnittstelle aus. Das Restriktionsenzym lieferte dann nur noch zwei Fragmente der angegebenen Länge (**rechts**) (verändert nach HESS 1992).

solchen Mengen vorliegen, dass sie sogar direkt analysiert werden konnten. Dafür oder für eine Analyse nach einer Klonierung eignen sich vor allem *18S-* und *28S-rRNA*. Auch die RNAs von transkribierten »spacern« zwischen den Transkriptionseinheiten werden genutzt.

Methoden der DNA-Analytik

4.1.1.2

Nur die zwei wichtigsten Methoden können hier besprochen werden, die *Restriktionsstellen-Analyse* und die *DNA-Sequenzierung*. Falls nicht genügend DNA für die Analyse vorhanden sein sollte, kann man sie vervielfältigen. Dazu wird eine spezielle DNA-Polymerase eingesetzt, die an einer DNA-Matrize (template) viele entsprechende DNA-Einzelstränge in einer Reihe von aufeinander folgenden Zyklen synthetisiert. Den Vorgang, der hier nicht im Detail geschildert werden, nennt man *PCR* (Polymerase Chain Reaction, Polymerase-Ketten-Reaktion).

Restriktionsstellen-Analyse: Bestimmte Enzyme aus Bakterien schneiden doppelsträngige DNA an definierten Stellen. Die betreffenden Enzyme heißen *Restriktionsenzyme*, die Schnittstellen *Restriktionsstellen*. Sie weisen eine für jedes Restriktionsenzym spezifische Abfolge einiger Basen auf. Verändert sich eine dieser Basen durch Mutation, schneidet das dazu gehörende Restriktionsenzym nicht mehr. Die DNA-Fragmente, welche das Restriktionsenzym anliefert, unterscheiden sich dann nach Anzahl und Länge (Abb. 4.1). Dieser *Restriktionsfragment-Längen-Polymorphismus* (*RFLP*) kann dazu genutzt werden, Veränderungen in der DNA zu erkennen.

DNA-Sequenzierung: Dabei handelt es sich um die mit Abstand wichtigste Methode: Sie geht nicht nur zur Basis jeder Merkmalsbildung, der DNA, zurück, die aus der Sequenzierung gewonnenen Daten sind außerdem eindeutig: Ein Guanin bleibt ein Guanin und lässt sich nicht als Thymin interpretieren.

Mit Hilfe von Restriktionsenzymen wird die DNA geschnitten und die erhaltenen Fragmente sequenziert. Diese DNA-Sequenzierung erfolgt in der Regel über das *Kettenabbruch-Verfahren*. Dazu sind Didesoxynucleosid-triphosphate notwendig (Abb. 4.2). Die normalerweise als Bausteine der DNA dienenden Desoxynucleosidtriphosphate besitzen in Position

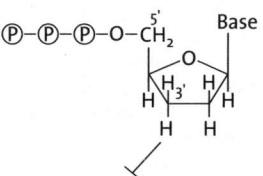

Abb. 4.2

Desoxy- und Didesoxyribonucleosid-triphosphate.

Strangverlängerung
Desoxyribo-nucleosid-triphosphat

keine Strangverlängerung
Didesoxyribo-nucleosid-triphosphat

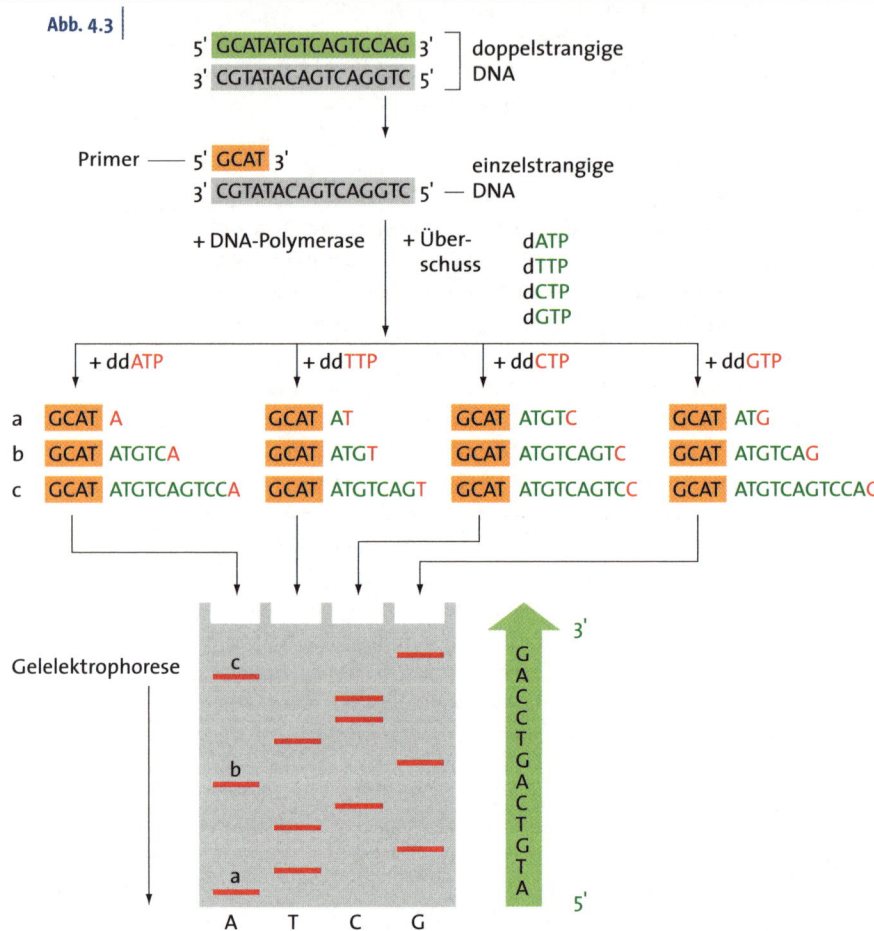

Kettenabbruch-Verfahren der DNA-Sequenzierung. Die zu sequenzierende DNA wird in ihre Einzelstränge zerlegt. Einer der Einzel-stränge (grau) dient dann als Matrize für die Replikation im Reagenzglas. Die Basensequenz der Matrize ist in Wirklichkeit unbekannt. Die Replikation erfolgt in vier parallelen Ansätzen. Alle vier Ansätze enthalten gleichermaßen die DNA-Matrizen; einen kurzen DNA-Primer (braun); das Enzym der DNA-Replikation, die DNA-Polymerase, die am Primer zur Replikation ansetzen muss; und einen Über-schuss an den normalen Bausteinen (grün), den Desoxyribo-nucleosid-triphosphaten des Adenins (dATP), Thymins (dTPP), Cytidins (dCTP) und Guanins (dGTP). Zusätzlich enthalten die vier Ansätze in geringen Mengen ein jeweils anderes Didesoxyribo-nucleosid-triphosphat (rot), der erste ddATP, der zweite ddTTP, der dritte ddCTP und der vierte ddGTP. Die Didesoxy-Derivate sind über Radio-aktivität oder Fluoreszenz markiert. Die DNA-Replikation wird in jedem Ansatz an den entsprechenden komplementären Positionen durch Einbau der Desoxy-Verbindungen abgebrochen. In jedem Ansatz findet sich dann eine Serie verschieden langer DNA-Fragmente. Sie werden über Gelelektrophorese aufgetrennt und an Hand ihrer Markierung im Gel lokalisiert. Je kleiner die Fragmente sind, desto schneller wandern sie im elektrischen Feld. Die kleinsten Fragmente liegen im Bild also unten (vergleiche a, b, c in der linken Spur). Dann liest man in jedem Ansatz ab, in welcher Position sich ein A, T, C oder G, jeweils als markiertes Didesoxy-Derivat, befindet. Damit hat man die Basensequenz des nicht als Matrize eingesetzten Einzelstrangs (grün) in der ursprünglichen DNA-Doppelhelix ermittelt. Die komplementäre Basensequenz der Matrize (grau) ergibt sich daraus. Die Analysen werden heute computergesteuert in Automaten durchgeführt (verändert nach ALBERTS et al. 2001).

3´ eine Hydroxylgruppe, an der das nächste Desoxynucleosid-triphosphat angeschlossen wird. Wird in eine wachsende Kette ein Didesoxy-Derivat eingebaut, dem diese Hydroxylgruppe fehlt, ist der Anschluss und damit die Kettenverlängerung nicht mehr möglich. Die Kette bricht ab. Abb. 4.3 gibt den erwarteten Ablauf wieder. Abb. 4.4 zeigt, dass die Realität der Erwartung entspricht.

Beispiele für Anwendungen der DNA-Analytik

4.1.1.3

Der erste »Stammbaum« eines Gens beziehungsweise des von ihm kodierten Proteins wurde schon 1992 für *rbcL* aufgestellt, musste allerdings später noch korrigiert werden. Inzwischen ist *rbcL* aus mehr als 5 000 Arten sequenziert worden und dürfte damit den Rekord unter den sequenzierten Genen halten. Zahlreiche weitere derartige Stammbäume folgten. In unserem Zusammenhang sind Befunde zur **Phylogenie der Taxa** besonders wichtig. Jeweils ein Beispiel für die beiden oben erwähnten Verfahren:

Über **Restriktionsstellen-Analyse** fand man heraus, dass fast alle Asteraceae eine Inversion in der großen »single-copy-Region« der cpDNA (→ Seite 74) aufweisen. Die Asteraceae erwiesen sich damit auch molekular als Monophylum (→ Seite 14). Eine Ausnahme macht die Unterfamilie der Barnadesioideae, die zwar zu den Asteraceae gehört, die Inversion jedoch (noch) nicht zeigt. Die Diskussionen über die phylogenetisch ersten Asteraceae ist jetzt entschieden: Die Barnadesioideae gehören zu ihnen.

DNA-Sequenzierung. Die frühere Familie der Scrophulariaceae (Rachenblütler) soll jetzt aufgelöst werden. Ein Teil von ihr bleibt als Scrophulariaceae erhalten, ein Teil wird den Orobanchaceae (Orobanchengewächse) zugeschlagen und ein weiterer Teil den Plantaginaceae (Wegerichgewächse). Auch molekulare Befunde sprechen dafür (→ Seite 186).

Abb. 4.5 zeigt das Ergebnis einer entsprechenden Sequenzierung des Plastidengens *rps2*, das eine Untereinheit des Plastiden-Ribosoms kodiert. Ganz offensichtlich gehören alle parasitischen Arten der ehemaligen Scrophulariaceae (B, E) in den Verwandtschaftskreis der Orobanchaceae. Gemeinsame morphologische Merkmale wie die Ausbildung von Haustorien hatten das schon vermuten lassen. Auch die Rumpfgruppe der Scrophu-

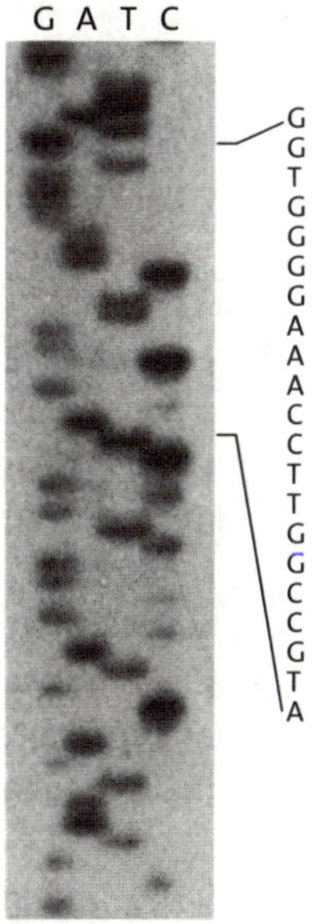

G A T C

G
G
T
G
G
G
A
A
A
C
C
T
T
G
G
C
C
G
T
A

Abb. 4.4

Beispiel aus der Sequenzanalyse des *nif*-Gens K aus *Klebsiella pneumoniae*. Das Gen kodiert das Protein K der Nitrogenase, des Enzyms der Luftstickstoffbindung. Die Replikation wurde wie in Abb. 4.3 geschildert mit radioaktiv (P^{32}) markierten Didesoxyribo-nuclosid-triphosphaten durchgeführt. Nach der Trennung wurde über Autoradiographie entwickelt. Über den vier Bahnen im Gel werden die Basen im jeweils eingesetzten Didesoxy-Derivat angegeben. Rechts daneben findet sich die Auswertung (STEINBAUER 1988).

Abb. 4.5

Phylogenetische Rekonstruktion der Scrophulariaceae auf Basis von Sequenzanalysen des Plastiden-Gens rps2. Alle Arten der bisherigen Scrophulariaceae sind fett gedruckt. Dicke Linien führen zu Holoparasiten ohne Photosynthese. Mit dem Pfeil beginnt ein Kladus, zu dem traditionell die Orobanchaceae gehören. Doch auch parasitische bisherige Scrophulariaceae (B Tribus Buchnereae; E Tribus Euphrasieae) fügen sich hier ein. Scroph I: Scrophulariaceae s.s., Rumpf-Scrophulariaceen; Scroph II: Scrophulariaceae, die den Plantaginaceae zugeschlagen werden sollen.* Die Arten wurden bald zu den Scrophulariaceae, bald zu den Orobanchaceae gezählt. (?) Einordnung umstritten. Arten aus weiteren Familien: BIG Bignoniaceae; CLL Callitrichaceae; GSN Gesneriaceae; MYO Myoporaceae; OLE Oleaceae; SOL Solanaceae; VER Verbenaceae (leicht verändert nach NICKRENT et al. aus SOLTIS et al. 1998). Vgl. auch die für die Zerschlagung der Scrophulariaceae grundlegende Arbeit OLMSTEAD et al. (2001), ein Beispiel für die Arbeitsweise der molekularen Systematik.

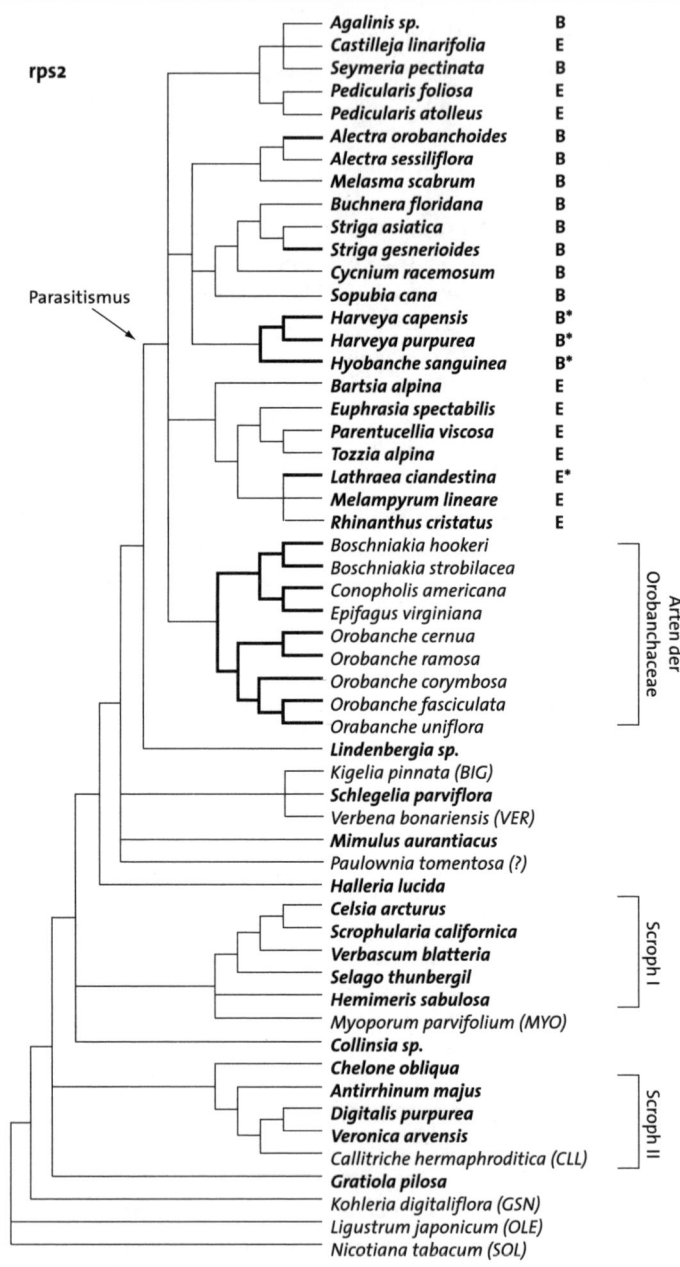

lariaceae (= Scroph. I) und die Arten, die bei den Plantaginaceae eingeordnet werden sollen (= Scroph. II), sind hier deutlich voneinander abgesetzt. Doch gibt es auch Analysen, bei denen das nicht der Fall ist.

Von Ausnahmen (→ Seite 110) abgesehen brachten die molekularen Daten keine völligen Überraschungen. Oft gaben sie wie in den beiden Beispielen den Ausschlag in Diskussionen, die schon auf Basis morphologischer Befunde geführt worden waren. Mehr als eine derart weitgehende Übereinstimmung kann sich ein Systematiker kaum wünschen.

Proteine

4.1.1.4

Die **Bestimmung der Aminosäuresequenz** ist eine der Methoden in der Chemosystematik der Proteine. Sie wurde bei verschiedenen Proteinen von zentraler Bedeutung mit Erfolg eingesetzt – wie bei der kleinen Untereinheit der RubisCO, bei Plastocyanin, Ferredoxin oder Cytochrom c und auch bei Reserveproteinen –, tritt aber seit dem Ausbau der methodisch einfacheren DNA-Sequenzierung stark in den Hintergrund: Von der Basensequenz der DNA lässt sich ja auf die Aminosäurensequenz schließen.

Große Erwartungen hatte man früher mit **immunologischen Methoden** verknüpft. Doch Versuche, Stammbäume des Pflanzenreichs (z.B. »Königsberger Stammbaum« von 1924) mit Hilfe serologischer Methoden aufzustellen, waren wenig befriedigend. Im näheren Verwandtschaftsbereich waren serologische Methoden jedoch durchaus erfolgreich, so bei der Klärung von Verwandtschaftsbeziehungen bei Asteraceae, Liliaceae und Poaceae.

Definition

Isoenzyme sind Enzyme gleicher Funktion, aber unterschiedlicher Struktur.

Isoenzyme lassen sich wegen ihrer unterschiedlichen Struktur über ihr Wanderungsverhalten im elektrischen Feld voneinander trennen. Eine Gelelektrophorese, gegebenenfalls mit besonders hoher Trennschärfe in pH-Gradienten (Isoelektrofokussierung), macht methodisch keine Schwierigkeiten. Der Nachweis lässt sich über die betreffende Enzymaktivität sehr empfindlich gestalten. Analysen auf Isoenzyme werden besonders innerhalb von Populationen, bei Rassen einer gegebenen Art (Abb. 4.6) oder bei eng verwandten Arten durchgeführt. Ihr Anwendungsfeld ist also auf nahe Verwandtschaftsgrade beschränkt.

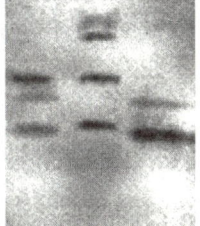

7   8   9

Abb. 4.6

Art- und rassenspezifische Isoenzymmuster der Chitinase. Gelelektrophoretische Auftrennung und Anfärbung auf enzymatische Aktivität. **9** Pflanze von *Helianthus annuus* (Sonnenblume) mit zwei Isoenzymen. **8** Pflanze von *Oryza sativa* (Reis) mit vier Isoenzymen, von denen eines auch in der Sonnenblume vorkommt. **7** Transgene Pflanze der Sonnenblume mit einer zusätzlichen Bande. Sie stammt von einem Gen für Chitinase, das aus dem Reis übertragen worden war (FISCHER 2004).

4.1.2 | Sekundärstoff-Systematik

Für die Systematik ist das Vorkommen hochmolekularer Stoffe – wie etwa Stärke oder Inulin, Cellulose oder Chitin – systematisch wichtig. Die universell in den verschiedensten Varianten auftretenden so genannten **Sekundären Pflanzenstoffe** sind aber mindestens gleichwertig systematisch relevant. Die gegebene Definition berücksichtigt, dass diese Substanzen nicht etwa ihrer Bedeutung, sondern ihrer Biosynthese wegen »sekundär« sind. Sekundärstoffe sind zum Beispiel Nucleinsäurebasen, Hormone oder Cofaktoren von Enzymen; vielfach haben sie auch ökologisch Bedeutung als Farb- und Duftstoffe von Blüten oder als Stoffe in der Abwehr von Herbivoren und Pathogenen.

Definition

Sekundäre Pflanzenstoffe sind Substanzen, die in ihrer Biosynthese an den Soffwechsel der als »primär« bewerteten Kohlenhydrate, Neutralfette und Aminosäuren anschließen.

In Kapitel 5 werden wiederholt chemotaxonomisch wichtige Sekundärstoffe erwähnt. An dieser Stelle kann nur eine Übersicht gegeben werden.

4.1.2.1 | Derivate des Fettsäurenstoffwechsels

Hierher gehören die **Polyacetylene** (Abb. 5.86), Stoffe mit »vielen« Acetylenbindungen. Sie kommen vor allem in Apiaceen, Campanulaceen, Asteraceen und einigen verwandten Familien vor.

4.1.2.2 | Terpenoide

Iridoide (Abb. 4.7) sind Derivate von Monoterpenen, liegen als Glykoside vor und dienen oft als Abwehrstoffe gegen Herbivore. Sie weisen entweder 10 oder durch Abbau 9 C-Atome auf. Sie finden sich in vielen Familien der Asteridae s.l., aber nicht in den Asteraceen selbst.

Carbozyklische Iridoide kommen in Lamiaceen und Scrophulariaceen, aber auch in Ericaceen vor, **Seco-Iridoide** in Gentianaceen.

Sesquiterpenlactone (Abb. 5.86), Verbindungen aus 15 C einschließlich eines Lactonrings, sind vor allem in Asteraceen verbreitet.

Triterpensaponine (Abb. 5.54) mit 30 C im Grundgerüst, die wichtigsten Abwehrstoffe gegen Pilze, finden sich in verschiedenen Taxa. Ihr Vorkommen in zum Beispiel Apiaceen erlaubt es, deren Verwandtschaftskreis zu umgrenzen.

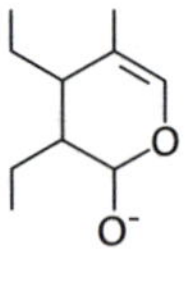

Abb. 4.7

Grundstrukturen von carbozyklischen Iridoiden (mit zwei Ringen, einer davon carbozyklisch, nur aus C-Atomen) und Seco-Iridoiden (kein carbozyklischer Ring). Entfällt das durch den roten Stern markierte C, kommt man von den Iridoiden mit zehn C zu denjenigen mit neun C.

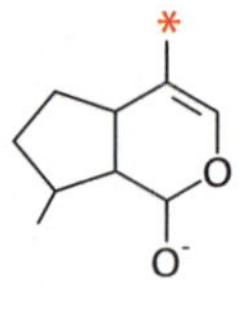

Seco-Iridoid

Carbozykl. Iridoid

Herzglykoside sind ihrer Grundstruktur nach Triterpene. Eine Gruppe, die **Cardenolide** mit 24 C, charakterisiert die Gattung *Digitalis* (Fingerhut, Abb. 5.66) innerhalb der Scrophulariaceen s.l., ist also chemosystematisch wichtig.

Phenolderivate

4.1.2.3

Flavonoide wie Anthocyane und Flavonole (Abb. 4.8) sind in Embryophyten weit verbreitet. Sie sind leicht extrahierbar und über chromatographische Verfahren einfach zu trennen und zu identifizieren. Meist werden sie auf niedrigem taxonomischen Niveau, etwa in Populationsstudien, zur Differenzierung von Rassen (Abb. 4.9) oder von Artkreuzungen nützlich.

Anthocyane und Betalaine. Anthocyane gehören zu den Flavonoiden, Betalaine (Abb. 4.8) zu den Alkaloiden im weiteren Sinn. Sie stammen also aus ganz verschiedenen Biosynthesewegen. Bei den Betalainen handelt es sich um rote und gelbe Farbstoffe, die sich in vegetativen Pflanzenteilen ebenso wie in Blüten finden. In höheren Pflanzen kommen sie

---

a

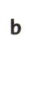

Quercetin (Flavonol)

Cyanidin (Anthocyanidin)

b

Betanidin (Betalain-Aglykon)

b1   Bougainvillea

b2   Notocactus ottonis

Abb. 4.8

Flavonoide und Betalaine. **a** Flavonoide. Quercetin aus der Gruppe der Flavonole ist ein leicht gelber Farbstoff. Cyanidin gehört zur Gruppe der Anthocyanidine bzw. Anthocyane. Die glykosidierten Stoffe nennt man Anthocyane, die zuckerfreien (= Aglyka) Anthocyanidine. Cyanidin ist das Aglykon eines roten oder blauen Farbstoffs. **b** Betalaine gliedern sich in rote (Betacyane) und gelbe (Betaxanthine) Farbstoffe. Das Betanidin ist Aglykon von Betacyanen. **b1** *Bougainvillea* (Nyctaginaceae). Drei durch Betacyane violettrote Hochblätter umgeben drei Blüten. **b2** *Notocactus ottonis* (Cactaceae). Die Petalen führen Betaxanthine (Orig. D. HESS).

Anthocyane zur Charakterisierung von Rassen bei *Streptocarpus × hybridus* (Drehfrucht).
a Erbgang bei Kreuzung einer Linie mit blauen Blüten mit einer Linie mit roten Blüten. P Eltern-Generation, F1 erste Folge-Generation, F2 zweite Folge-Generation: Aufspaltung 1:2:1, monohybrid »intermediärer« Erbgang.
b Auftrennung von Blütenextrakten auf Anthocyane über Dünnschichtchromatographie: links blaublühender, rechts rotblühender Elter, Mitte F1-Hybride. Die Hybride zeigen die Anthocyane beider Eltern (Orig. HESS; HESS 1968).

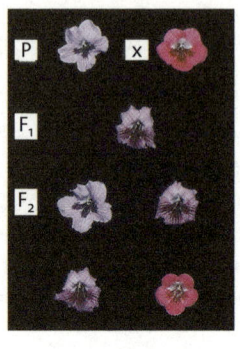

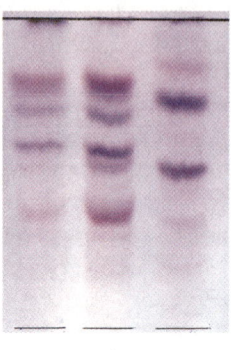

a   b

nur in der Ordnung der Caryophyllales vor, und zwar in allen Familien mit Ausnahme der Caryophyllaceae (Nelkengewächse; → Seite 143) und Molluginaceae (nicht behandelt), die statt Betalainen Anthocyane führen. Alle anderen Familien der Ordnung – wie die Beifußgewächse (Chenopodiaceae) mit *Beta* (Rübe), die Nyctaginaceae mit *Bougainvillea* oder die Cactaceae (Kakteengewächse) – enthalten als rote oder gelbe Blütenfarbstoffe Betalaine (Abb. 4.8).

Betalaine und Anthocyane schließen sich gegenseitig aus. Nach molekularen Befunden sollen die Vorläufer der Caryophyllaceen ebenfalls Betalaine gebildet, diese Fähigkeit aber durch Mutationen verloren haben. Schwer zu erklären bleibt, wie sie dann *in kurzer Zeit* den ganz anderen, komplizierten Bioyntheseweg zu den Betalainen einschlagen konnten. Denn der Umstieg musste kurzfristig oder gleichzeitig erfolgen, weil das Fehlen der Betalaine unter verschiedenen Aspekten einen Nachteil bedeutete.

4.1.2.4   Aminosäuren-Derivate

Alkaloide werden in der Biosynthese aus Aminosäuren gebildet. Sie sind in Pflanzen weit verbreitet. **Benzylisochinolin-Akaloide** kommen häufig in Familien wie den Magnoliaceen und Ranunculaceen vor, evolutionär »alten« Familien. **Tropan-Alkaloide** (Abb. 5.71) sind zwar über das ganze System gestreut verbreitet, aber doch fallweise chemotaxonomisch relevant, und zwar in weiter entwickelten Familien, den Solanaceen und den mit diesen verwandten Convolvulaceen (Windengewächse, nicht behandelt).

Cyanogene Glykoside (Abb. 5.41) werden ebenfalls aus Aminosäuren gebildet. Es handelt sich um inaktive Fraßschutzsubstanzen, aus denen bei Verletzungen durch Fressen *Blausäure* (Cyanwasserstoff) als das aktive schützende Prinzip freigesetzt wird. Cyanogene Glykoside sind weit verbreitet. Taxonomisch wichtig ist, dass sich in den Unterfamilien Maloideae (Kernobstgewächse) und Prunoideae (Steinobstgewächse) der Rosaceen cyanogene Glykoside wie das Amygdalin finden.

Glucosinolate (Abb. 5.48) sind insofern eine Parallele zu den cyanogenen Glykosiden, als sie ebenfalls aus Aminosäuren gebildete inaktive Fraßschutzsubstanzen sind. Nur werden aus Glucosinolaten bei Verletzungen *Senföle* als das aktive Fraßschutzprinzip freigesetzt. Glucosinolate sind typisch für die Ordnung Brassicales und in ihr die Brassicaceen.

Strukturelle Systematik: Blüten | 4.2

Fast jeder Pflanzenteil kann systematisch-taxonomisch wichtig werden. Karyologie, Anatomie und Morphologie – also die Gestaltung von Blättern, Sprossen und Wurzeln – haben ebenso ihren Anteil daran wie die Embryologie. Darauf wird fallweise verwiesen.

Die **Blüten** werden im Folgenden eingehend behandelt. Denn sie stehen im Mittelpunkt der strukturellen Systematik der Angiospermen. Die sich aus ihnen entwickelnden **Früchte** werden im nächsten Teilkapitel besprochen.

Der Bau der Blüte | 4.2.1

Die Blüte war bereits unter dem Aspekt der Homologisierung definiert worden (→ Seite 62). Im gegebenen Zusammenhang ist es zweckmäßiger, eine funktionell-morphologische Definition zu geben. Danach ist die Blüte ein Sprossende, bei dem die Internodien so stark gestaucht sind, dass sie bei oberflächlichem Betrachten überhaupt nicht vorhanden zu sein scheinen. Doch anhand der den Knoten ansitzenden Blattorgane erkennt man, dass zumindest verschiedene Knoten

> **Definition**
>
> Die Blüte ist das gestauchte Ende eines Sprosses, dessen Blattorgane direkt oder indirekt im Dienst der sexuellen Fortpflanzung stehen.

gegeben sind, zwischen denen die gestauchten Internodien zu denken sind. In der Systematik gibt man die Blüte durch **Blütendiagramme** wieder, konzentrische Kreise, die Knoten mit den jeweiligen Blattorganen darstellen (Abb. 4.11). Der äußerste Kreis entspricht dann dem untersten Knoten am Spross.

Ein überhöhter Längsschnitt (Abb. 4.10) zeigt die Abfolge der Blattorgane an bestimmten Knoten vom Blütenboden aufwärts. Die Blattorgane der Blütenhülle stehen indirekt, die Staub- und Fruchtblätter direkt im Dienst der sexuellen Fortpflanzung.

Abb. 4.10

Bau der Blüte und ihrer Organe (HESS 1990).

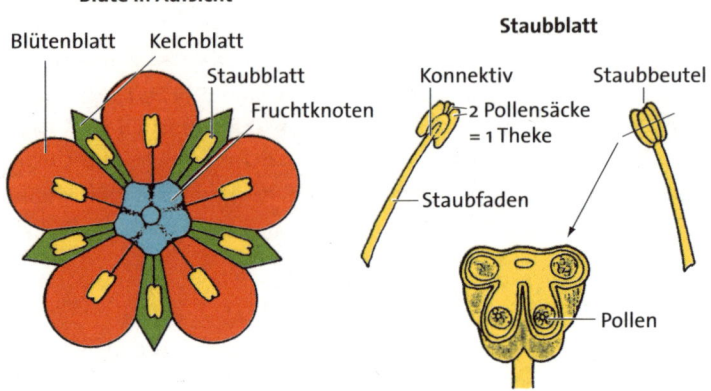

Blüte in Aufsicht

Blütenblatt   Kelchblatt
        Staubblatt
        Fruchtknoten

Staubblatt

Konnektiv   Staubbeutel
= 2 Pollensäcke
= 1 Theke

Staubfaden

Pollen

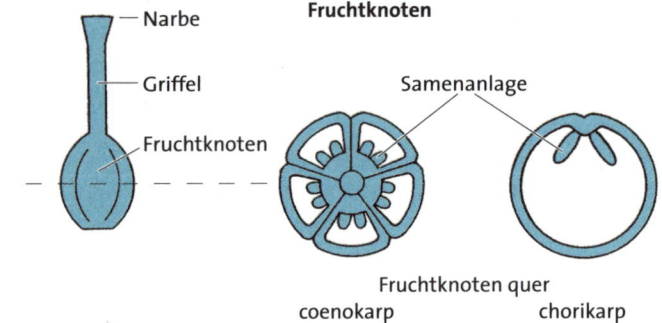

Narbe

Griffel

Fruchtknoten

Fruchtknoten

Samenanlage

Fruchtknoten quer
coenokarp   chorikarp

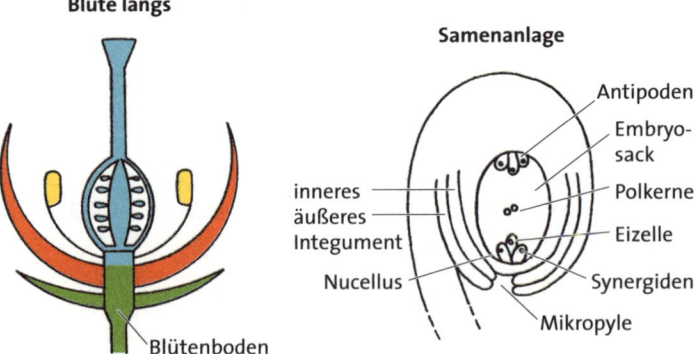

Blüte längs

Samenanlage

Antipoden
Embryo-
sack
Polkerne

inneres
äußeres   Integument
Nucellus

Eizelle

Synergiden

Mikropyle

Blütenboden

Das Perianth

4.2.1.1

Die Blütenhülle, das **Perianth**, umfasst die beiden untersten Knoten (Abb. 4.10). Die betreffenden Blattorgane stehen als Lock- und Schutzorgane sekundär im Dienst der sexuellen Fortpflanzung. Sie können wie bei vielen Einkeimblättrigen auf beiden Knoten gleichartig sein. Dann liegt ein **einfaches Perianth** oder **Perigon** vor (Abb. 4.11a). Die **Perigonblätter** nennt man auch **Tepalen**. Sie können über bunte Farben Lockorgane für Bestäuber sein.

Das Perianth kann aber auch – wie meistens bei Zweikeimblättrigen – auf seinen beiden Knoten jeweils verschiedenartige Blattorgane tragen. Dann spricht man von einem **doppelten Perianth** (Abb. 4.11b). Auf dem unteren Knoten stehen meist grüne, derbe **Kelchblätter** (**Sepalen**), deren Gesamtheit den *Kelch* (Kalyx) bildet. Sie fungieren als Schutzorgane für die zarten **Kronblätter** (**Petalen**) auf dem oberen Knoten. Die farbigen Petalen sind Lockorgane. Ihre Gesamtheit nennt man *Krone* (Corolla).

Die Staubblätter

4.2.1.2

Auf die Kelchblätter folgen nach oben zu die Staubblätter (Abb. 4.10). Die Gesamtheit der Staubblätter einer Blüte nennt man *Androeceum*. Ein **Staubblatt** (Stamen) besteht aus einem *Staubfaden* (Filament), dem ein *Staubbeutel* (Anthere) aufsitzt. Die Anthere ist über ein Verbindungsstück, das *Konnektiv*, mit dem Filament verbunden. Zu beiden Seiten des Konnektivs befindet sich je eine *Theke aus zwei Pollensäcken*. Jede Anthere führt also vier Pollensäcke. Im Querschnitt erkennt man in jedem Pollensack Wandschichten, von denen die innerste *Tapetum* heißt. Im Zentrum liegt eine Masse aus *Pollen-Mutterzellen*, die in die Meiosis eingehen. In einer Matrix aus Kallose entwickeln sich die haploiden Gonen der Meiosis = *Pollenzellen* zu reifen *Pollenkörnern*. Jedes Pollenkorn wird von zwei Wandschichten umgeben. Die äußere Wandschicht, die *Exine* ist durch Sporopollenine sehr derb und widerstandsfähig. Sie wird vom Tapetum her aufgelagert. Die innere Wandschicht, die *Intine*, ist eine zarte Membran, die vom Pollen her gebildet wird.

 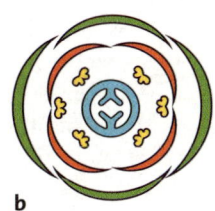

Abb. 4.11

Blütendiagramme.
a Tulpe (Liliaceae) mit Perigon.
b Kreuzblütler (Brassicaceae) mit doppeltem Perianth (HESS 2004).

a   b

Abb. 4.12

Die Stellung des Frucht-
knotens (HESS 1991).

oberständig   mittelständig   unterständig

4.2.1.3 Fruchtblätter, Fruchtknoten und Samenanlagen

Bau des Fruchtknotens: Im Zentrum der Blüte befinden sich die Fruchtblätter (Abb. 4.10). Die Gesamtheit der Fruchtblätter einer Blüte nennt man
Gynoeceum. Schon ein Fruchtblatt allein kann einen getrenntblättrigen,
chorikarpen Fruchtknoten bilden; es können sich aber auch mehrere
Fruchtblätter zu einem verwachsenblättrigen, coenokarpen Fruchtknoten zusammenschließen. Der Fruchtknoten (Ovarium) geht nach oben
zu in einen *Griffel* (Stylum) mit einer endständigen *Narbe* (Stigma) zur
Aufnahme von Pollenkörnern über. Bei coenokarpen Fruchtknoten
nennt man die Gesamtheit aus Fruchtknoten, Stempel und Narbe, also
das Gynoeceum, *Stempel* (Pistillum). Im Fruchtknoten sind die *Samenanlagen* mit dem *Embryosack* (Abb. 4.10) lokalisiert. Die Samenanlagen bestehen aus Hüllschichten, den beiden *Integumenten*, die eine *Mikropyle* offen
lassen. Innerhalb der Integumente liegt ein weiteres diploides Gewebe,
der *Nucellus*. Eine seiner Zellen, die *Embryosack-Mutterzelle*, geht in die Meiosis ein. Von den vier Gonen bleibt meist nur eine erhalten und bildet
den *Embryosack* (→ Seite 66).

Stellung des Fruchtknotens (Abb. 4.12): Den Achsenabschnitt unterhalb
der Blüte nennt man *Blütenachse* oder *Blütenboden* (Receptaculum, Abb.
4.10). Sitzt das *Gynoeceum* dem Blütenboden auf, ist es **oberständig**. Die
übrigen Blütenorgane stehen dann etwas tiefer. Sie sind hypogyn. Ein
unterständiges Gynoeceum ist völlig in die Blütenachse eingesenkt und wird
von ihrem Gewebe umschlossen. Die übrigen Blütenglieder stehen dann
über ihm und sind damit epigyn. Ein **mittelständiges** Gynoeceum steht eingesenkt, aber frei in einer becherartigen Blütenachse. Die übrigen Blütenorgane sind dann perigyn.

4.2.1.4 Verteilung der Geschlechtsorgane in der Blüte

Der Normalfall sind Blüten, die sowohl Staub- als auch Fruchtblätter
führen. Man nennt sie **zwittrig** (bisexuell, hermaphroditisch). Blüten, die
nur Staubblätter oder nur Fruchtblätter aufweisen, sind **eingeschlechtig**
(unisexuell). Finden sich an einer Pflanze sowohl unisexuelle Blüten mit
Staubblättern als auch unisexuelle Blüten mit Fruchtblättern, ist die

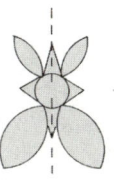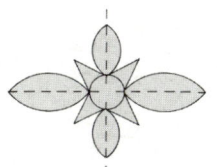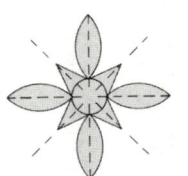

zygomorph   disymmetrisch   radiärsymmetrisch

Abb. 4.13

Die Symmetrieverhältnisse der Blüten (zyklisch). Gestrichelt die Symmetrieebenen (HESS 1991).

betreffende Pflanze **einhäusig (monözisch)**. Bei **zweihäusigen (diözischen)** Arten dagegen trägt die eine Pflanze Blüten nur mit Fruchtblättern, die andere Blüten nur mit Staubblättern. Die beiden Geschlechter sind also auf zwei Häuser (= Pflanzen) verteilt.

Symmetrieverhältnisse

4.2.1.5

Wenige Blüten sind asymmetrisch, einige Pflanzen haben schraubig (azyklisch) gestellte Blütenorgane. Die Mehrzahl der Blüten ist jedoch zyklisch gebaut. Dann gibt es drei Möglichkeiten (Abb. 4.13):

▶ **Radiärsymmetrie** (radiärsymmetrische, aktinomorphe oder strahlige Blüten): Durch die Blüte lassen sich mehr als zwei Symmetrieebenen legen.

▶ **Disymmetrie** (disymmetrische, bilateral-symmetrische Blüten): Durch die Blüte lassen sich zwei Symmetrieebenen legen. Die Disymmetrie ist selten, sie kommt etwa bei *Dicentra spectabilis* (Tränendes Herz; Abb. 5.30) vor. Doch ist auch die ganze wichtige Familie der Brassicaceae disymmetrisch.

▶ **Zygomorphie** (zygomorphe, monosymmetrische, dorsiventrale Blüten): Durch die Blüte lässt sich nur eine Symmetrieebene (Mediane) legen.

In *hemizyklischen* Blüten sind die Blütenorgane teils zyklisch, teils schraubig gestellt.

Blütenstände

4.2.2

Eine Sprossachse kann in einer einzigen Blüte enden. Vielfach aber bilden sich Blütenstände (Infloreszenzen) mit einigen oder zahlreichen Blüten, die jeweils in der Achsel eines Deckblatts (Tragblatts) stehen. Die wichtigsten Bautypen finden sich in Abb. 4.14:

Racemöse Infloreszenzen: Der racemöse Bautyp entspricht dem Monopodium des sonstigen Sprosses: Die Hauptachse läuft durch; die Seitenachsen bleiben demgegenüber im Wachstum zurück:

▶ **Traube:** An der Hauptachse stehen gestielte Einzelblüten (Abb. 4.14 a).

▶ **Ähre:** An der Hauptachse sitzen ungestielte Einzelblüten (Abb. 4.14 b). Kätzchen (→ Seite 160) sind meist hängende Ähren.

Abb. 4.14

Einige Blütenstände.
a Traube, **b** Ähre, **c** Kolben,
d Köpfchen, **e** Körbchen,
f Dolde mit Hülle,
g Schirmtraube, **h** Doppeldolde mit Hülle und Hüll-
chen, **i** Pleiochasium,
j zusammengesetztes
Dichasium, **k** Rispe,
l Wickel.
Siehe Text (HESS 1990).

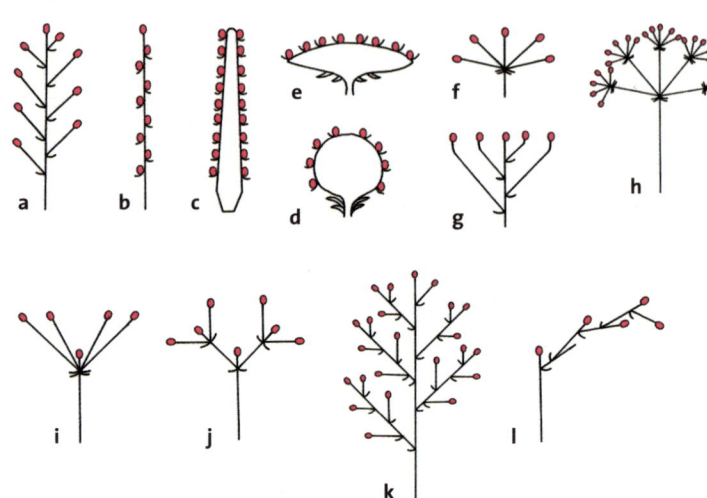

▶ **Rispe:** Zusammengesetzte Traube – also eine Traube, welche Trauben zweiter Ordnung trägt (Abb. 4.14 k).

▶ **Kolben:** Ähren mit verdickter Hauptachse (Abb. 4.14 c).

▶ **Köpfchen:** Hauptachse einer Ähre verkürzt und verdickt (Abb. 4.14 d).

▶ **Körbchen:** Hauptachse einer Ähre allseitig verbreitert (Abb. 4.14 e).

▶ **Dolde:** Gestielte Einzelblüten gehen vom Endpunkt der Hauptachse aus. Die Tragblätter der Blüten werden zur Hülle (Abb. 4.14 f).

▶ **Doppeldolde** (zusammengesetzte Dolde): Die Doldenstrahlen erster Ordnung tragen ihrerseits Dolden. Deren Tragblätter werden zum Hüllchen (Abb. 4.14 h).

▶ **Schirmtraube:** Eine Traube, bei der die Stiele der Seitenblüten so lang werden, dass alle Blüten auf fast gleicher Höhe stehen (Schirm, Abb. 4.14g).

    Cymöse Infloreszenzen: Der cymöse Bautyp entspricht dem Sympodium des sonstigen Sprosses: Die Hauptachse bleibt im Wachstum zurück, die Seitenachsen wachsen stärker und können eine oder mehrere neue »Hauptachsen« bilden. Je nach der Zahl dieser Seitenachsen unterscheidet man:

▶ **Monochasium:** Eine weiterführende Seitenachse, zum Beispiel Wickel (Abb. 4.14 l).

▶ **Dichasium** (zweigabelige Trugdolde): Zwei weiterführende Seitenachsen, häufig ist zum Beispiel das zusammengesetzte Dichasium, bei dem ein Dichasium Dichasien zweiter Ordnung trägt (Abb. 4.14 j).

▶ **Pleiochasium** (mehrgabelige Trugdolde): Mehr als zwei weiterführende Seitenachsen (Abb. 4.14 i).

Wie die Aufzählung erkennen lässt, gibt es außer einfachen auch zusammengesetzte Blütenstände (hier Rispe, zusammengesetztes Dichasium und Doppeldolde).

Einige Blütenstände, vor allem Köpfchen, Körbchen, aber auch Dolden können so gestaltet sein, dass sie wie eine einzige Blüte aussehen. Man spricht dann von **Pseudanthien.**

Palynologie

4.2.3

Die Palynologie befasst sich mit dem Studium von Pollenkörnern (und Sporen). An Pollenkörnern sind die Struktur der Exine und die Keimöffnungen besonders wichtige Merkmale.

Auf der widerstandsfähigen **Exine** mit ihren artspezifischen Außenskulpturen basiert die *Pollenanalyse,* die sich mit der Flora der Vergangenheit befasst. Pollendiagramme orientieren zum Beispiel über die Florenentwicklung nach den Eiszeiten.

Zahl, Form, Anordnung und Entwicklung der Keimöffnungen (Aperturen) sind für die strukturelle Systematik der Angiospermen wichtige Merkmale. Es handelt sich um Aussparungen oder ausgedünnte Bereiche in der Exine, durch die der Pollenschlauch bei der Pollenkeimung aus dem Korn austritt.

▶ **Zahl:** Die Öffnungen können in Ein- bis Vielzahl vorliegen. Häufig ist die Einzahl (mono-) und die Dreizahl (tri-).

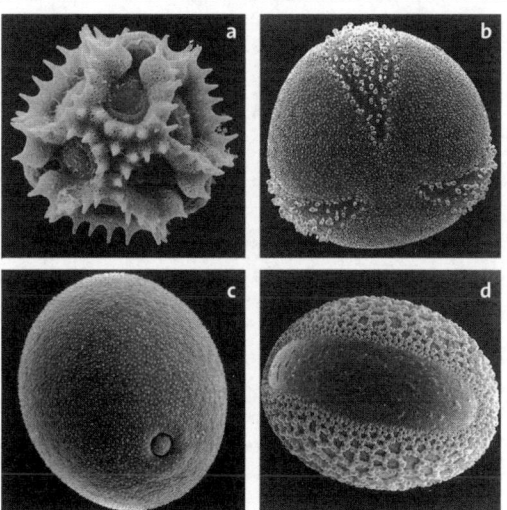

Abb. 4.15

Einige Pollenkorn-Formen (Rasterelektronenmikroskop).
a *Cichorium intybus* (Wegwarte, Asteraceae) triporat.
b *Convolvulus sabatius* (Kriechende Winde, Convolvulaceae) tricolpat.
c *Selseria albicans* (Kalk-Blaugras, Poaceae) monoporat.
d *Lilium martagon* (Türkenbund-Lilie, Liliaceae) sulcat (Leins 2000).

▶ **Form:** Schlitzförmige Öffnungen nennt man colpat oder, wenn an einem der Pole des Pollenkorns lokalisiert, sulcat, kreisförmige porat und Mischformen colporat (Abb. 4.15).

▶ **Anordnung:** Die Öffnungen können am Pol (zum Beispiel sulcate Formen) oder am Äquator des Pollenkorns lokalisiert sein, aber auch über die gesamte Oberfläche gestreut vorkommen.

▶ **Entwicklung:** Die Mikrosporogenese, die Bildung der Pollenzellen (Mikrosporen) über die Meiosis, kann *sukzessiv* oder *simultan* erfolgen. Im ersten Fall bilden sich Zellwände nach jeder der beiden meiotischen Kerntei-

Abb. 4.16

Phylogenie der Spermatophyten, basierend auf der Art der Keimporen und dem Ablauf der Mikrosporogenese (Bildung der Pollenzellen). Ein Teil der früheren »Dikotyledonen« gehört zu den Magnoliopsida, der zweite (größere) Teil zu den Rosopsida. Die für Zwischenformen wichtigen Übergangsfelder wurden detaillierter dargestellt. Die jeweils nahezu uniformen Monokotyledonen, Rosidae und Asteridae erscheinen dadurch unterrepräsentiert (siehe Abb. 5.1). Zur Eingliederung der in diesem Buch behandelten Familien in die angegebenen Ordnungen siehe Tab. 5.1 (verändert nach FURNESS and RUDALL 2004).

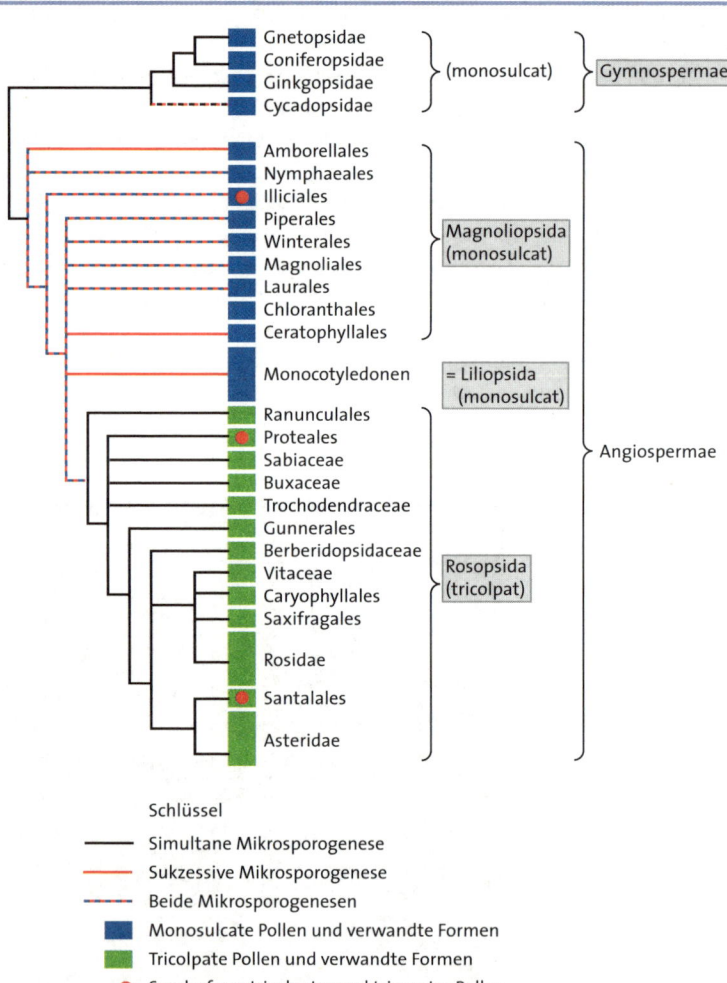

Schlüssel

—— Simultane Mikrosporogenese
—— Sukzessive Mikrosporogenese
---- Beide Mikrosporogenesen
■ Monosulcate Pollen und verwandte Formen
■ Tricolpate Pollen und verwandte Formen
● Sonderform tricolpater und triporater Pollen

lungen, also nacheinander. Im zweiten Fall laufen zuerst beide Kernteilungen ab. Nach der zweiten Kernteilung kommt es zur gleichzeitigen Wandbildung um nun alle vier Kernbereiche.

Die vier Merkmalsgruppen lassen sich vielfältig kombinieren. Systematisch wichtig sind vor allem die sukzessive oder simultane Mikrosporogenese und die monosulcate, tricolpate oder triporate Form beziehungsweise Anordnung. Nach ihrem Vorkommen lassen sich die Spermatophyta gliedern (Abb. 4.16):

▶ **Gymnosperme** sind monosulcat mit überwiegend simultaner Mikrosporogenese.

▶ **Magnoliopsida** sind wie die Gymnospermen monosulcat mit teils simultaner, teils sukzessiver Mikrosporogenese.

▶ **Liliopsida** (Monokotyledone) sind ebenfalls monosulcat, aber mit sukzessiver Mikrosporogenese.

▶ **Rosopsida** sind tricolpat mit simultaner Mikrosporogenese.

Abb. 4.16 demonstriert ein auf der Palynologie basierendes System der Angiospermae. Am wichtigsten ist, dass es danach die früher *geschlossene Gruppe der Dikotyledonen nicht mehr gibt*. Sie zerfallen in die **Magnoliopsida** und **Rosopsida**. Das vorgeschlagene System basiert hier auf Strukturdaten (Aperturen) und Entwicklungsprozessen (Mikrosporogenesen). Die Frage muss sein, ob es sich unter Berücksichtigung ganz anderer Kriterien, etwa molekularer Daten, bestätigen lässt (→ Seite 105).

Eine erhöhte Anzahl von Aperturen soll den Keimprozess begünstigen. Denn damit steigt die Chance, dass eine der Keimporen der Narbenoberfläche direkt aufliegt. Ein durch sie austretender Keimschlauch gelangt sofort in das Narbengewebe und hat damit verbesserte Möglichkeiten zum weiteren Wachstum und schließlich zur Syngamie. *Mehr Aperturen bedeutet also einen Selektionsvorteil.*

Bestäubungsökologie | 4.2.4

Das Geschehen um die Pollenübertragung (Pollination, Bestäubung) wird auch als Blütenbiologie oder Blütenökologie bezeichnet. Beides ist zu weit gegriffen. Korrekt ist die Bezeichnung Bestäubungsökologie. **Die Bestäubung** ist keine Nebensache aus dem Kuriositätenkabinett der Botanik, sondern **ein zentraler Prozess im Entwicklungszyklus**. Denn ohne eine entsprechende Bestäubung gäbe es bei der sexuellen Fortpflanzung keine Rekombinationen, die für Ökologie und Evolution unabdingbar sind.

Terminologie | 4.2.4.1

Die Pollenkörner können durch Wind, Wasser oder Tiere von einer Blüte zur anderen übertragen werden. Man spricht dementsprechend von

Abb. 4.17

Schema der Selbst-, Nachbar- und Fremdbestäubung (HESS 2001).

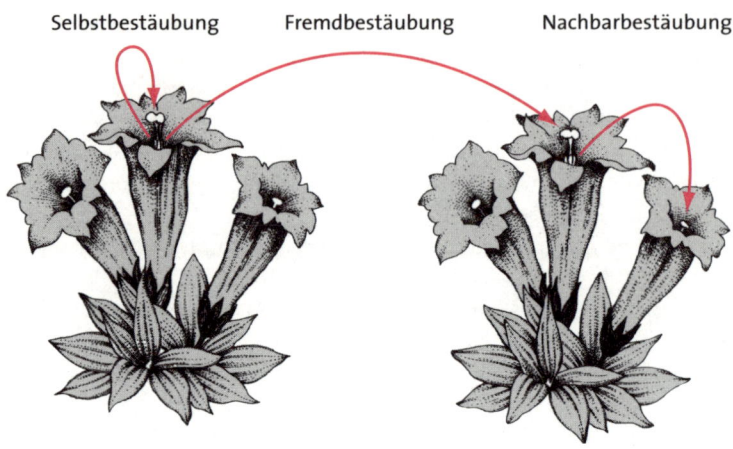

Selbstbestäubung   Fremdbestäubung   Nachbarbestäubung

Anemophilie (Windblütigkeit), **Hydrophilie** (Wasserblütigkeit; selten) und **Zoophilie** (Tierblütigkeit). Die Zoophilie wird je nach der Art der beteiligten Tiere weiter unterteilt. Bei uns findet sich überwiegend *Entomophilie* (Insektenblütigkeit), die sich ihrerseits in *Myophilie* (Fliegenblütigkeit), *Melittophilie* (Bienenblütigkeit), *Psychophilie* (Tagfalterblütigkeit) und so weiter gliedern lässt. In den Tropen sind auch *Ornithophilie* (Vogelblütigkeit) und *Chiropterophilie* (Fledermausblütigkeit) wichtig.

4.2.4.2 Möglichkeiten der Bestäubung

Trägt eine Pflanze mehrere zwittrige Blüten, gibt es folgende Möglichkeiten der Bestäubung (Abb. 4.17):

► **Selbstbestäubung** (Selbstung): Pollen wird auf eine Narbe in der gleichen Blüte übertragen.
► **Nachbarbestäubung:** Pollen wird auf eine Narbe in einer anderen Blüte der gleichen Pflanze übertragen.
► **Fremdbestäubung:** Pollen wird auf eine Narbe in einer Blüte auf einer anderen Pflanze übertragen.

4.2.4.3 Coevolution Blüten/Bestäuber (Insekten)

Bei unserer Besprechung stellen wir die Zoophilie in den Vordergrund. Sie kann zwei wesentliche Vorteile mit sich bringen: Sie erlaubt eine **gezielte Bestäubung** und begünstigt die **Fremdbestäubung**. Eine Coevolution von Blüten und Bestäubern führt zu einer gezielten Bestäubung und legt damit auch die Grundlage für eine Förderung der Fremdbestäubung.

Merksatz

Unter **Coevolution** versteht man eine aufeinander abgestimmte, gemeinsame Entwicklung von Partnern, hier von Blüten und Bestäubern.

Die Blüten entwickeln sich mit den Bestäubern und umgekehrt die Bestäuber mit den Blüten. Macht die Blüte einen meist kleinen Entwicklungsschritt, folgt der Bestäuber diesem über einen entsprechenden Schritt und umgekehrt. Hinter diesen Entwicklungsschritten stehen meist Mutationen. Zusatzmechanismen können hier nicht besprochen werden.

Abb. 4.18

Xanthopan besucht *Angraecum*. Erste ungefälschte Dokumentation 1997 durch den Erlanger Zoologen Wasserthal (HESS 2001).

Ein Beispiel für Coevolution geht auf Darwin zurück. Im Jahr 1862 beschrieb er eine Orchidee aus Madagaskar, *Angraecum sesquipedale*. Sie hatte einen Sporn von etwa 30 cm Länge. Er maß also zwar nicht andert-halb Fuß (= sesquipedale), war aber doch lang genug. Darwin forderte die Existenz eines Schmetterlings mit einem entsprechend langen Rüs-sel, um den tief im Sporn geborgenen Nektar erreichen zu können – und erntete Hohn und Spott. Doch 1903 wurde ein Schmetterling mit der geforderten Rüssellänge entdeckt. Man nannte ihn *Xanthopan morga-ni f. praedicta* (lat. *f. praedicta* = die vorhergesagte Form). Doch erst im Jahr 1997 wurde eindeutig bewiesen, dass der Schmetterling die Orchidee auch tatsächlich besucht (Abb. 4.18).

Abb. 4.19

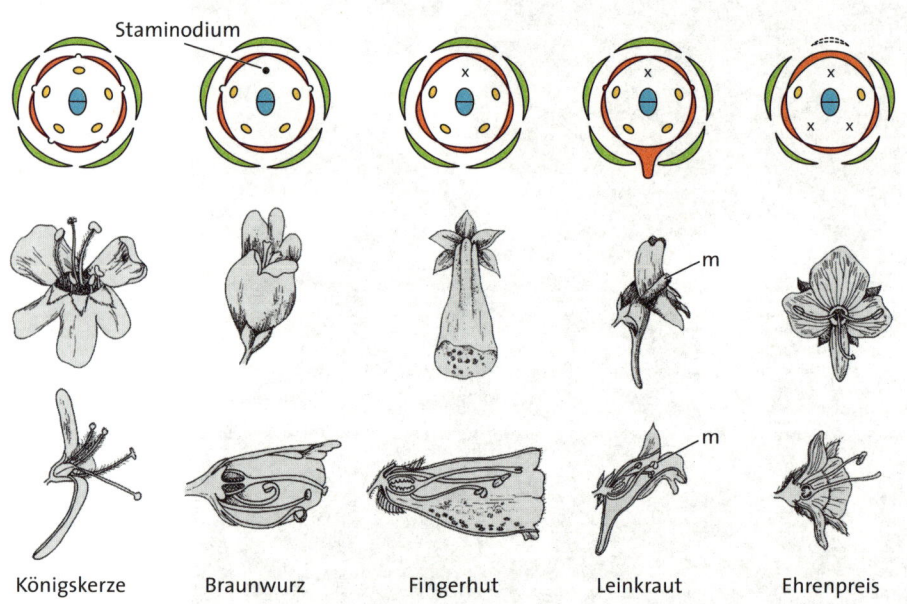

Staminodium

| Königskerze | Braunwurz | Fingerhut | Leinkraut | Ehrenpreis |

Übergang zu extremer Zygomorphie der Blüten bei Scrophulariaceen s.l. Von oben nach unten jeweils Blütendiagramm, Blüte und Blüte längs. *Verbascum* (**Königskerze**) ist fast radiär. Doch die drei oberen Staubblätter sind meist kürzer und stärker behaart als die unteren zwei. Bei *Scrophularia* (**Braunwurz**) ist das median obere Staubblatt nur noch als Staminodium (steriles Staubblatt) erhalten. Die Kronröhre ist zygomorph. Bei *Digitalis* (**Fingerhut**) ist das median obere Staubblatt ganz entfallen. Außerdem ist die Kronröhre verlängert und die Staubblätter stehen in zwei ungleich langen Paaren. Bei *Linaria* (**Lein-kraut**) fällt das mediane Staubblatt ebenfalls aus. Die Krone wird besonders durch Maske und Sporn stark zygomorph. *Veronica* (**Ehrenpreis**) zeigt noch eine Weiterentwicklung: Das median obere Kelch-blatt fällt aus, die beiden oberen Kronblätter verwachsen zu einem einzigen Kronblatt; die damit vier Kronblätter sind verschieden gestaltet. Schließlich entfallen noch drei der üblichen fünf Staubblätter. Die Reihe ließe sich noch ausbauen. m Maske, x ausgefallenes Staubblatt (HESS 1999).

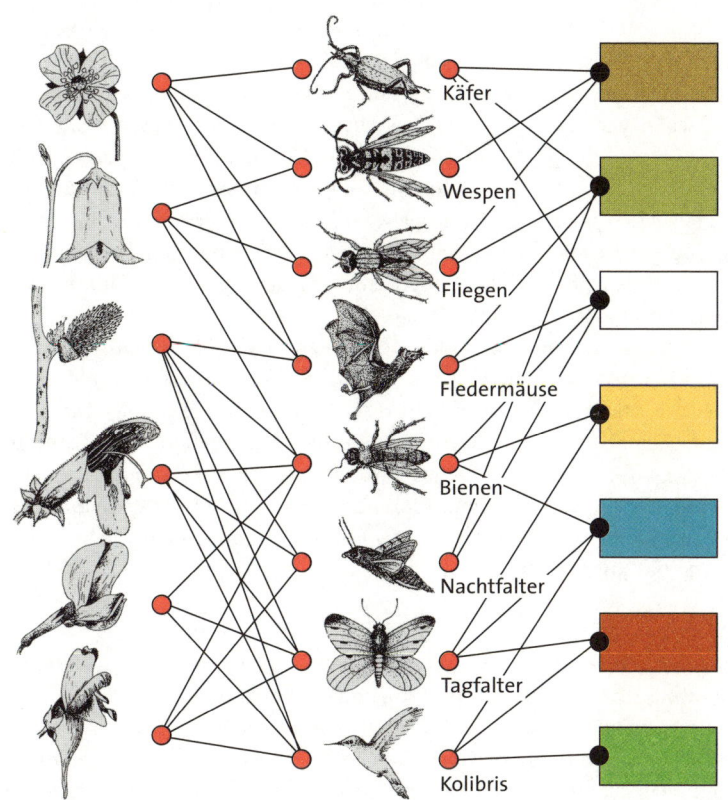

Abb. 4.20

Bestäubergruppen (**Mitte**) und die von ihnen bevorzugten Gestalttypen (**links**) und Blütenfarben (**rechts**). Gestalttypen von oben nach unten: Scheiben- und Schalenblumen, Glockenblumen, Bürstenblumen (Bürste aus herausragenden Staubblättern und/oder Griffeln), Rachenblumen, Fahnenblumen, Röhrenblumen (eine der möglichen Kombinationen: Röhre mit Rachen wie bei *Linaria*) (verändert aus HESS 1990).

Käfer

Wespen

Fliegen

Fledermäuse

Bienen

Nachtfalter

Tagfalter

Kolibris

Entwicklung der Zygomorphie bei Blüten: Tiere besitzen schon ihrer aktiven Bewegung wegen ein Vorn und Hinten und auch ein Oben und Unten. Denn Beine werden unten, Flügel oben entwickelt. Sie sind also dorsiventral gebaut. Insekten als potentielle Bestäuber waren in der Erdgeschichte schon vor den Angiospermen vorhanden. Die Blüten waren es also, die sich anpassen mussten. Sie entwickelten von radiärsymmetrischen Anfängen ausgehend zunehmend stärker zygomorphe Formen. Beispiele aus der rezenten Flora lassen vermuten, wie sich in kleinen Teilschritten auch eine extreme Zygomorphie entwickelt haben könnte (Abb. 4.19).

Ökologische Blumentypen: Hier muss der Begriff der **Blume** eingeführt werden. Denn man muss nicht nur Einzelblüten, sondern auch Pseudanthien berücksichtigen. Die Blumen zeigen bestimmte Grundformen oder **Gestalttypen**. Doch die Gestalt allein genügt nicht, um eine Gruppe von Insekten oder anderen Bestäubern zu interessieren. Weitere Merk-

Definition

Die **Blume** ist die funktionelle Einheit bei der Bestäubung. Sie kann aus einer Einzelblüte, aber auch aus einem Blütenstand (Pseudanthium) bestehen.

male – wie vor allem Farbe und Duft – müssen hinzukommen, um einen **ökologischen Blumentyp** zu bilden. Darunter versteht man einen Blumentyp, der über eine entsprechende Coevolution einem bestimmten Bestäubertyp entspricht. Man spricht dann von Fliegenblumen, Bienenblumen, Tagfalterblumen. Dabei ist es allerdings keineswegs so, dass eine bestimmte Insektengruppe nur *einen* ökologischen Blumentyp mit einer ganz bestimmten Gestalt besuchen würde. Bienen zum Beispiel bestäuben Blumen von sehr verschiedener Gestalt (Abb. 4.20).

Das bisher Besprochene lässt erkennen, wie eine Grobabstimmung zwischen Blumen und Bestäubern zustande kommen kann. Zahlreiche weitere Faktoren, die hier nicht diskutiert werden können, führen zu einer Feinabstimmung: Bestimmte Bestäuber besuchen für bestimmte Zeit bestimmte Blumen. Damit wird eine gezielte Bestäubung erreicht. Durch diese Feinabstimmung können auch zerstreut lebende einzelne Pflanzen einer gegebenen Art unter Einsatz von nur wenig Pollen gegenseitig bestäubt werden.

4.2.4.4   Mechanismen zur Förderung der Fremdbestäubung

Bei der Selbstbestäubung und der genetisch gleichwertigen Nachbarbestäubung kann es bei der nachfolgenden Syngamie nicht zur Rekombination kommen. Denn man fügt Gleich zu Gleich. Bei heterozygoten Elternpflanzen können zwar später in der Meiosis Aufspaltungen erfolgen, aber das ist ein anderer Fall. Bei einer Fremdbestäubung dagegen ist die Chance hoch, dass man schon bei der Syngamie verschiedenartiges Genmaterial kombiniert. Vier Mechanismen stehen zur Verhinderung der Selbstbestäubung und damit auch zur Förderung der Fremdbestäubung zur Verfügung (Beispiele in Kapitel 5):

▶ **Diözie** (Zweihäusigkeit, → Seite 144) schließt eine Selbstbestäubung völlig aus. Trotzdem ist sie selten.

▶ **Dichogamie**, ein ungleichzeitiges Reifen der Frucht- und Staubblätter, erschwert die Selbstbestäubung, schließt sie aber ebenso wie die folgenden Mechanismen nicht völlig aus. Dabei muss man zwischen der häufigen *Proterandrie*, dem früheren Reifen der Staubblätter (→ Seite 168) und der selteneren *Proterogynie*, dem früheren Reifen der Griffel mit ihren Narben (→ Seite 164) unterscheiden.

▶ **Herkogamie** ist die räumliche Trennung von Staubblättern und Griffeln mit Narben (→ Seite 181). Oft ist sie mit Dichogamie gekoppelt: Die Sexualorgane reifen ungleichzeitig und verlagern sich außerdem in der Blüte so, dass eine Berührung von Staubbeuteln und Narben verhindert wird.

Heteromorphie: Die Blüten weisen Griffel und Staubblätter in (meist) zwei unterschiedlichen Längen auf. Die eine Blütensorte ist langgriffelig und führt kurze Filamente und damit Staubblätter, die zweite Blütensorte ist kurzgriffelig mit langen Staubblättern. Unter Bezug auf die unterschiedliche Griffellänge hat man früher von *Heterostylie* gesprochen. Doch spielen nicht nur unterschiedliche Filamentlängen mit, sondern auch verschieden große Pollen und Narbenpapillen. Einen solchen Merkmalskomplex nennt man besser Heteromorphie (→ Seite 172).

Selbstinkompatibilität | 4.2.5

Die **Angiospermen** verfügen noch über Mechanismen, die nicht die Bestäubung, sondern die nachfolgende Syngamie verhindern. Sie fallen unter den Begriff der Selbstinkompatibilität. In der Regel wird dabei das Wachstum von Pollenschläuchen mit gleichem oder ähnlichem Genbestand wie in der bestäubten Pflanze blockiert. Das geschieht im Griffelbereich. Diese Mechanismen, die hier nicht besprochen werden können, arbeiten sehr effektiv. Ihr molekularer Wirkungsmechanismus wurde erst in den letzten Jahren teilweise aufgeklärt. Von systematisch-taxonomischem Interesse könnte sein, dass sich die einzelnen Mechanismen in verschiedenen Taxa finden.

Strukturelle Systematik: Früchte | 4.3

Zunächst wird der generelle Bau der Früchte behandelt, dann Fruchtformen und schließlich die Ausbreitung der Früchte.

Bau und Formen der Früchte | 4.3.1

Nach der Befruchtung entwickeln sich Früchte und schließen dann den Samen ein. Auch die Definition der Frucht bezieht sich darauf. Die Fruchtwand (*Perikarp*) entwickelt sich aus dem Fruchtknoten. Man kann an ihr (bis zu) drei Wandschichten unterscheiden, von außen nach innen das *Exo-*, *Meso-*, und *Endokarp* (Abb. 4.21). Die Fruchtwände dienen dem Schutz der Samen, bieten Lockstoffe für tierische Ausbreiter der Samen

Definition

Die **Frucht** ist die Blüte im Zustand der Samenreife.

und entwickeln sonstige Einrichtungen zur Ausbreitung der Samen. Im Folgenden werden die wichtigsten **Fruchtformen** kurz beschrieben.

 Einzelfrüchte

Einzelfrüchte gehen aus jeweils einem Fruchtknoten hervor, der ein- oder mehrsamig sein kann.

Öffnungsfrüchte (Streufrüchte): Hier öffnen sich die Früchte auf der Pflanze. Die bei der reifen Frucht trockenen Fruchtwände weichen zumindest partiell auseinander und entlassen mehrere bis zahlreiche Samen (Abb. 4.22).

▶ **Balg:** Ein Balg besteht aus einem Fruchtblatt, das sich mit der Bauchnaht öffnet. Bälge finden sich bei einer ganzen Reihe von Hahnenfuß-Gewächsen (Ranunculaceae) wie *Delphinium* (Rittersporn).

▶ **Hülse:** Wieder ist nur ein Fruchtblatt vorhanden, das sich aber an der Bauchnaht und entlang des Rückens öffnet. Hülsen kennzeichnen unter anderem die Fabaceae wie *Laburnum* (Goldregen).

▶ **Schote:** Bei ihr finden sich zwei Fruchtblätter, die sich beim Öffnen von einer mittleren unechten Scheidewand lösen. Unecht ist sie deswegen, weil sie nicht von den Fruchtblättern selbst gebildet wird, sondern von deren randlichen Auswachsungen. Sie finden sich bei Brassicaceen (Kreuzblütlern) wie *Brassica* (Kohl).

▶ **Kapsel:** Zwei bis mehrere Fruchtblätter können eine Kapsel bilden. Sie öffnet sich mit Längsspalten (Spaltkapsel) wie bei *Iris* (Schwertlilie), mit Poren (Porenkapsel) wie bei *Papaver* (Mohn) oder mit Deckeln (Deckelkapsel) wie bei *Anagallis* (Gauchheil).

Schließfrüchte: Bei ihnen fallen die ein- bis mehrsamigen Früchte als Ganzes ab (Abb. 4.23).

▶ **Nuss:** Einsamig. Das Perikarp besteht weitgehend aus sklerenchymatischen Steinzellen. Ein Beispiel ist *Corylus* (Haselnuss). Sonderformen, bei denen die Fruchtwand und die Samenschale miteinander verwachsen sind, bilden die *Achäne* der Asteraceen (Korbblütler) wie bei *Carduus* (Distel) und die *Karyopse* der Poaceen (Gräser) wie bei *Triticum* (Weizen).

▶ **Beere:** Mehrsamig. Das Perikarp ist fleischig, wobei das Exokarp derber gebaut sein kann. Beispiel: *Atropa* (Tollkirsche).

▶ **Steinfrucht:** Einsamig. Das Mesokarp ist fleischig, das Endokarp sklerenchymatisch steinhart. Beispiel: *Oliva* (Olive). Auch die Kokosnuss (*Cocos*) mit ihrem faserartigen Mesokarp (Abb. 4.21) ist eine Steinfrucht.

▶ **Spalt- und Bruchfrüchte:** Zunächst mehrsamige Früchte, die dann in einsamige Teilfrüchte zerfal-

---

Abb. 4.21

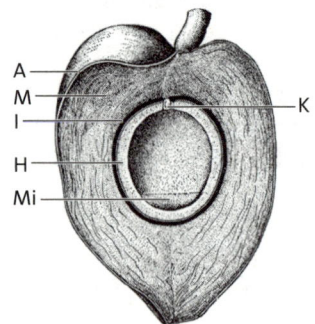

Längsschnitt durch eine Kokosnuss (Steinfrucht). A Exokarp (dünn), M Mesokarp (faserig), I Endokarp (steinhart), K Embryo, H festes Endosperm, Mi flüssiges Endosperm (Kokosmilch) (SCHMEIL und SEYBOLD 1958).

A
M
I
H
Mi

K

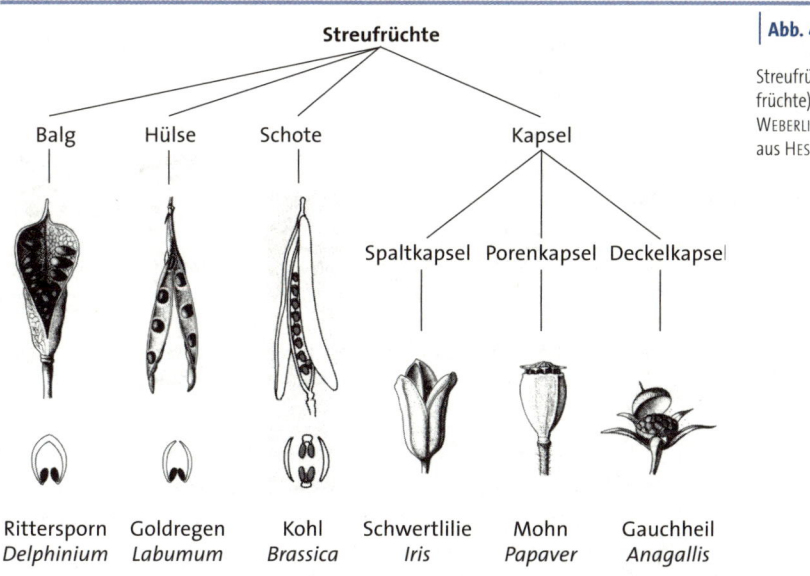

Abb. 4.22

Streufrüchte (Öffnungs-früchte) (verändert nach WEBERLING und SACHWEH aus HESS 2004).

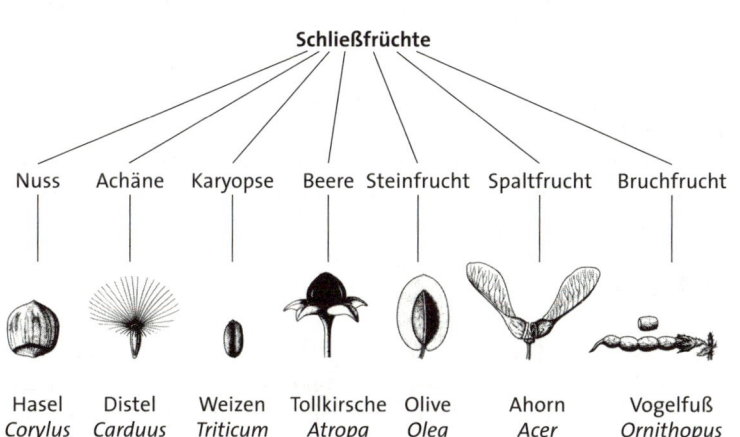

Abb. 4.23

Schließfrüchte (verändert nach WEBERLING aus HESS 2004).

len. Erfolgt der Zerfall entlang der Grenzen der Fruchtblätter, handelt es sich um *Spaltfrüchte* wie bei *Acer* (Ahorn), sonst um *Bruchfrüchte* wie bei den Gliederschoten von *Ornithopus* (Vogelfuß) oder *Raphanus* (Hederich).

Sammelfrüchte

4.3.1.2

In Sammelfrüchten werden jeweils mehrere Fruchtknoten zusammengefasst. Oft beteiligt sich der Blütenboden an der Fruchtbildung (Abb.

Abb. 4.24

Sammelfrüchte und
Fruchtstände (verändert
nach WEBERLING und RAUH
aus HESS 2004).

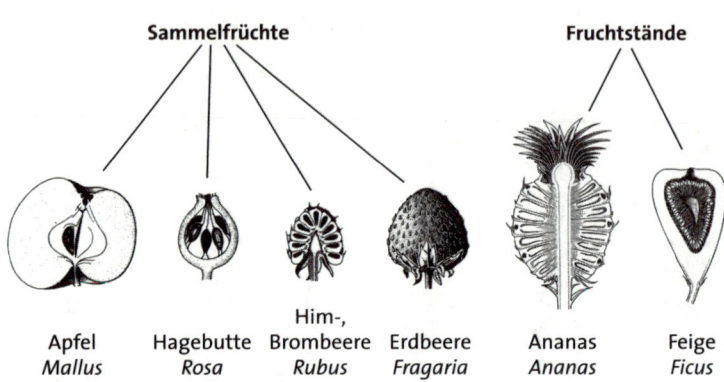

| Sammelfrüchte | | | | Fruchtstände | |

| Apfel | Hagebutte | Him-, Brombeere | Erdbeere | Ananas | Feige |
| *Mallus* | *Rosa* | *Rubus* | *Fragaria* | *Ananas* | *Ficus* |

4.24). Beispiele sind Himbeere und Brombeere (*Rubus*), die aus vielen einzelnen Steinfrüchten zusammengesetzt sind (*Sammelsteinfrüchte*), die Erdbeere (*Fragaria*), bei der Nüsschen dem Fruchtfleisch aus der Fruchtachse aufsitzen, oder die *Apfelfrüchte* bei Apfel (*Malus*) und Birne (*Pyrus*). Bei ihnen stammt nur das leicht sklerenchymatische Kerngehäuse von den Fruchtblättern; das darum herum liegende Fruchtfleisch ist eine Bildung der Blütenachse. Bei der Hagebutte (*Rosa*) werden Nüsschen von Achsengewebe umgeben.

4.3.1.3 | Fruchtstände

In ihnen werden ganze fruchtende Blütenstände vereinigt. Sie werden als Ganzes verbreitet (Abb. 4.24). Beispiele sind die Ananas (*Ananas*), die Feige (*Ficus*) und die Maulbeere (*Morus*).

4.3.2 | Ausbreitung

Unter Ausbreitung versteht man die räumliche Streuung von Diasporen ausgehend von Ausgangspflanzen. Unter Verbreitung versteht man dagegen das Vorkommen von Pflanzenarten in bestimmten Regionen der Erde.

Definition

Diasporen sind Ausbreitungseinheiten
jeglicher Art.

4.3.2.1 | Diasporen

Diaspore ist ein Sammelbegriff, der sehr verschiedene Ausbreitungsformen umfasst. Schon vegetative Pflanzenteile wie Brutzwiebeln oder Steppenroller gehören hierher. Auch in der einheimischen Flora werden ganze Pflanzen zum Beispiel von *Eryngium campestre* (Feld-Mannstreu) vom Sturm aus dem Boden gerissen und als »Steppenroller« verweht.

Aber auch Samen, soweit sie freigesetzt werden (Streufrüchte), sind Diasporen. Bleiben sie in der Frucht (Schließfrüchte), können ganze Früchte oder entsprechend Fruchtstände die Diasporen sein. Sporen gehören ebenfalls hierher. Pollenkörner sind weiterentwickelten Sporen homolog. Auch sie wurden deshalb trotz ihrer andersartigen Funktion schon als Diasporen bezeichnet.

Ausbreitungsmechanismen

4.3.2.2

Die Ausbreitung kann eine Selbstausbreitung (**Autochorie**) sein, etwa bei Schleuderfrüchten der Gattung *Impatiens* (Springkraut). Davon abgesehen erfolgt sie über Wind (**Anemochorie**, Windausbreitung), Wasser (**Hydrochorie**, Wasserausbreitung), Tiere (**Zoochorie**, Tierausbreitung),

Abb. 4.25

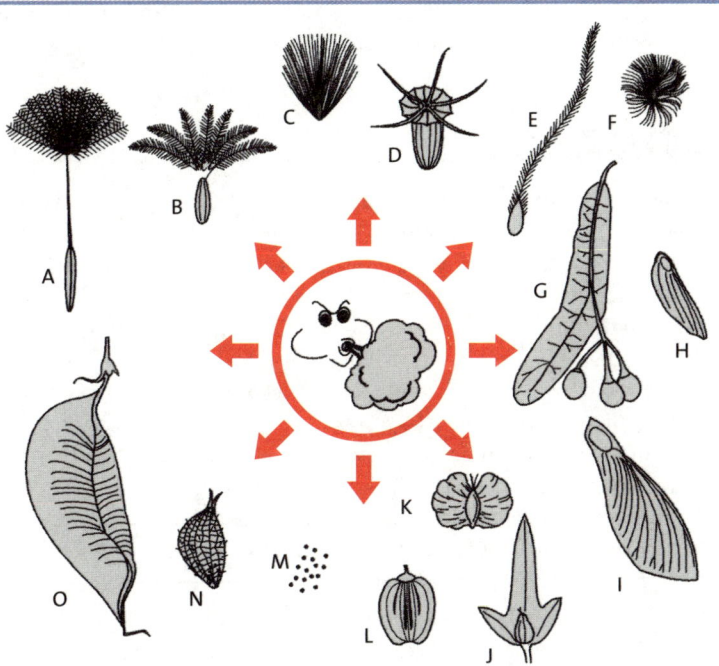

Diasporen bei der Anemochorie. A bis D Schirmchenflieger, **A** *Tragopogon pratensis* (Gewöhnlicher Wiesenbocksbart), **B** *Valeriana officinalis* (Echter Baldrian), **C** *Salix pentandra* (Lorbeer-Weide), **D** *Scabiosa columbaria* (Tauben-Skabiose). **E** Federschweifflieger, *Clematis vitalba* (Gewöhnliche Waldrebe). **F** Haarflieger, *Anemone sylvestris* (Großes Windröschen). G bis J Schraubendrehflieger (durch den Bau der Diasporen schraubenförmige, verlängerte Flugbahn), **G** *Tilia cordata* (Winter-Linde), **H** *Pinus sylvestris* (Wald-Kiefer), **I** *Acer* spec. (Ahorn), **J** *Carpinus betulus* (Gewöhnliche Hainbuche). K bis L Gleitflieger, **K** *Betula pendula* (Hänge-Birke), **L** *Heracleum sphondylium* (Wiesen-Bärenklau). **M** Körnchenflieger, winzige Orchideensamen. **N** Bodenroller, *Trifolium resupinatum* (Persischer Klee). **O** Ballonflieger, *Colutea arborescens* (Gewöhnlicher Blasenstrauch) (LÜTTIG und KASTEN 2003).

zusätzlich auch den Menschen (**Anthropochorie**, Ausbreitung durch Menschen). Bei der Zoochorie unterscheidet man zwischen *Epizoochorie*, bei der sich die Diasporen äußerlich, im Haar- oder Federkleid, anheften, und *Endozoochorie*, bei der Fruchtformen wie Beeren oder Steinfrüchte gefressen werden. Ihre Samen passieren den Verdauungstrakt. Am häufigsten ist die Anemochorie, bei der sehr verschiedenartige Diasporen zu finden sind (Abb. 4.25).

Eine Sonderform der Zoochorie ist die weit verbreitete *Myrmekochorie* (Ameisenausbreitung). Früchte und vor allem Samen tragen je ein Anhängsel aus Neutralfetten und Kohlenhydraten, das *Elaiosom*. Durch die Ricinolsäure des Elaiosoms werden Ameisen angelockt. Sie transportieren die Diasporen mit Elaiosom in ihren Bau und fressen dort die Elaiosomen. Die Diasporen können noch im Ameisenbau oder erst nach dem Transport nach außen keimen. Auf den Transportstraßen der Ameisen bleiben immer wieder Diasporen mit Elaiosom liegen.

Fragen (mit Seitenverweisen zur Beantwortung)

1 Nennen Sie einige Gene, die in der Molekularen Systematik der Pflanzen eingesetzt werden! (→ Seite 74)

2 Welches ist das Prinzip des Kettenabbruch-Verfahrens der DNA-Sequenzierung? (→ Seite 75)

3 Welche Familien der Caryophyllales bilden Anthocyane? (→ Seite 82)

4 In welchen Taxa finden sich Iridoide? (→ Seite 80)

5 Was verstehen Sie unter cyanogenen Glykosiden? Geben Sie ein Beispiel für ihr Vorkommen! (→ Seite 82)

6 Nennen Sie den Unterschied zwischen einem Perigon und einem einfachen Perianth! (→ Seite 85)

7 Aus wie vielen Pollensäcken baut sich eine Theke auf? (→ Seite 85)

8 Wie nennt man die Gesamtheit der Staubblätter, wie die Gesamtheit der Fruchtblätter? (→ Seiten 85, 86)

9 Steht das Perianth bei einem oberständigen Fruchtknoten epi- oder hypogyn? (→ Seite 86)

10 Wie viele Symmetrie-Ebenen weist eine disymmetrische Blüte auf? (→ Seite 87). Nennen Sie Beispiele für disymmetrische Blüten! (→ Seite 141, 164)

11 Nennen Sie das Bauprinzip von racemösen und von cymösen Blütenständen! (→ Seite 87, 88)

12 Welche enge Beziehung gibt es im Bauprinzip von Traube und Rispe? (→ Seite 87, 88)

13 Was verstehen Sie unter einem triporaten Pollenkorn? (→ Seite 89)

14 In welche beiden Gruppen zerfallen die ehemaligen Dikotyledonen in neueren Systemen? (→ Seite 91)

15 Was verstehen Sie unter Nachbarbestäubung? (→ Seite 92)

16 Nennen Sie die vier Mechanismen zur Förderung der Fremdbestäubung! (→ Seite 96)

17 Was verstehen Sie unter einem ökologischen Blumentyp? (→ Seite 96)

18 In welche Schichten gliedert sich die typische Fruchtwand? (→ Seite 97)

19 Was ist der Unterschied zwischen Balg und Hülse? (→ Seite 98)

20 Nennen und beschreiben Sie die Wandschichten einer Steinfrucht! (→ Seite 98)

21 Definieren Sie den Begriff Diaspore! (→ Seite 100)

22 Was sind Elaiosomen und bei welcher Form der Diasporenausbreitung werden sie wichtig? (→ Seite 102)

5 | Systematik der Angiospermen

Grundlegende Angaben zur Systematik der Angiospermen im Unterschied zu der der Gymnospermen waren schon gemacht worden. Im
folgenden Kapitel werden diese weiter vertieft. Nach einem phylogenetischen Überblick an Hand eines molekularen Stammbaums werden die drei Klassen der Angiospermen besprochen. Dabei wird
zunächst jeweils eine Klassendiagnose gegeben. Dann folgt die Schil-
derung von Familien aus der betreffenden Klasse. Der Schwerpunkt
liegt dabei auf mitteleuropäischen Familien. Gewählt wurden einmal Familien mit hoher Artenzahl, dann aber auch kleinere Familien mit Besonderheiten wie die Euphorbiaceae oder mit einer zentral wichtigen Art wie die Fagaceae, zu denen die Buche gehört. Einbezogen sind auch Familien mit weniger, dafür aber bekannten und
auffälligen Arten wie die Gentianaceae.

5.1 | Phylogenetisch-systematischer Überblick

Im vorausgegangenen Kapitel wurde bereits ein »Stammbaum« gezeigt,
der auf der Zahl und Art der Keimöffnungen und der Art der Mikrosporogenese basiert (Abb. 4.16). Dabei stellte sich die Frage nach einer Bestätigung unter Verwendung anderer Kriterien. Diese Bestätigung liefert
ein molekularer Stammbaum der Angiospermen (Abb. 5.1). Unter
Anwendung sehr unterschiedlicher Kriterien kommt man also zum
prinzipiell gleichen Ergebnis. Das bedeutet eine hochgradige Absicherung. Wieder findet sich die Gliederung der Angiospermen in die drei
Klassen der **Magnoliopsida**, **Liliopsida** und **Rosopsida**. Wir werden uns im Folgenden nach dieser Dreiteilung richten.
Hinweise zur Besprechung der Familien:
▶ **Auswahl der Familien und ihre phylogenetische Einordnung:** Die ausgewählten
Familien und ihre Einordnung in das Kladogramm der Abb. 5.1 finden
sich in Tab. 5.1.

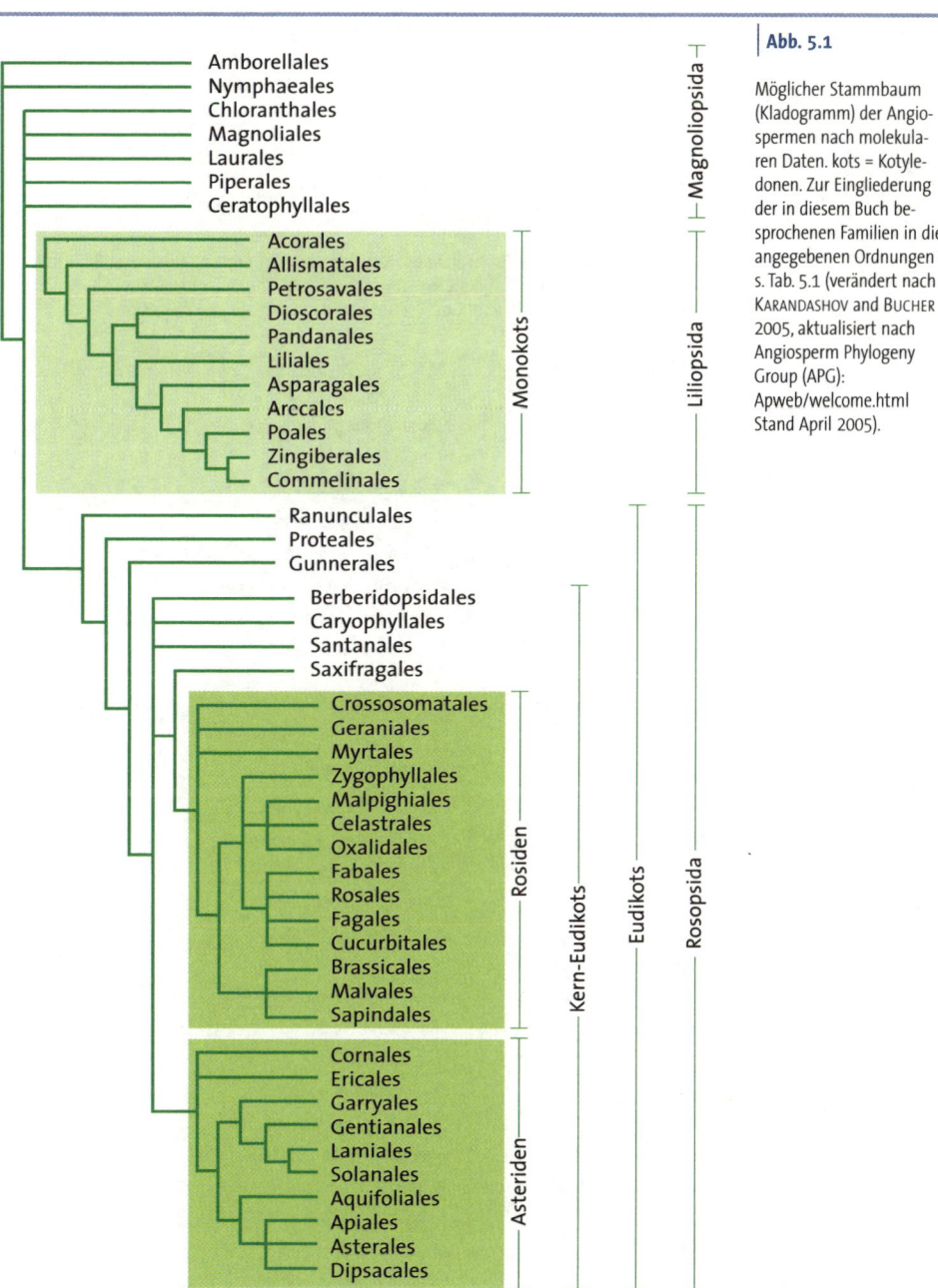

Abb. 5.1

Möglicher Stammbaum (Kladogramm) der Angiospermen nach molekularen Daten. kots = Kotyledonen. Zur Eingliederung der in diesem Buch besprochenen Familien in die angegebenen Ordnungen - s. Tab. 5.1 (verändert nach KARANDASHOV and BUCHER 2005, aktualisiert nach Angiosperm Phylogeny Group (APG): Apweb/welcome.html Stand April 2005).

▶ **Besprechung der Familien:** Jede Familie wird nach dem gleichen Schema möglichst straff behandelt. Trotzdem kann der Anfänger Gefahr laufen, sich in der Fülle für ihn neuer Daten zu verlieren. Deshalb werden abschließend für jede Familie wichtige strukturelle Kennzeichen herausgestellt. »Strukturell« bedeutet in diesem Fall, dass man sie mit dem Auge oder mit Hilfe der Lupe fassen kann.

Tab. 5.1 | **Übersicht über die ausführlicher behandelten Familien der Angiospermen mit Seitenangaben und Ordnungszugehörigkeit.** Die Angabe der Ordnungen erleichtert die Zuordnung in den Kladogrammen Abb. 4.16 und 5.1, in denen nur Ordnungen aufgeführt sind.

Magnoliopsida	
Nymphaeales	Nymphaeaceae (→ Seite 109)
Magnoliales	Magnoliaceae (→ Seite 111)

Liliopsida	
Liliales s.l.	Liliaceae s.l. (→ Seite 114)
Asparagales	Iridaceae (→ Seite 119)
	Amaryllidaceae (→ Seite 122)
	Orchidaceae (→ Seite 124)
Poales	Poaceae (→ Seite 129)

Rosopsida	
Ranunculales	Ranunculaceae (→ Seite 136)
	Papaveraceae (→ Seite 140)
Caryophyllales	Caryophyllaceae (→ Seite 143)
Malpighiales	Euphorbiaceae (→ Seite 147)
Fabales	Fabaceae (→ Seite 151)
Rosales	Rosaceae (→ Seite 156)
Fagales	Fagaceae (→ Seite 160)
Brassicales	Brassicaceae (→ Seite 164)
Malvales	Malvaceae (→ Seite 167)
Ericales	Primulaceae (→ Seite 172)
	Ericaceae (→ Seite 174)
Gentianales	Gentianaceae (→ Seite 177)
Lamiales	Lamiaceae (→ Seite 180)
	Scrophulariaceae s.l. (→ Seite 184)
Solanales	Solanaceae (→ Seite 189)
	Boraginaceae (→ Seite 196)
Apiales	Apiaceae (→ Seite 200)
Asterales	Campanulaceae (→ Seite 203)
	Asteraceae (→ Seite 206)

▶ **Symbole der Blütenformel: ↺** schraubig, ***** radiär, **↓** zygomorph, **+** disymmetrisch. **P** Perigon, **K** Kelch, **C** Corolla, **A** Androeceum, **G** Gynoeceum. _ unterständig, ⁻ oberständig. **( )** verwachsen, **[ ]** übergeordnet verwachsen.

▶ **Die Blütendiagramme** sind so orientiert, dass über ihnen die Achse des Blütenstands und unter ihnen das Deckblatt der jeweiligen Blüte zu denken sind.

▶ **Abbildungen:** Jeder Familie wird eine mehrteilige Zeichnung vorangestellt, die mindestens eine Art im Gesamthabitus zeigt. Im folgenden Text gehen weitere Zeichnungen auf bestimmte Details ein. Ein kurzes Lehrbuch kann kein Farbbildführer zur Flora sein. Die beigefügten Farbfotos konzentrieren sich deshalb auf Details aus Blüten, die sonst, wenn überhaupt, oft nur kommentarlos als Zeichnung gebracht werden. Damit wird berücksichtigt, dass die Blüte eine zentrale Stellung in der strukturellen Systematik einnimmt. Was den Habitus angeht, wird in den Literaturangaben auf entsprechende Bücher und CD-ROMs verwiesen.

▶ **Fragen:** Werden bei den Magnoliopsida und Liliopsida jeweils nach der Behandlung der gesamten Klassen gestellt. Bei den umfangreicheren Rosopsida werden die Fragen im Anschluss an die Besprechung bestimmter Gruppen eingeschoben (→ Seiten 146, 170, 212).

5.2 | Magnoliopsida

Als erste Gruppe der Angiospermen werden die Magnoliopsida behandelt. Zu ihnen zählen Familien, die auch als Basisfamilien oder Protoangiospermen bezeichnet werden, weil sie im System der Angiospermen und offensichtlich auch phylogenetisch am Anfang stehen. Vielfach finden sich Merkmale, die auch bei den Liliopsida auftreten. Am ursprünglichsten sind nach dem derzeitigen Stand die Amborellales aus Neukaledonien mit der einzigen Art *Amborella trichopoda*. Alle Organe der kleinen Blüten stehen schraubig, die Blütenhülle ist ein Perigon.

Merkmale

▶ **Anatomie:** Leitbündel offen kollateral, im Sprossquerschnitt meistens ringförmig angeordnet, also sekundäres Dickenwachstum möglich.

▶ **Morphologie (vegetativ):** Zwei Keimblätter. Meist Holzgewächse mit fieder- oder netzförmig geaderten, ungeteilten oder geteilten Blättern. Allorhize Bewurzelung (Hauptwurzel mit Seitenwurzeln).

▶ **Blüten:** Blütenorgane stehen in Schrauben oder in meist dreizähligen Wirteln, auch hemizyklisch. Ihre Zahlen sind oft nicht definiert. Die Blütenhülle ist ein Perigon oder doppeltes Perianth. Die Fruchtblätter sind überwiegend chorikarp, die Pollenkörner monosulcat.

▶ **Inhaltsstoffe:** Oft Benylisochinolin-Alkaloide und verwandte Stoffe. Ätherische Öle in Einzelzellen. Wenig Gerbstoffe.

Nymphaeaceae (Seerosengewächse)

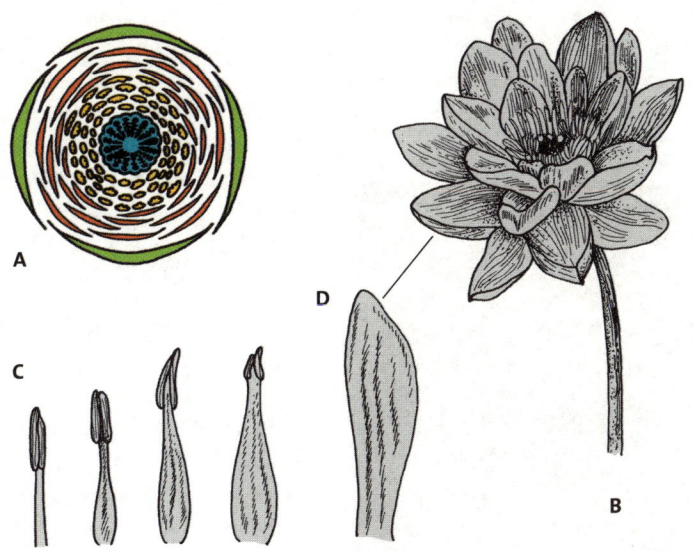

Abb. 5.2

Nymphaeaceae.
Nymphaea alba (Weiße Seerose):
A Blütendiagramm,
B Blüte, **C** Übergänge von Staubblättern zu Kronblättern, **D** Kronblatt
(A, D aus SCHMEIL und SEYBOLD 1958, B und C aus HESS 1990).

$\mathrm{G/}^{*}$ K 4–12 C 0–∞ A 3–∞ G $\underline{1\text{–}\infty}$

Blütenformel

Zur Familie gehören rund 70 Arten in aller Welt, alle sind Sumpf- oder Wasserpflanzen. Von Rhizomen ausgehend tragen sie an langen Stielen oft riesige Schwimmblätter. Die Leitbündel liegen im Querschnitt zerstreut wie bei Monokotyledonen. Doch weicht ihr Verlauf im Detail ab, so dass sie auch unter diesem Aspekt nicht in die *unmittelbare* Nachbarschaft der Monokotyledonen gestellt werden können. Die zwittrigen Schalenblüten sind ebenfalls langgestielt. Die Blütenhülle besteht aus **Kelch- und Kronblättern in wechselnder Anzahl**. Auch die **Staub- und Fruchtblätter kommen in wechselnden, meist aber hohen Zahlen vor**. Zwischen den Staub- und den Kronblättern kann es **Übergänge** geben (Abb. 5.2). Die Fruchtblätter sind frei oder verwachsen, die Fruchtknoten ober- oder unterständig. Für alle Blütenorgane gilt, dass sie zumindest teilweise in **schraubiger Stellung** angeordnet sein können. Statt der Benzylisochinoline finden wir hier andere spezielle Inhaltsstoffe.

In Mitteleuropa kommen die Gattungen *Nymphaea* (Seerose) mit *Nymphaea alba* (Weiße Seerose, Abb. 5.2) und *Nuphar* (Teichrose) mit *Nuphar luteae* (Gelbe Teichrose) vor.

Nymphaea citrina (Abb. 5.3), die in Afrika beheimatet, aber heute auch in anderen Erdteilen eingeführt ist, weist einen abenteuerlichen Bestäubungsmechanismus auf. In den vorweiblichen Blüten bildet die Narbe einen mit Flüssigkeit gefüllten Becher. Insekten gleiten an senkrecht gestellten, glatten Blütenteilen hinab und ertrinken in ihm. Doch an ihnen haftender Pollen kann zur Bestäubung kommen. Im folgenden männlichen Zustand beugen sich die Staubblätter, decken den Becher ab und präsentieren ihren Pollen nach oben zu. Die Flüssigkeit im Becher verschwindet.

In den Tropen finden sich *Victoria amazonica* (*Victoria regia*, Amazonas-Riesenseerose) mit Schwimmblättern von 2 m Durchmesser. Als heilig werden »Lotos-Blüten«, *Nymphaea lotus* und *Nymphaea coerulea* (Weiße und Blaue Ägyptische Seerose), verehrt.

Nelumbo nucifera (Indische Lotusblume, weiß oder rosa blühend, Abb. 5.4) wird heute trotz mancher struktureller Ähnlichkeit mit den Nymphaeaceae in eine eigene Familie der Nelumbonaceae gestellt. Unerwartet war, dass die Nelumbonaceae besonders nach molekularen Daten in die Ordnung der Proteales gehören. Sie zählen damit zu den nächsten Verwandten der ganz anders gebauten Proteaceae mit vielen xeromorphen Hartlaubgewächsen Australiens und Südafrikas.

Alle Arten werden als Zierpflanzen in Wasserbecken genutzt.

Abb. 5.3

Nymphaea citrina (Zitronengelbe Seerose). Weibliches Stadium, die aufrecht stehenden glattwandigen Staubblätter lassen Insekten nach unten in den Narbenbecher abgleiten (Orig. D. HESS).

Abb. 5.4

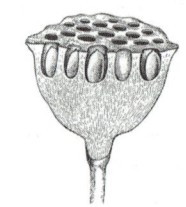

Nelumbo nucifera (Indische Lotosblume): **1** Blüte, **2** Blütenachse längs. Vor allem molekulare Daten führten dazu, das *Nelumbo* überraschenderweise zu den Proteales gestellt wurde (s. Text) (Urania 1993).

Magnoliaceae (Magnoliengewächse) | 5.2.2

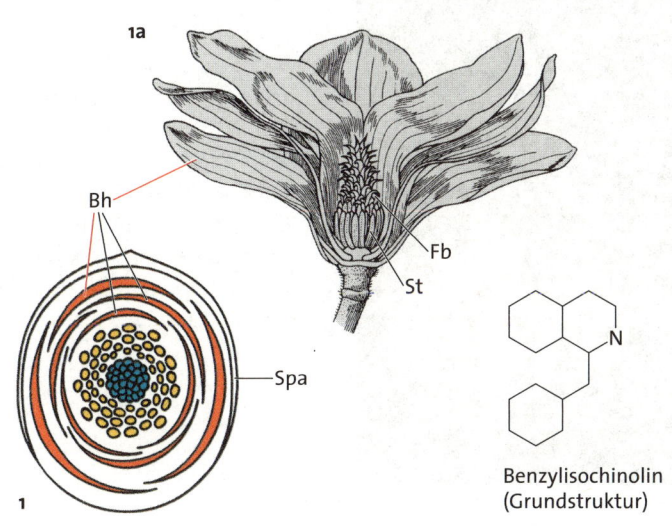

1a

Bh

Fb

St

Spa

1

Benzylisochinolin
(Grundstruktur)

| **Abb. 5.5**

Magnoliaceae. **1** *Magnolia grandiflora* (Immergrüne Magnolie): Blütendiagramm. **1a** *Magnolia denudata* (Yulan-Magnolie): Blüte längs. Bh Blütenhüllblätter (Tepalen), Fb chorikarpe Fruchtknoten, St Staubblätter, Spa Spatha (1 und 1a GRAF 1975).

♂/* P 6–∞ A∞ G∞   **Blütenformel**

220 Arten im östlichen Nordamerika und Asien (ursprünglich) mit einem Schwerpunk in Südostasien. Es handelt sich um Bäume und Sträucher mit **wechselständigen, einfachen und oft immergrünen Blättern** mit hinfälligen Nebenblättern. Die teils terminalen, teils achselständigen gestielten Einzelblüten sind oft Schalen von beachtlicher Größe. An den Blütenstielen sitzen Hochblätter (Spatha), die Knospen und junge Blüten schützend umgeben, dann aber abfallen. Die **Blütenhülle ist meist ein Perigon** aus petaloiden Tepalen. Bei einigen »fortschrittlichen« Arten besteht es aus 2 × 3 Tepalen. Dabei kann auch schon in Kelch und Krone differenziert werden. Doch davon abgesehen gilt, dass alle Blütenorgane einschließlich der Tepalen **in sehr hoher Anzahl und in schraubiger Stellung** vorliegen. Bei den **chorikarpen Fruchtknoten** ist besonders auffällig, dass sie an einer **verlängerten Blütenachse schraubig aufsteigen** (Abb. 5.6). Insofern ähneln sie den Zapfen der Koniferen. An einfachen, plesiomorphen Eigenschaften kommt zu den hohen, nicht exakt festgelegten Zahlen und der schraubigen Stellung noch das Fehlen von Tracheen in manchen Taxa. Die Bestäuber sind bei *Magnolia* Käfer, ebenfalls ein ursprüngliches Merkmal, bei *Liriodendron* Bienen. An Inhaltsstoffen finden sich die für die Klasse typischen Benzylisochinoline (Abb. 5.5). Die beiden ge-

Abb. 5.6

Magnolia spec. Blick ins Innere der Blüte. Unten die hier noch plan stehenden Staubblätter, darüber an der Achse schraubig aufsteigend die ebenfalls zahlreichen chorikarpen Fruchtknoten mit nach oben exponierten Narben (HESS 1990).

nannten Gattungen repräsentieren zwei Zweige innerhalb der Familie.

In Mitteleuropa sind Arten der Gattung *Magnolia* (Abb. 5.6) und *Liriodendron tulipifera* (Amerikanischer Tulpenbaum) beliebte Parkbäume. Zur Gattung *Magnolia* gehören aber auch kleinere Arten, die für den Garten geeignet sind, wie die frühblühende *Magnolia stellata* (Stern-Magnolie).

Fragen (mit Seitenverweisen zur Beantwortung)

1 In welche Klassen gliedern sich die Angiospermen? (→ Seite 104)

2 Nennen Sie Merkmale zur Unterscheidung dieser Klassen? (→ Seiten 108, 113, 135)

3 Nennen Sie eine einheimische Gattung der Nymphaeaceae außer *Nymphaea*! (→ Seite 109)

4 Nennen sie ursprüngliche Merkmale bei den Nymphaeaceae und Magnoliaceae! (→ Seiten 108, 109, 111)

5 Wieso können Sie Nymphaeaceae und Magnoliaceae schon an ihrer Lebensweise unterscheiden? (→ Seiten 109, 111)

6 Sind die Pollen der Magnoliaceae monosulcat oder tricolpat? (→ Seite 108)

7 Früher stellte man auch die Ranunculaceae zu den Magnoliopsida. Nennen Sie wenigstens ein Merkmal, das dagegen spricht! (→ Seite 139)

Liliopsida (Monokotyledonen) | 5.3

▶ **Anatomie:** Leitbündel geschlossen kollateral, im Sprossquerschnitt zerstreut angeordnet (kein echtes, von einem Kambiumring ausgehendes sekundäres Dickenwachstum).

▶ **Morphologie (vegetativ):** Ein Keimblatt. Überwiegend krautig, oft Geophyten (→ Seite 114). Blätter parallelnervig, meist mit stark ausgebildeter Blattscheide, ungeteilt, wechselständig (keine echten Blattquirle). Homorhize Bewurzelung (Hauptwurzel wird durch gleichartige sprossbürtige Wurzeln ersetzt).

▶ **Blüte:** Radiär, dreizählig, Perigon aus zwei Wirteln. Pollenkörner monosulcat

▶ **Inhaltsstoffe:** Insgesamt wenig. Oft Steroidsaponine, in einigen Familien Alkaloide, auch Saponine und weitere Triterpene.

| **Abb. 5.7a**

Paradieslilie (*Paradisea liliastrum*, längs). Weiß blühende Lilien finden sich in der darstellenden Kunst oft als Symbole, gelegentlich mit sehr unterschiedlicher Deutung. So wurde *Lilium candidum* Südeuropas und Vorderasiens als Symbol der Reinheit und Keuschheit zur „Madonnen-Lilie". Sie war in der Antike wegen ihres ausgeprägten Stempels aber auch ein Sexualsymbol gewesen! Eine andere weiß blühende Art, die Paradieslilie der Südalpen, erhielt ihren Gattungsnamen zwar von einem italienischen Botaniker zu Ehren seines Mäzens, des Grafen Giovanni Paradisi. Doch wer die wunderschönen Blüten einmal sehen durfte, wird die Herkunft des Namens vergessen und sie als ein Symbol des Paradieses verstehen (HESS 2001).

5.3.1 | Liliaceae s. l. (Liliengewächse im weiteren Sinn)

Abb. 5.7b

Liliaceae. *Tulipa* spec. (Tulpe): **A** Blütendiagramm, **B** Blüte längs, **C** Habitus (HESS 1990).

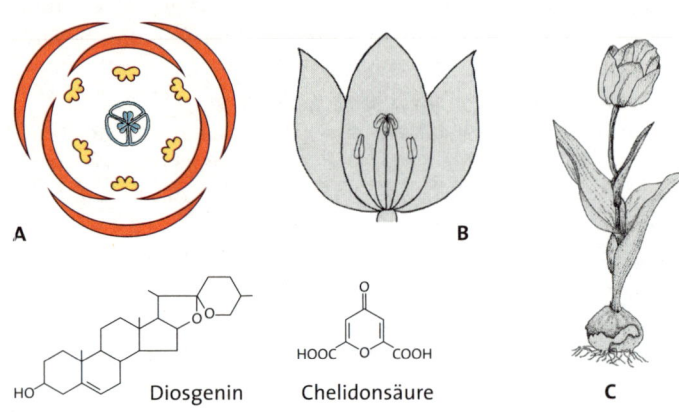

Diosgenin   Chelidonsäure

Blütenformel   * P 3 + 3 A 3 + 3 G (3)

▶ **Verbreitung:** 3 000 Arten in aller Welt.

▶ **Gattungen:** *Agave* (Agave, Aga), *Allium* (Zwiebel und Lauch, All), *Asparagus* (Spargel, Asp), *Colchicum* (Zeitlose, Col), *Convallaria* (Maiglöckchen, Con), *Fritillaria* (Kaiserkrone und Schachblume, Lil), *Hemerocallis* (Taglilie, Hem), *Hyacinthus* (Hyazinthe, Hya), *Lilium* (Lilie), *Muscari* (Traubenhyacinthe, Hya), *Paradisea* (Paradieslilie, Asph), *Paris* (Einbeere, Mel), *Polygonatum* (Salomonssiegel und Weißwurz, Rus), *Scilla* (Blaustern, Hya), *Tulipa* (Tulpe, Lil), *Urginea maritima* (Meerzwiebel, Hya), *Veratrum* (Germer, Mel), *Yucca* (Palmlilie, Aga). Die genannten Gattungen werden nach der neuen Systematik in folgende Familien eingeordnet: Aga Agavaceae, All Alliaceae, Asp Asparagaceae, Asph Asphodelaceae, Col Colchicaceae, Con Convallariaceae, Hem Hemerocallidae, Hya Hyacinthaceae, Lil Liliaceae im engeren Sinn, Mel Melianthaceae, Rus Ruscaceae.

▶ **Wuchsform:** Krautige Pflanzen, die mit Rhizomen, Spross- und Wurzelknollen Frost oder Trockenheit überstehen (Geophyten). Die Blätter sind einfach und sehr verschieden, oft schmal, sogar grasartig. Bei *Asparagus* finden sich Cladodien (blattähnliche Sprossorgane).

▶ **Blütenstand:** Verschieden, auch Einzelblüten.

▶ **Blütensymmetrie:** Radiär.

▶ **Blütenhülle: Perigon aus zwei Kreisen mit je drei freien Tepalen.**

▶ **Staubblätter: Zwei Kreise mit je drei freien Staubblättern.**

▶ **Fruchtknoten: Ein oberständiger coenokarper Fruchtknoten aus drei Fruchtblättern,** die drei **Fächer bilden.** *Anmerkung*: Die Blüten von *Paris* sind entsprechend gebaut, aber vierzählig.

▶ **Bestäubung:** Je nach Blütenform verschieden. Bei *Tulipa* finden sich Pollenblumen, die in den meist weiten Glocken vielen Bestäubern offen stehen. Bei *Lilium* leiten auf den Tepalen tiefe, fast verdeckte Längsrinnen zum tief geborgenen Nektar hinab (Abb. 5.8). Nur langrüsselige Tag- und Nachtfalter können den Nektar erreichen. *Muscari* bietet ebenfalls Nektar. Bestäuber wie Hummeln oder der Wollschweber werden aus der Ferne über die oft blaue Farbe angelockt. Im Nah-

| Abb. 5.8

Lilium bulbiferum (Feuerlilie) (HESS 2001).

bereich locken Düfte, die von den Blütenzipfeln abgegeben werden.

▶ **Frucht:** Kapsel oder Beere.

▶ **Ausbreitung:** Bei Beeren Endozoochorie, bei Kapseln Anemochorie.

▶ **Inhaltsstoffe:** In den unterirdischen Speicherorganen der Unterklasse Lilidae akkumulieren **Polysaccharide aus Fruktose oder Mannose**. Verbreitet sind **Steroidsaponine**. Ein Beispiel ist das Diosgenin (Abb. 5.7b), das in den nahe verwandten Dioscoreaceae (*Dioscorea*) vorkommt. Aus Diosgenin wurden halbsynthetisch Nebennierenrindenhormone und Sexualhormone gewonnen (»Pille«). Die Bestände an *Dioscorea* gerieten über die Sammeltätigkeit in Gefahr. Doch ließ sich Diosgenin weitgehend durch Sitosterin und Stigmasterin, häufige pflanzliche Sterine ersetzen. Aus den oben genannten Gattungen enthält zum Beispiel *Asparagus officinalis* (Gemüse-Spargel) Steroidsaponine. Teilweise finden sich **Steroidalkaloide** an Stelle der Steroidsaponine. Für viele Liliidae (Unterklasse der Liliopsida) ist auch **Chelidonsäure** (Abb. 5.7b) typisch. Ihr Vorkommen in den Liliaceae im engeren Sinn ist allerdings fraglich. Auf nur wenige Taxa beschränkt: Herzglykoside aus der Gruppe der Cardenolide (wie in der Gattung *Digitalis*, → Seiten 184, 186) in *Convallaria majalis* (Maiglöckchen) und *Urginea maritima* (Meerzwiebel). **Colchicin** aus *Colchicum autumnale* (Herbst-Zeitlose, zeitlos, weil die Blüten im Herbst, die Blätter und Früchte aber erst im Frühjahr danach gebildet werden) ist nicht nur ein hochgiftiges Alkaloid, sondern dient in der Züchtung auch zur Gewinnung polyploider Formen. **Schwefelhaltige Verbindungen** in der Gattung *Allium*. **Asparagin**, wahrscheinlich eine harntreibende Substanz, in *Asparagus officinalis* (Gemüse-Spargel).

Box 5.1

Tulpenwahn und Tulpengarde: Die Tulpe verändert die Welt

Die Tulpe wurde 1545 von Ogier Ghislain de Busbecq, dem Gesandten Habsburgs in Konstantinopel, nach Europa gebracht. Schon damals nahm man an, die Türken würden die Tulpe nach dem Wort »turband« für Turban »tulipam« nennen. Das ist ein Irrtum. Denn die Tulpe hieß türkisch »lale«. Vermutlich hat ein Dolmetscher die Blüte mit einem Turban verglichen. Der Fremde verwechselte das mit dem Namen.

Die Tulpe war aus Zentralasien über den heutigen Iran in die Türkei gekommen. Sie war dort beliebt, aber von einem Tulpenwahn konnte (noch) keine Rede sein. In Europa trug Charles de l´Ecluse, der seinen Namen wie damals üblich zu Carolus Clusius latinisiert hatte, wesentlich zu ihrer Verbreitung bei. Nachdem er schon einige andere botanische Gärten gestaltet hatte, ging er 1593 nach Leiden, um auch dort entsprechend tätig zu werden. Sein besonders Interesse galt den Geophyten wie Hyazinthe, Lilie, Narzisse, Ranunkel und Tulpe. Im botanischen Garten hütete er Tulpen wie Schätze. Wen wundert es, dass diese Schätze gestohlen wurden? Und was sich zu stehlen lohnt, muss schon wertvoll sein: Bald waren Tulpen in fast ganz Holland verbreitet!

Schon zuvor waren in Frankreich Samen und Zwiebeln von kostbaren Tulpen zu Unsummen gehandelt worden. Doch was nun in den Niederlanden geschah, stellte alles andere in den Schatten. Mit Recht spricht man von einem Tulpenwahn, dessen Höhepunkt 1634–1637 erreicht wurde. Besonders begehrt waren geflammte Formen (Abb. 5.9), deren Farbspiel auf eine Virusinfektion zurückgeht. »Semper Augustus« war die begehrteste von ihnen. 10 000 Gulden wurden für eine einzige ihrer Zwiebeln bezahlt – der Preis eines herrschaftlichen Hauses in guter Lage mit entsprechendem Grundstück.

Der Tulpenwahn erfasste aber nicht nur die Begüterten. Mit Spekulationen über Nacht ein Vermögen zu machen war so verlockend, dass sich alle Schichten beteiligten. Dabei übersah man geflissentlich, dass man alles ebenfalls über Nacht wieder verlieren konnte. Wesentlich für das »luxurierende« Verhalten war wohl auch, dass es den Niederlanden damals über ihren Ostindienhandel wirtschaftlich bestens ging. Doch schließlich nahm die Massenpsychose derartige Ausmaße an, dass die Wirtschaft völlig zu kollabieren drohte. 1637 machte ein Eingreifen auch von Regierungsseite dem Tulpenwahn ein Ende.

Pragmatisch setzten und setzen die Holländer nun auf einen einigermaßen normalen Handel mit Tulpen. Als 1703–1730 unter Sultan Achmed III. in der Türkei eine »Tulpenära« herrschte, lieferten nun sie den Türken die Tulpen! Von Achmed III. wurden so ungeheure Summen für Tulpen ausgegeben, dass Unruhen seine Regierungszeit beendeten.

Damit verglichen könnte man fast idyllisch nennen, was im badischen »Musterländle« geschah. In der Markgrafschaft Baden-Durlach gründete Markgraf Karl Wilhelm 1715 Karlsruhe. Die Straßen der Stadt gingen und gehen wie Strahlen eines Fächers vom Schloss aus, das von prächtigen Gartenanlagen umgeben wurde. Der Markgraf liebte besonders Tulpen, die wieder einmal aus Holland importiert wurden und nicht gerade billig waren.

Die Gärten wurden von einer weiblichen »Tulpengarde« gepflegt. Dazu schreibt ein Zeitzeuge: *Die Huris desselben (des Gartenparadieses) bildeten die famosen 160 Gartenmägdlein des badischen Markgrafen. Was die Potsdamer lange Garde dem preußischen König war, waren die niedlichen Gartenmägdlein dem badischen Markgrafen: Sie bildeten seine weibliche Leibgarde, als Heiducken und Husaren verkleidet* (1).

Was mögliche Funktionen der Leibgarde außer der Tulpenpflege angeht, notiert der Historiker nüchtern, aber verständnisvoll: *Der optimistische Markgraf kam mit seiner württembergisch-sittenstrengen Gemahlin Magdalena Wilhelmine nicht gut aus...* (2).

Literatur:
Standardwerk PAVORD 1999; Essay ZBIGNIEW 2001. (1) zitiert aus SAYN-WITTGENSTEIN 1972; (2) zitiert aus BERGER 1979.

| Abb. 5.9

Tulpe 'L'Agathe Brune' mit virusbedingter Flammung. Miniatur aus der Werkstatt des Nicolas Robert (1614–1685) aus einer für Jean-Baptiste Colbert geschaffenen Handschrift (Cod. Min 47, Tab. 43). Wien, Österreichische Nationalbibliothek.

▶ **Nutzung:** Zierpflanzen. Viele Gattungen. Die meisten Kulturformen liefert die Tulpe (Box 5.1), die schönsten Blüten dürften die Lilien bilden. Heilpflanzen: *Allium cepa* (Küchenzwiebel), *Allium sativum* (Knoblauch) und *Allium ursinum* (Bärlauch), volkstümlich zur Vorbeugung von Arteriosklerose, *Asparagus officinalis* (Gemüse-Spargel), *Convallaria majalis* (Maiglöckchen), *Colchicum autumnale* (Herbst-Zeitlose), *Urginea maritima* (Meerzwiebel). Giftpflanzen: je nach Dosierung der Inhaltsstoffe die eben genannten: *Convallaria, Colchicum* und *Urginea. Paris quadrifolia* (Vierblättrige Einbeere), *Veratrum album* (Weißer Germer) lässt sich im vegetativen Zustand von *Gentiana lutea* mit gegenständigen Blättern (→ Seite 179) durch seine wechselständigen Blätter unterscheiden. Gemüsepflanzen: *Allium cepa* (Küchenzwiebel), *Allium sativum* (Knoblauch), *Allium porrum* (Porree), *Allium schoenoprasum* (Schnittlauch).

▶ **Klassifikation:** In der neueren Taxonomie werden die Liliaceae im weiteren Sinn auf rund 30 Familien verteilt, die zu drei verschiedenen Ordnungen gehören. Allein unsere kurze Übersicht nennt 17 Gattungen aus 10 Familien. Hinzu kommt, dass es noch Unsicherheiten gibt. Die Trilliaceae zum Beispiel werden teils wie oben in die Melianthaceae eingegliedert, teils nicht. Wir haben es in diesem für Anfänger gedachten Text deshalb bei den Liliaceae im weiteren Sinn belassen.

| Wichtige strukturelle Kennzeichen | Krautige Geophyten mit meistens dreizähligen Blüten: 2 × 3 freie Tepalen, 2 × 3 freie Staubblätter, ein dreifächeriger oberständiger Fruchtknoten. |

Iridaceae (Schwertliliengewächse) | 5.3.2

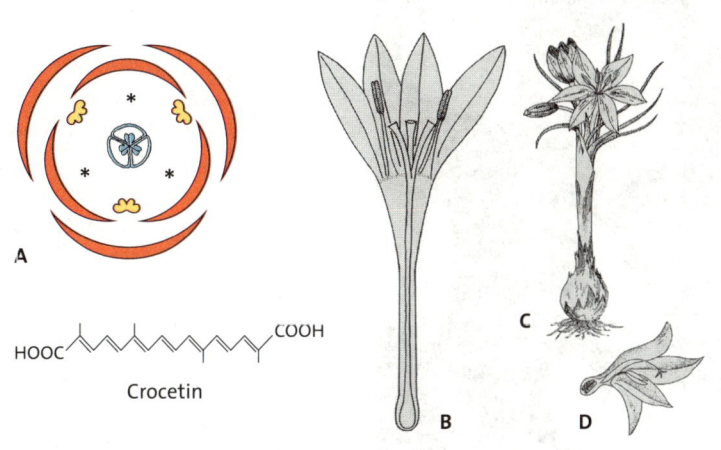

| Abb. 5.10

Iridaceae. *Crocus flavus* (Gold-Krokus): **A** Blüten-diagramm, **B** Blüte längs, **C** Habitus. *Gladiolus* (Gladiole): **D** Blüte längs. ✳ ausgefallene Staub-blätter (HESS 1990).

HOOC $\diagdown$ COOH

Crocetin

* bis ↓ P 3 + 3 A 3 G $\overline{(3)}$ **Blütenformel**

▸ **Verbreitung:** 1 800 Arten in gemäßigten und tropischen Regionen mit einem der Schwerpunkte in Südafrika.

▸ **Gattungen:** *Crocus* (Krokus), *Freesia* (Freesie), *Gladiolus* (Gladiole), *Iris* (Schwertlilie), *Ixia* (Klebschwertel), *Montbretia* (Montbretie), *Tigridia* (Pfau-enblume), *Sparaxis* (Fransenschwertel).

▸ **Wuchsform:** Geophyten mit Sprossknollen und Rhizomen, selten Zwie-beln. Die **Blätter** sind wechselständig, in **zwei Reihen angeordnet**, **unifacial und reitend**: Die Blätter sitzen dem Spross mit der Blattscheide auf, wobei immer die ältere Scheide ein über ihr sitzendes jüngeres Blatt umgibt. Bei *Iris* sind die unifacialen Blätter schwertförmig (deutscher Gattungs-name!).

▸ **Blütenstand:** Oft Fächel, aber auch Einzelblüten.

▸ **Blütensymmetrie:** Radiär (zum Beispiel *Crocus*) bis zygomorph (zum Bei-spiel *Gladiolus*).

▸ **Blütenhülle:** Perigon aus zwei Kreisen mit je 3 freien Tepalen. Die Tepalen kön-nen wie bei *Crocus* (Abb. 5.11) gleich, aber auch wie bei *Iris* (Abb. 5.12) sehr verschieden gestaltet sein.

▸ **Staubblätter: Ein Kreis mit drei Staubblättern.**

▸ **Fruchtknoten: Ein unterständiger coenokarper Fruchtknoten aus drei Fruchtblät-tern, die drei Fächer bilden.** Der Griffel kann Sonderbildungen aufweisen (*Iris*).

Abb. 5.11

Crocus albiflorus (Weißer Krokus; blüht auch hell-violett) (HESS 2001).

▶ **Bestäubung:** *Iris* (Abb. 5.12) liefert ein Beispiel für Herkogamie zumindest in jungen Blüten (→ Seite 96): Die äußeren Tepalen sind relativ groß, horizontal ausgebreitet bis leicht hängend. Auf ihrer Oberseite leiten Farbmale und oft Bartstreifen zum Nektar. Die inneren Tepalen sind kleiner und stehen aufrecht. Der Griffel besteht aus drei kronblattartig gestalteten Griffelästen, die auf ihrer Unterseite je einen Narbenlappen tragen. Nur die Oberseite des Narbenlappens ist belegungsfähig. Insgesamt sind drei Teilblüten vorhanden, die jedoch nicht voneinander unabhängig sind. Denn sie blühen streng koordiniert. Sie gehen gleichzeitig in den männlichen und vom männlichen in den weiblichen Zustand über. Das hat seine Konsequenzen bei der Verhinderung einer Selbstung. Dringt eine Hummel in eine junge Teilblüte ein, liegt der Narbenlappen noch dem Griffelast an. Eine Bestäubung ist dann unmöglich, aber das Insekt kann sich in den vormännlichen Teilblüten mit Pollen beladen. Auch wenn die Hummel zu einer benachbarten Teilblüte krabbelt, ist Selbstung unmöglich, weil diese sich im gleichen Entwicklungszustand befindet. In *älteren* Blüten im weiblichen Zustand sind die Narbenlappen nach unten abgebogen und können bestäubt werden. Wenn hier die Hummel zu einer benachbarten Teilblüte wechselt, kann es zur Selbstung kommen.

▶ **Frucht:** Kapsel.

▶ **Ausbreitung:** Meist Windstreuer. *Iris pseudacorus* (Sumpf-Schwertlilie) hat sich ihrer namengebenden Umgebung angepasst. Ihre Samen sind von einer wasserdichten Cuticula umgeben und weisen weiter innen Schwimmgewebe und einen luftgefüllten Hohlraum auf. Fallen die Samen ins Wasser, können sie leicht durch Strömungen verbreitet werden.

▶ **Inhaltsstoffe:** Kaum für die ganze Familie charakteristische Stoffe, höchstens das weit verbreitete Calciumoxalat.

▶ **Nutzung:** Zierpflanzen: Die meisten genannten Gattungen, am längsten *Gladiolus* und *Iris*. Heil- und Giftpflanzen: Die langen Narben von *Crocus*

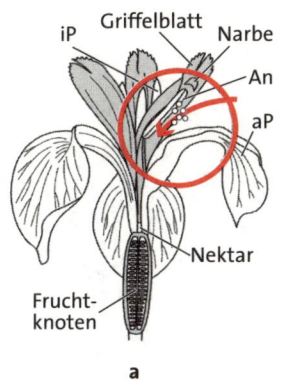

a   b

Abb. 5.12

Iris pseudacorus (Sumpf-Schwertlilie):
a Blüte, längs, im ersten, männlichen Blühstadium: Die Antheren präsentieren Pollen. Eine der
drei Teilblüten ist eingekreist, ein Pfeil deutet
eine hineinkriechende Hummel an. Die Narbe
(kleines Dreieck über der Anthere) liegt dem
Griffelblatt noch eng an. An Anthere, aP äußere
Tepale, iP kleinere innere Tepale (LÜTTIG und
KASTEN 2003).
b Ausschnitt aus einer Teilblüte, die eingekreiste
Region aus a: links unten ein Staubblatt, das
nach unten zu Pollen präsentiert, darüber das
Dreieck der kleinen Narbe, deren belegbare Oberfläche dem Griffelblatt anliegt (Orig. D. HESS).

sativus (Echter Safran) enthalten Monoterpene, die beruhigend und krampflösend wirken. Sie sind in höheren Konzentrationen aber stark toxisch. Gewürzpflanze: ebenfalls die Narben von *Crocus sativus* als Zusatz beim Backen. Dabei spielt die gelbe Farbe mit, die durch glykosidiertes Crocetin (Abb. 5.10), eine im Zellsaft gelöste Carotinoidsäure, bedingt wird. Crocetin entsteht durch Abbau von Carotinoiden.

▶ **Klassifikation:** Die Familie ist nach molekularen Daten monophyletisch. Ihre Zugehörigkeit zu Ordnungen ist jedoch strittig. Molekulare Daten sprechen eher für eine Einordnung in die Asparagales, morphologische für eine Einordnung in die Liliales. Dementsprechend kann man sie in der Literatur an verschiedener Stelle antreffen.

Krautige Geophyten mit unifacialen, reitenden Blättern und dreizähligen Blüten: 2 × 3 freie Tepalen, 3 freie Staubblätter (Unterschied zu den Liliaceae und Amaryllidaceae), ein dreifächeriger unterständiger Fruchtknoten (Unterschied zu den Liliaceae).

Wichtige strukturelle Kennzeichen

5.3.3 | Amaryllidaceae (Narzissengewächse)

Abb. 5.13 |

Amaryllidaceae. *Galanthus nivalis*: **A** Blütendiagramm, **B** Blüte längs, **C** Habitus (HESS 1990).

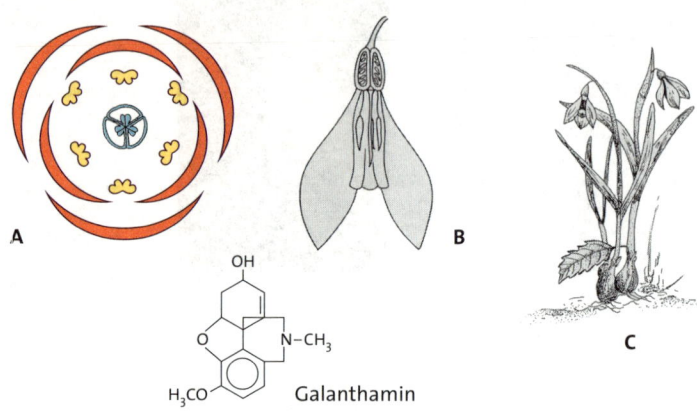

Galanthamin

Blütenformel

$$* P\,3+3\ A\,3+3\ G\,(\overline{3})\quad Galanthus$$

- ▶ **Verbreitung:** 1 000 Arten in aller Welt in gemäßigten, vor allem aber in tropischen und subtropischen Regionen.
- ▶ **Gattungen:** *Alstroemeria* (Inkalilie), *Amaryllis* (Belladonnenlilie), *Clivia* (Clivie), *Galanthus* (Schneeglöckchen), *Hippeastrum* (Ritterstern, bei Gärtnern »Amaryllis«), *Leucojum* (Knotenblume), *Narcissus* (Narzisse), *Nerine* (Nerine), *Sprekelia* (Jakobslilie).
- ▶ **Wuchsform: Krautige Pflanzen mit Zwiebeln** (also Geophyten). Meist schmale **Blätter, die wechselständig an der Basis** von reduzierten Sprossen stehen.
- ▶ **Blütenstand:** Wickelartig, aber wie eine Dolde aussehend, vielfach auch Einzelblüten.
- ▶ **Blütensymmetrie:** Radiär.
- ▶ **Blütenhülle: Perigon aus zwei Kreisen mit je drei freien bis verwachsenen Tepalen.** Eine **Nebenkrone** kann vorhanden sein. Bei *Narcissus* entwickelt sie sich aus Abschnitten des Perigons.
- ▶ **Staubblätter: Zwei Kreise mit je drei freien oder mit dem Perigon verwachsenen Staubblättern.**
- ▶ **Fruchtknoten: Ein unterständiger coenokarper Fruchtknoten aus drei Fruchtblättern, die drei Fächer bilden.**
- ▶ **Bestäubung:** *Galanthus* (Abb. 5.14), auch unser *Galanthus nivalis* (Kleines Schneeglöckchen), bildet einen Streukegel aus. Die Nebenkrone bei *Narcissus* entsendet Duftstoffe zur Anlockung der Bestäuber.
- ▶ **Frucht:** Kapsel oder Beere.

▸ **Ausbreitung:** Bei Beeren Endozoochorie, bei Kapseln Anemochorie. Bei *Galanthus nivalis* (Kleines Schneeglöckchen) senken sich die Fruchtstiele unter der Last der grünen Kapsel zur Erde und öffnen sich dort. Die Samen sind über Elaiosomen an Myrmekochorie angepasst.

▸ **Inhaltsstoffe:** An die Stelle der Steroidsaponine der Liliaceae treten **Amaryllidaceen-Alkaloide**, eine eigene Alkaloidgruppe, die sich nur in dieser Familie findet. Hier wird die Bedeutung sekundärer Pflanzenstoffe für die Taxonomie besonders deutlich. Die Amaryllidaceen-Alkaloide treten in verschiedenen Varianten auf. Ein Beispiel ist das

| **Abb. 5.14**

Blick in die Blüte von *Galanthus elwesii* (Großblütiges Schneeglöckchen). Die vorderen Tepalen und zwei Staubblätter wurden entfernt. Der dadurch sichtbare Griffel und die Staubbeutel bilden einen Streukegel. Die Staubbeutel geben den Pollen nach innen ab. Bei Erschütterungen (hier beim Präparieren) rieselt er auf den Bestäuber herab (HESS 1990).

Galanthamin (Abb. 5.13), das vor allem in *Galanthus woronowii* (Kaukasisches Schneeglöckchen) vorkommt. Es hemmt die Cholinesterase, die Acetylcholin abbaut, greift also in die Reizübertragung ein. Galanthamin wird zur Bekämpfung der Alzheimer-Krankheit eingesetzt, die teilweise durch einen Mangel an Acetylcholin bedingt wird. Galanthamin normalisiert durch Hemmung der Cholinesterase den Gehalt an Acetylcholin.

▸ **Nutzung:** Zierpflanzen: alle Gattungen der Familie stellen beliebte Zierpflanzen. Heilpflanzen: wegen ihres Gehalts an Galanthamin nicht nur *Galanthus woronowii* (Kaukasisches Schneeglöckchen), sondern auch *Galanthus nivalis* (Kleines Schneeglöckchen), *Leucojum sativum* (Sommer-Knotenblume) und *Narcissus pseudonarcissus* (Osterglocke). Giftpflanzen: Alle Gattungen der Familie sind durch ihre Amaryllidaceen-Alkaloide mehr oder weniger stark giftig.

▸ **Klassifikation:** Die Familie ist auch nach molekularen Daten monophyletisch. Die Agave (*Agave*), die früher zu ihr gezählt wurde, findet sich heute in einer eigenen Familie der Agavaceae.

Krautige Geophyten mit dreizähligen Blüten: 2 × 3 Tepalen, 2 × 3 Staubblätter (Unterschied zu den Iridaceae), ein dreifächeriger unterständiger Fruchtknoten (Unterschied zu den Liliaceae).

Wichtige strukturelle Kennzeichen

5.3.4 | Orchidaceae (Orchideengewächse)

Abb. 5.15

Orchidaceae, *Orchis* spec. **A** Blütendiagramm nach der Resupination. Das Labellum, hier mit Sporn, liegt nun unten. **B** Blüte, **C** Pollinarium , **D** Blüte längs, **E** Gynostemium. *Platanthera bifolia* (Weiße Waldhyazinthe): **F** Habitus. a Antherenfach, f Fruchtknoten (durch Resupination gedreht), g Gynostemium, k Klebscheibe, l Labellum, n Narbe, p Pollinium, r Rostellum, s Stielchen, st Staminodien (entsprechen den zwei ausgefallenen Staubblättern), se Sporneingang (verändert aus HESS 1990).

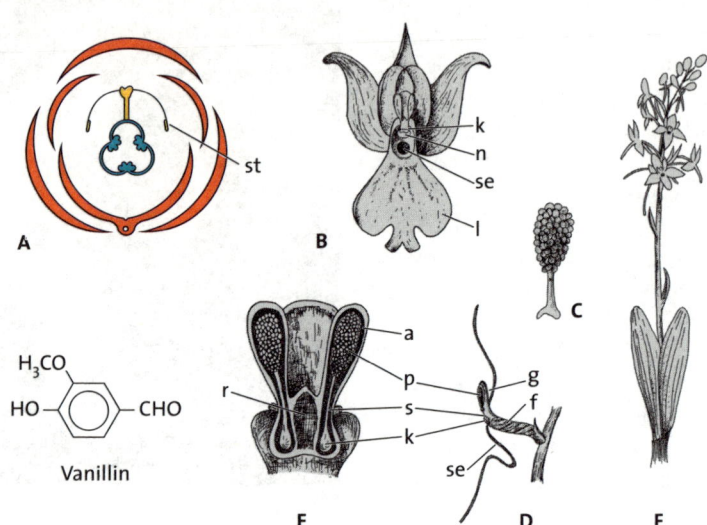

Blütenformel

$\downarrow$ **P 3 + 3** **[A 1–2 G $\overline{(3)}$]** *Orchis*

▶ **Verbreitung:** Mit 20 000 bis (geschätzt) 35 000 Arten in aller Welt und in den verschiedensten Biotopen die artenreichste Familie der Spermatophyta.

▶ **Gattungen:** *Cattleya* (Ansteckorchidee, weil zu Zeiten des Orchideenbooms im 19. Jahrhundert entsprechend genutzt), *Cypripedium* (Frauenschuh), *Dactylorhiza* (Knabenkraut), *Epipactis* (Sumpfwurz), *Listera* (Zweiblatt), *Neottia* (Nestwurz), *Nigritella (Kohlröschen), Ophrys* (Ragwurz), *Orchis* (Knabenkraut), *Paphiopedilum* (Venusschuh), *Phalaenopsis* (Malaienblume), *Platanthera* (Waldhyazinthe), *Vanilla* (Vanille).

▶ **Wuchsform:** Krautige Pflanzen mit wechselständigen Blättern, in der gemäßigten Zone Erdorchideen mit Rhizomen und Wurzelknollen, in den Tropen Epiphyten. Die Wurzelknollen mancher Erdorchideen (*Dactylorhiza, Orchis*) sollen an Hoden von Knaben erinnern, daher der Name Knabenkraut.

Terrestrische und epiphytische Orchideen der Subtropen und Tropen bilden oft Sprosse mit wasser- und nährstoffspeichernden Anschwellungen, den *Pseudobulben*. Epiphytische Arten nehmen Wasser über Luftwurzeln mit *Velamen* auf.

Die Orchideen gehen *Pilzwurzel-Symbiosen* (Endomykorrhiza) ein. Die Pilze sind für die Erstentwicklung der winzigen, nährstofffreien Samen unabdingbar. Später können ergrünte Orchideen von den Pilzen auch unabhängig werden. Das andere Extrem sind Arten, die keine Chlorophylle mehr führen und in ihrer Ernährung völlig auf die Pilze angewiesen sind. In der einheimischen Flora handelt es sich dabei um nur vier Arten, von denen *Neottia nidus-avis* (Vogelnestwurz) die häufigste ist.

➤ **Blütenstand:** Verschieden, Rispen, Trauben, auch Einzelblüten.

➤ **Blütensymmetrie:** Zygomorph.

➤ **Blütenhülle:** Perigon aus zwei dreizähligen Kreisen. Die mittlere obere Tepale des inneren Kreises wird meist stärker ausgebaut, ist oft auch gespornt und wird zum **Labellum** (»Unterlippe«). Von wenigen Ausnahmen abgesehen dreht sich die Blüte während ihrer Entwicklung um 180° (**Resupination**), so dass die Lippe nach unten kommt und so zum Landeplatz für Insekten wird. Die Drehung kann im Fruchtknoten erfolgen, dem man das dann deutlich ansieht. Die Resupination kann ausbleiben, wenn sie funktionell unnötig erscheint. In der einheimischen Flora ist das bei *Nigritella* der Fall. Bei ihr dient der gesamte, kopfige, aus vielen kleinen Einzelblüten zusammengesetzte Blütenstand als Landeplatz. Bei der tropischen *Phalaenopis* hängen die Blütenrispen nach unten über, so dass sich die Lippe auch ohne Drehung unten befindet.

➤ **Staubblätter:** Meist ein, bei uns nur *Cypripedium calceolus* (Frauenschuh) mit zwei Staubblättern. Der Inhalt einer Theke (oder eines Pollensacks) wird meist zu einem **Pollinium** zusammengefasst, das auf einem Stiel sitzen kann. Kommt noch eine basale Klebscheibe hinzu, spricht man von **Pollinarium** (Pollinium + Stiel + Klebkörper, s. Gynostemium).

➤ **Fruchtknoten:** Ein unterständiger coenokarper, bei einheimischen Arten einfächeriger Fruchtknoten aus drei Fruchtblättern, der mit einem oder mit 2 Staubblättern zu einem **Gynostemium** (Griffelsäule, Abb. 5.15, 5.16) verwachsen ist. Die drei Narben bilden die belegfähige Narbenfläche und das Rostellum (Schnäbelchen) zwischen den Pollinien. Von ihm aus werden die Klebkörper gebildet.

Abb. 5.16

Blüte von *Orchis spitzelii* (Spitzels Knabenkraut). Über dem Eingang zum Sporn steht das Gynostemium: unten die Klebscheibe, an ihr ansetzend etwas schräg nach oben rechts und links die beiden Theken mit den noch darin befindlichen gelblichen Pollinien (HESS 2001).

▶ **Bestäubung:** In der Regel werden den Insekten Pollinarien mit Hilfe der Klebkörper auf Kopf oder Rüssel geklebt. Mit einem zugespitzten Bleistift lässt sich das Insekt leicht nachahmen. Beim Weiterflug erschlaffen die Stiele. Die Pollinien sinken nach vorne ab und können in der nächsten Blüte leicht auf die Narbe gebracht werden (Box 5.2).

Box 5.2

Beispiele für Bestäubungsmechanismen bei Orchideen

Die Orchideen zeigen die verschiedensten, teils abenteuerlichen Bestäubungsmechanismen. Die Bestandteile des Gynostemiums sind dabei so ausgebildet, dass die Selbstung über Herkogamie (→ Seite 96) verhindert wird. Nur zwei Beispiele aus der einheimischen Flora können gebracht werden.

Die **Kesselfalle von *Cypripedium calceolus*** (Gelber Frauenschuh, Blüte längs; Abb. 5.17). Die Bestäuber, vor allem Weibchen von *Andrena*-Arten (Sandbienen), werden durch die gelbe Farbe des Schuh und durch den Vanilleduft angelockt, der Sexuallockstoffe von *Andrena*-Männchen imitiert. Auf Suche nach diesen geraten sie in den Schuh, der eine Kesselfalle bildet, aus der es nur einen gangbaren Ausweg gibt (im Bild oben links). Helle Fenster (im Bild dunkel) leiten dort hinauf, Haare dienen als Steighilfe. Haben die Sandbienen Pollen auf ihrer Oberseite mitgebracht, streifen sie ihn an der Narbe ab, die zuerst passiert werden muss. Dann

Abb. 5.17

Kesselfalle von *Cypripedium calceolus* (Gelber Frauenschuh), längs. Etwas links der Bildmitte der rot gefleckte »Löffel«, ein Staminodium (steriles Staubblatt), das dem dritten Staubblatt entspricht, links daneben die grünliche Narbe und noch weiter links eines der beiden Staubblätter, das auf seiner Unterseite Pollenbrei exponiert. Siehe Text (HESS 2001).

▸ **Frucht:** Kapsel mit Massen winziger Samen.

▸ **Ausbreitung:** Windstreuer.

▸ **Inhaltsstoffe:** Gemischte Polysaccharide mit hohem Mannose-Anteil (einer Hexose) bilden in den Knollen von Erdorchideen **Schleime**, die als Reservestoffe dienen. Die langgezogenen Kapseln der wurzelkletternden *Vanil-*

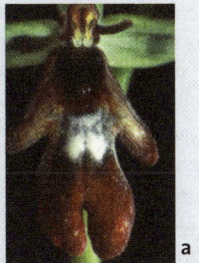 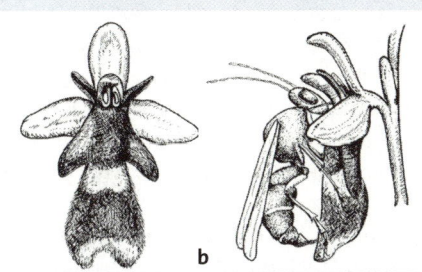

a   b

Abb. 5.18

Ophrys insectifera (Fliegen-Ragwurz). **a** Blüte (HESS 1990); **b** Pseudokopulation, links Blüte, rechts die solitäre Wespe *Argogorytes mystaceus* beim Kopulationsversuch (verändert nach WICKLER 1968 aus HESS 1990).

zwängen sich die Bestäuber unter einem der beiden Staubblätter hindurch. In ihnen finden sich keine Pollinarien, sondern ein Pollenbrei. Etwas von ihm streifen die Insekten mit ihrer Oberseite ab. Mit einem ganzen Pollinarium wären die kleinen Besucher überlastet! Beim Besuch einer neuen Blüte kann dann der Pollen an der Narbe abgestreift werden. Selbstbestäubung wird über diesen Bestäubungsmechanismus unmöglich gemacht.

    Sexualtäuschblumen bei *Ophrys* (Ragwurz), hier *Ophrys insectifera* (Fliegen-Ragwurz). Die Blüte ähnelt Weibchen der Art, die als Bestäuber in Frage kommt (Abb. 5.18). Für uns mag die optische Ähnlichkeit nicht immer überzeugend sein. Doch für die Insektenmännchen zählen andere Reize (»Schlüsselreize«) mehr. Zu diesen gehört bei der Fernanlockung der Blütenduft. Seine Komponenten sind mit den Sexuallockstoffen der betreffenden Bestäuberweibchen identisch oder ähneln ihnen. Erst bei der Nahanlockung kommen die Blütenfarben hinzu. Sind die Männchen erst einmal auf dem Labellum gelandet, werden taktile Reize ausschlaggebend: Die Behaarung entspricht nach Dichte, Länge, Strich und Elastizität dem Haarkleid auf dem Abdomen des Bestäuberweibchens so vollkommen, dass die Männchen zu kopulieren versuchen *(Pseudokopulation)*. Dabei nehmen die Männchen Pollinarien auf, meistens mit dem Kopf. Schließlich geben sie auf – um sich einer *Ophrys*-Blüte auf einer anderen Pflanze zu widmen. Dabei kommt es zur Fremdbestäubung.

la planifolia (Echte Vanille) enthalten **Vanillin** (Abb. 5.15) in glykosidierter Form.

▶ **Nutzung:** Zierpflanzen: Zahlreiche subtropische und tropische epiphytische Orchideen, aber auch einige terrestrische Arten wie *Cypripedium* oder *Paphiopedium*. Nach dem Aufblühen der ersten importierten Orchidee, *Cattleya labiata,* in einem Gewächshaus in England kam es im Europa des 19. Jahrhunderts zu einem *Orchideenboom*, der allerdings nicht die Ausmaße des Tulpenwahns erreichte. Heilpflanzen: Schleimstoffe von Arten aus den Gattungen *Orchis* und *Platanthera* dienten als *Salep* zur Bekämpfung von Durchfall besonders bei Kindern. Die aphrodisierende Wirkung der schleimführenden Knollen einiger Erdorchideen ist umstritten. Duft- und Gewürzpflanze: *Vanillin* aus *Vanilla planifolia* wird wegen weiterer Aromastoffe der Früchte auch heute noch oft dem synthetischen Vanillin vorgezogen. Vanillin wird erst beim Trocknen der »Vanilleschoten« freigesetzt. Biotechnologie: Dem rücksichtslosen Ausbeuten der Natur bei der Jagd auf tropische Orchideen machte seit Beginn des 20. Jahrhundert die Gewebekultur ein Ende. Mit wenigen Ausnahmen ist es heute möglich, Arten und Hybriden auf vollsynthetischen Medien aus Samen oder Explantaten aufzuziehen.

▶ **Klassifikation:** Die Orchidaceae gliedern sich in drei Unterfamilien, von denen in unserer Flora nur die Cypripedioideae (mit *Cypripedium*) mit zwei Staubblättern, und die große Unterfamilie der Orchidoideae (mit Ausnahme von *Cypripedium* alle einheimischen Orchideen) mit nur einem Staubblatt von Bedeutung sind. Auch weltweit stellt die letztgenannte Unterfamilie mit mindestens 18 000 Arten das Gros der Orchideen.

Wichtige strukturelle Kennzeichen

In den dreizähligen Blüten wird die median obere Tepale des inneren Perigonkreises zum Labellum, das in der Regel über Resupination nach unten verlagert wird und als Landeplatz für Bestäuber dient. Bei den einheimischen Arten hat lediglich *Cypripedium* zwei Staubblätter, alle anderen nur noch ein Staubblatt. Meistens wird der Pollen in Pollinien beziehungsweise Pollinarien präsentiert. Die Staubblätter sind mit dem 3-teiligen Fruchtknoten zum Gynostemium verwachsen.

Poaceae (Gramineae, Süßgräser)

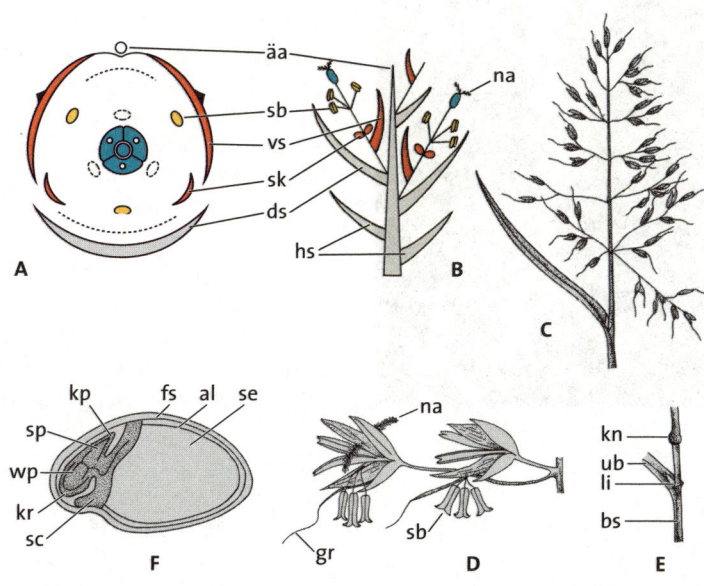

Abb. 5.19

Poaceae. **A** Blütendiagramm; ausgefallene Organe gepünktelt, der Fruchtknoten wurde dreigliedrig angenommen. **B** Ährchen längs. äa Ährchenachse, hs Hüllspelze, ds Deckspelze, vs Vorspelze, sk Schwellkörper (Lodiculae), sb Staubblätter, na Narbe. *Arrhenaterum elatius* (Gewöhnlicher Glatthafer): **C** Rispe. **D** zwei Ährchen. gr Granne. **E** Teil eines Halms: kn Knoten, ub untere Blattspreite, li Ligula, bs Blattscheide. **F** Karyopse längs. fs miteinander verwachsene Frucht- und Samenschale, al Aleuron, se Stärke-Endosperm. Embryo mit kp Koleoptile, sp Sprosspol, wp Wurzelpol, kr Koleorhiza, sc Scutellum (HESS 1990).

↓ P (2) + 2 A 3 G (3)   **Blütenformel**

▶ **Verbreitung:** 10 000 Arten in aller Welt.
▶ **Gattungen nach wichtigeren Unterfamilien:**
  ▶ Bambusoideae: *Arundinaria, Bambusa, Dendrocalamus.*
  ▶ Oryzoideae: *Oryza* (Reis).
  ▶ Pooideae: *Agropyron* (Quecke), *Alopecurus* (Fuchsschwanzgras), *Anthoxanthum* (Ruchgras), *Arrhenaterum* (Glatthafer), *Avena* (Hafer), *Bromus* (Trespe), *Briza* (Zittergras), *Cynosurus* (Kammgras), *Dactylis* (Knäuelgras), *Festuca* (Schwingel), *Hordeum* (Gerste), *Lolium* (Lolch), *Nardus* (Borstgras), *Phleum* (Lieschgras), *Poa* (Rispengras), *Secale* (Roggen), *Triticum* (Weizen).
  ▶ Panicoideae: *Panicum* (Rispenhirse), *Saccharum* (Zuckerrohr), *Setaria* (Kolbenhirse), *Sorghum* (Mohrenhirse), *Zea* (Mais).
  ▶ Arundinoideae: *Cortaderia* (Pampasgras), *Phragmites* (Schilf).
▶ **Wuchsform:** Selten Hölzer wie die Bambusoideae (Bambusartige), meist ein- oder mehrjährige krautige Pflanzen mit **rundem**, bis auf die markigen, verdickten Knoten **hohlem Halm** (Stängel). An der Halmbasis kann es zur Bildung sekundärer Halme kommen (Bestockung). Die bandartig

Abb. 5.20

Ausschnitt aus der Rispe von *Arrhenaterum elatius* (Gewöhnlicher Glatthafer). In der Mitte ein Ährchen, aus dem zwei Narben und drei Antheren herausragen (HESS 1990).

Abb. 5.21

Blütenstandsformen der Poaceae. **1** Ähre, **2** Ährenrispe, **3** Rispe (Urania 1994).

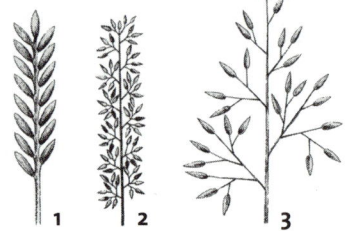

langgestreckten Blätter bestehen aus **Scheide**, **Spreite** und vielfach **Ligula**. Die Scheide umgibt den Halm von den Knoten an aufwärts. Wo sie vom Halm abspreizt, also in die Spreite übergeht, findet sich oft ein blättchenartiger Auswuchs, die Ligula. Die Scheiden führen in Kurzzellen reichlich Silikate. Sie sind die Ursache dafür, dass man sich an Grashalmen verletzen kann.

▶ **Blütenstand:** Das Ährchen (s. unten) ist Baueinheit in drei Blütenstandsformen (Abb. 5.21), die sich aber nicht mit der Einteilung in Unterfamilien decken:

Bei **Rispengräsern** (*Arrhenaterum, Avena, Briza, Poa, Oryza*) sitzen die Ährchen in einer locker verzweigten Rispe, bei **Ährengräsern** (*Agropyron, Hordeum, Lolium, Nardus, Secale, Triticum*) sitzen die Ährchen direkt oder mit sehr kurzem Stiel an einer unverzweigten Achse, bei **Ährenrispengräsern** (*Alopecurus, Anthoxanthum, Cynosurus, Phleum*) finden sich sehr dicht gepackte Rispen, die wie eine übergeordnete Ähre aussehen.

▶ **Blütensymmetrie:** Zygomorph.

▶ **Bau eines Ährchens:** Das Ährchen ist ein Teilblütenstand und wie folgt aufgebaut (Abb. 5.19): An der Ährchenachse sitzen von unten nach oben zunächst meist zwei **Hüllspelzen**, dann eine bis mehrere Blüten, die jeweils in der Achsel einer oft begrannten **Deckspelze** stehen.

▶ **Blütenhülle:** Zwei Kreise, der äußere mit einer zweikieligen **Vorspelze**, der innere mit zwei **Lodiculae**. Dabei handelt es sich funktionell gesehen um Schwellkörper, die durch ihr Anschwellen die Blüte öffnen. Bei *Stipa* und manchen Bambusoideae finden sich drei Lodiculae.

▶ **Staubblätter:** Meistens ein Kreis mit drei Staubblättern, selten, bei Bambusoideae und Oryzoideae, zwei Kreise mit je drei Staubblättern. Die Antheren pendeln auf langen Filamenten (Abb. 5.20).

▶ **Fruchtknoten:** Aus zwei oder drei Fruchtblättern ein coenokarp-einfächeriger, unterständiger Fruchtknoten. Meistens mit zwei (Abb. 5.20), selten mit drei federigen Narben (Bambusoideae und *Oryza*).

▶ **Bestäubung:** Sekundäre Windblütigkeit (Box 5.3). Dieser kommt entgegen, dass die Antheren auf langen Filamenten pendeln und die Narben federig gestaltet sind.

▶ **Frucht: Karyopse**, eine Nussfrucht, bei der Samenschale und Fruchtwandung miteinander verwachsen sind. Im Inneren der Karyopse liegen Endosperm und Embryo. **Endosperm**: Hauptreservestoff ist Stärke, die im **Stärkeendosperm** gespeichert wird. Im ausgebildeten Zustand sind seine Zellen abgestorben. Die äußerste Schicht des Endosperms dagegen, das **Aleuron**, besteht aus lebenden Zellen mit Proteinen (Aleuronkörnern) und Vitaminen. Unter Beteiligung des Aleurons werden bei der Keimung die Reservestoffe mobilisiert. Der **Embryo** liegt dem Stärkeendosperm mit dem **Scutellum**, der Scheide des umgebildeten einzigen Keimblatts an. Das Scutellum beteiligt sich an der Mobilisierung der Reservestoffe und dient als Saugorgan bei deren Aufnahme in den Embryo. Der Sprosspol des Embryos wird von einer Scheide umgeben, der **Koleoptile**, die der Spreite des Keimblatts entsprechen dürfte. Auch der Wurzelpol wird von einer Scheide umschlossen, der **Koleorhiza**, einer Bildung des Suspensors.

▶ **Ausbreitung:** Teils »Versteckverbreitung« – Hamster und Feldmäuse legen Lager an, die sie dann nicht mehr benötigen – teils auch Verbreitung durch grasfressende Säugetiere, die Karyopsen mit dem Grünfutter aufnehmen und gegebenenfalls noch keimfähig wieder ausscheiden. Doch

| Abb. 5.22

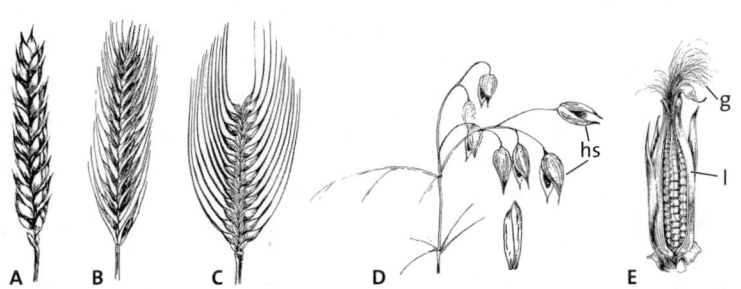

Fruchtstände von in Mitteleuropa angebauten Getreide-Arten. Ähren von **A** *Triticum aestivum* (Saat-Weizen), **B** *Secale cereale* (Roggen), **C** *Hordeum vulgare* (Zweizeilige Gerste), Rispe von **D** *Avena sativa* (Saat-Hafer), **E** *Zea mays* (Mais), Kolben längs. Der Mais stammt aus der Region von Mittelamerika bis zum nördlichen Südamerika, wird aber heute auch in wärmeren Gebieten der ganzen gemäßigten Zone angebaut. Im Gegensatz zu fast allen anderen Getreide-Arten sind seine Blüten eingeschlechtig-einhäusig. Die männlichen Blütenstände stehen als Rispen terminal (nicht gezeigt), weiter unten sitzen als Seitentriebe die weiblichen Kolben, die von Lieschblättern umgeben werden. An einer verdickten Längsachse sitzen in Doppelreihen die Ährchen. hs Hüllspelzen, g Griffel, l Lieschblätter (FRANKE 1989).

Box 5.3

Sekundäre Windblütigkeit: Ableitung der Poaceen-Blüte

Bei einer Reihe von Taxa entwickelte sich die Windblütigkeit im Laufe der Evolution direkt. Eine solche **primäre Windblütigkeit** findet sich bei den Gymnospermen. Eine Reihe von Angiospermen wurde zunächst biotisch bestäubt, etwa von Insekten oder Vögeln, und ging erst danach zur Windblütigkeit über. Diese **sekundäre Windblütigkeit** kann bei einzelnen Arten oder Gattungen in sonst biotisch bestäubten Familien vorkommen, zum Beispiel bei der Gattung *Thalictrum* in den Ranunculaceae (→ Seite 138). Es wurden aber auch ganze Familien wie die Juncaceae (Binsengewächse) oder die Cyperaceae (Sauergräser) sekundär windblütig. Das gilt auch für die Poaceae. Spuren von Pollenkitt, die sich bei ihnen finden, weisen darauf hin. Pollenkitt verklebt die Pollenkörner zu größeren Übertragungseinheiten. Bei Anemophilie wäre das nur störend.

Im Zuge des sekundären Übergangs zur Windblütigkeit wurden die Blüten reduziert. Vor allem die Blütenhülle wäre ein Hindernis für die Anemophilie gewesen. Die Blüte der Gräser lässt sich von der typisch dreizähligen Blüte der Monokotyledonen wie folgt ableiten (Abb. 5.19 A und B): Die Deckspelze entspricht dem Deckblatt. Im nach innen anschließenden, ursprünglich dreizähligen äußeren Perigonkreis entfällt eine Tepale, die beiden anderen verwachsen zur Vorspelze. An ihrem doppelten »Kiel« lässt sich das noch erkennen. Denn er entspricht den Mittelrippen der beiden Tepalen. Im inneren Perigonkreis entsprechen die beiden Lodiculae zwei Tepalen, die dritte ist wiederum ausgefallen. Der äußere dreizählige Staubblattkreis blieb erhalten, der innere jedoch fiel völlig aus. Der Fruchtknoten bestand ursprünglich aus drei Fruchtblättern. Heute lässt sich oft nicht mehr mit Sicherheit sagen, ob es sich um drei oder nur um zwei Fruchtblätter handelt. In der Regel finden sich zwei Narben. Da bei den Poaceae die Zahl der Narben der Zahl der Fruchtblätter entspricht, könnte man zwei Fruchtblätter annehmen. Das schließt aber nicht aus, dass es ursprünglich drei Fruchtblätter mit drei Narben gewesen waren, von denen dann eines ausfiel oder mit den beiden anderen bis zur Unkenntlichkeit verschmolz. Für die Ableitung von einer durchgehend dreizähligen Blüte spricht auch, dass einige Taxa in bestimmten Kreisen noch die Dreizahl zeigen (s. oben). Das gilt bei Bambusoideae und *Oryza sativa* (Reis) auch für den Fruchtknoten.

Schließlich sollte man nicht vergessen, dass es auch zu zweckmäßigen *Neuerungen* kam. Die Federnarben und die an langen Filamenten pendelnden Antheren wären hier zu nennen.

in der Regel findet sich Anemochorie. Bei den Wildformen unserer heutigen Getreide sind die Ähren zerbrechlich. Die Karyopsen verbleiben innerhalb der Spelzen. Die Ährenteile werden leicht vom Wind ausgebreitet. In den durch Selektion gewonnenen Kulturarten brechen die Ähren schwerer und die Karyopsen lassen sich leichter aus den Ährchen lösen. Die Ausbreitung übernimmt der Mensch (Abb. 5.22).

Sonderformen der Ausbreitung sind die echte Viviparie, bei der die Samen schon auf der Mutterpflanze auskeimen, und die **unechte Viviparie**. Bei ihr werden keine Samen gebildet, sondern die Apikalmeristeme produzieren **vegetative** Bildungen verschiedener Art, wie Bulbillen oder kleine Pflänzchen. Ein bekanntes Beispiel ist *Poa alpina* var. *vivipara*, das „Lebendgebärende" Alpenrispengras. Bei diesem entwickeln sich im Blütenstand anstelle von Samen grüne Pflänzchen, die abfallen und als Diasporen dienen.

▶ **Inhaltsstoffe: Stärke** als Reservestoff, **Silikate** in den Blättern, **allergene Proteine** in der Exine der Pollen. Einige Gräser wie *Anthoxanthum odoratum* (Gewöhnliches Ruchgras) setzen bei Verletzungen und beim Trocknen aus »gebundenem Cumarin« den Geruchsstoff Cumarin frei.

▶ **Nutzpflanzen:** Ernährung: Getreide (Abb. 5.22): Stärke im Endosperm. *Saccharum officinarum* (Zuckerrohr): Lieferant von Saccharose (Rohrzucker). Grünfutter und Heu: viele Poaceae. Technik: Bambusartige als Baumaterial, *Phragmites australis* (*Phragmites communis*, Schilf) früher häufig als Bedachung.

▶ **Klassifikation:** Die Poaceae sind auch nach molekularen Daten monophyletisch. Bei einigen Unterfamilien gibt es noch Diskussionen. Bei ihrer Klassifikation sind anatomische und biochemische Daten besonders wichtig, so der C_3- oder der C_4-Typ des Blattquerschnitts mit der entsprechenden Biochemie. Die in gemäßigten Regionen besonders häufigen Pooideae sind wie die Arundinoideae mit *Phragmites australis* (Schilf) C_3-Pflanzen, die Panicoideae aus wärmeren Regionen mit den verschiedenen »Hirsen« und *Saccharum offcinale* (Zuckerrohr) sind C_4-Pflanzen.

Poaceae sind »Gräser«, deren runde Halme in den Internodien hohl, in den verdickten Knoten markig sind. Die schmalen Blätter bestehen aus der halmumfassenden Scheide und der Spreite. Zwischen beiden findet sich oft eine Ligula. Die Baueinheit der Blütenstände (Rispen, Ähren oder Ährenrispen) ist das Ährchen. Es setzt sich aus Hüllspelzen und einer bis mehreren Deckspelzen zusammen, von denen jede eine achselständige Blüte trägt. Die an sich dreizähligen Blüten sind stark reduziert. Im Regelfall sind vom Perigon noch eine zweikielige Vorspelze und zwei Lodiculae übriggeblieben, von den beiden dreizähligen Staubblattkreisen nur der äußere. Der Fruchtknoten bildet meist zwei Narben.

Wichtige strukturelle Kennzeichen

1 Welche Anzahl der Blütenorgane pro »Kreis« ist für die Liliopsida typisch? (→ Seite 113)

2 Was findet sich bei den Liliopsida häufiger, ein Perigon oder ein doppeltes Perianth? (→ Seite 113)

3 Welcher Typ der Bewurzelung findet sich bei den Liliopsida? (→ Seite 113)

4 Wie viele Staubblattkreise finden sich bei den Liliaceae s.l., bei den Amaryllidaceae und bei den Iridaceae? (→ Seiten 114, 119, 122)

5 In welcher der unter 4 genannten drei Familien ist der Fruchtknoten ober-, in welcher unterständig? (→ Seiten 114, 119, 122)

6 *Veratrum album* ist giftig, der Wurzelstock von *Gentiana lutea* Ausgangsmaterial für Kräuterschnaps. Beide sind sich im vegetativen Habitus ähnlich; beide haben zum Beispiel paralleladrige Blätter. Doch auch im vegetativen Zustand lassen sie sich an der Blattstellung unterscheiden. Inwiefern? (→ Seite 118)

7 Nennen Sie einige Gattungen der Liliaceae s.l., der Amaryllidaceae, der Iridaceae! (→ Seiten 114, 119, 122)

8 Was verstehen Sie bei den Orchidaceae unter Resupination? (→ Seite 125)

9 Findet sich in der Blüte der Orchidaceae ein Gynostegium oder ein Gynostemium? (→ Seite 125)

10 Aus welchen Teilen setzt sich ein Pollinarium zusammen? (→ Seite 125)

11 Nennen Sie einige chlorophyllfreie oder fast chlorophyllfreie einheimische Orchideenarten! Warum können sie auf die Photosynthese verzichten? (→ Seite 125)

12 Was verstehen Sie unter einer Ligula bei den Poaceae, was bei den Caryophyllaceae? (→ Seiten 130, 143)

13 Welche Spelzen folgen unter dem Ährchen und im Ährchen von unten nach oben aufeinander? (→ Seite 130)

14 Leiten Sie die Blüte der Poaceae von einer typischen Monokotyledonen-Blüte – etwa von der Blüte einer Tulpe – ab! (→ Seite 132)

15 Ist das Aleuron Teil des Embryos oder des Endosperms? (→ Seite 131)

Rosopsida (»Eudikotyle«) | 5.4

Die Bezeichnung »Eudikotyle« bezieht sich auf die »echten« Dikotyledonen. Mehr als 75 % der ehemaligen Dikotyledonen gehören zu den Rosopsida.

▶ **Anatomie:** Wie Magnoliopsida.

▶ **Morphologie:** Wie Magnoliopsida, aber auch viele krautige Arten (Kräuter und Stauden).

▶ **Blüte:** Blütenorgane in vierzähligen oder häufiger fünfzähligen Wirteln, selten (zum Beispiel Ranunculaceae) schraubig oder hemizyklisch. Blütenhülle ein Perigon oder Perianth. Fruchtblätter chori- und coenokarp. Pollenkörner tricolpat oder damit verwandt.

▶ **Inhaltsstoffe:** Verbreitet Phenolderivate, darunter auch Gerbstoffe. Keine Einzelzellen mit ätherischen Ölen. In Rosidae und Asteridae verbreitet iridoide Verbindungen.

▶ **Einteilung in Gruppen:** Die Rosopsida lassen sich in drei Gruppen einteilen (Abb. 5.1), deren Kennzeichen in diesem einführenden Text allerdings nicht aufgeführt werden:

  ▶ Die erste Gruppe umfasst Ordnungen, die im phylogenetischen System außerhalb der beiden anderen Gruppen stehen. Von ihnen werden in diesem Text die Ranunculales und die Caryophyllales behandelt (hier Ranunculaceae bis Caryophyllaceae).

  ▶ Bei der zweiten Gruppe handelt es sich um die Rosiden (hier Euphorbiaceae bis Malvaceae).

  ▶ Bei der dritten Gruppe handelt es sich um die Asteriden (hier Primulaceae bis Asteraceae)

Merkmale

5.4.1 | Ranunculaceae (Hahnenfußgewächse)

Abb. 5.23

Ranunculaceae. *Ranunculus acris* (Scharfer Hahnenfuß). **A** Blütendiagramm, **B** Blüte längs, **C** Habitus, **D** Sammelfrucht aus Nüsschen, **E** Balgfrüchte von *Helleborus niger* (Christrose) (HESS 1990).

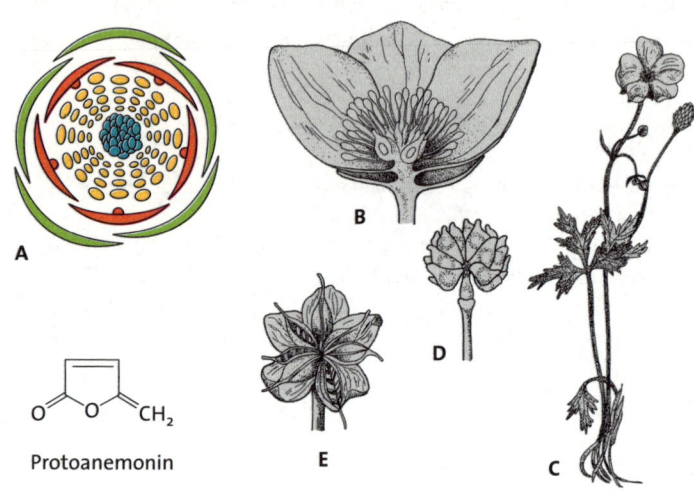

Protoanemonin

Blütenformel

$\text{G}/*/\downarrow \text{ K } 5 \text{ C } 5 \text{ A } \infty \text{ G } \underline{\infty}$

▶ **Verbreitung:** 1 900 Arten in den gemäßigten und kalten Zonen vor allem der nördlichen, Hemisphäre. Oft in Hochlagen der Gebirge. *Ranunculus glacialis* (Gletscher-Hahnenfuß) galt lange als die höchststeigende Blütenpflanze der Alpen, ist aber 1985 durch *Saxifraga biflora* (Zweiblütiger Steinbrech) entthront worden (4450 m Seehöhe am Dom im Wallis).

▶ **Gattungen:** *Aconitum* (Eisenhut), *Actaea* (Christophskraut), *Anemone* (Windröschen), *Aquilegia* (Akelei), *Caltha* (Dotterblume), *Clematis* (Waldrebe), *Consolida* (Rittersporn), *Delphinium* (Rittersporn), *Helleborus* (Christrose und Nieswurz), *Hepatica* (Leberblümchen), *Nigella* (Schwarzkümmel), *Pulsatilla* (Küchenschelle), *Ranunculus* (Hahnenfuß, Abb. 5.24, und Scharbockskraut), *Thalictrum* (Wiesenraute), *Trollius* (Trollblume).

▶ **Wuchsform:** Meist **Kräuter oder Stauden**, selten kletternde Hölzer wie *Clematis*. **Laubblätter nebenblattlos, meist wechselständig** (bei *Clematis* gegenständig), **oft tief geteilt.**

▶ **Blütenstand:** Verschieden, oft Traube, aber auch Einzelblüten.

▶ **Blütensymmetrie:** Bestimmte Blütenorgane oft schraubig, radiär, seltener zygomorph (*Aconitum*, *Delphinium*).

▶ **Blütenhülle:** Glieder frei, im einzelnen hohe Variabilität in Zahl und Gestaltung. Bei Windblütigen wie *Thalictrum* kann die Blütenhülle bis zur Unkenntlichkeit reduziert sein. Bei Insektenblütigen liegt oft ein

Perigon vor wie bei *Anemone*, *Pulsatilla*, *Caltha* oder *Helleborus*. Drei als Involucrum bezeichnete Hochblätter sitzen bei *Anemone* und besonders bei *Hepatica* nahe unter dem Perigon und übernehmen im Knospenstadium die Schutzfunktion des Kelchs (Abb. 5.25). Ein Kelch kann aber auch dadurch entstehen, dass petaloide Nektarblätter (s. unten) Kelchfunktion über-

| **Abb. 5.24**

Blick in die Blütenschale von *Ranunculus glacialis* (Gletscher-Hahnenfuß). In der Mitte die zahlreichen schraubig stehenden, chorikarpen Fruchtknoten, darum die ebenfalls zahlreichen schraubig gestellten Staubblätter (Hess 2001).

nehmen. Ein dann doppeltes Perianth mit Fünfzahl seiner Glieder findet sich zum Beispiel bei *Ranunculus*.

Bei *Trollius* und *Helleborus* finden sich Übergänge von Laub- über Hochblätter zum Perigon.

Wie Übergangsformen belegen, kann eine Blütenhülle aber auch dadurch zustande kommen, dass sich Staubblätter zunächst in Nektarblätter umwandeln, die dann kronblattartig werden. Solche petaloiden Nektarblätter werden auch als Blütenhüllblätter bezeichnet. Sie fallen sehr verschieden aus (Abb. 5.26): bei *Ranunculus* mit einer kleinen Drüsenschuppe am Blattgrund, bei *Aquilegia* mit Spornen (Abb. 5.27); bei *Helleborus* sind sie Tüten, bei *Aconitum* gestielte »Schnecken«. Bei *Aquilegia* sind alle Blütenorgane fünfzählig (die zahlreichen Staubblätter wenigstens in fünf Reihen).

▶ **Staubblätter:** Zahlreich, meist **schraubig** angeordnet.
▶ **Fruchtknoten:** Überwiegend mehrere bis zahlreiche chorikarpe, oberständige **Fruchtknoten in schraubiger** Stellung (Abb. 5.24). *Actaea* und *Consolida* mit nur einem, *Aquilegia* mit fünf Fruchtknoten.

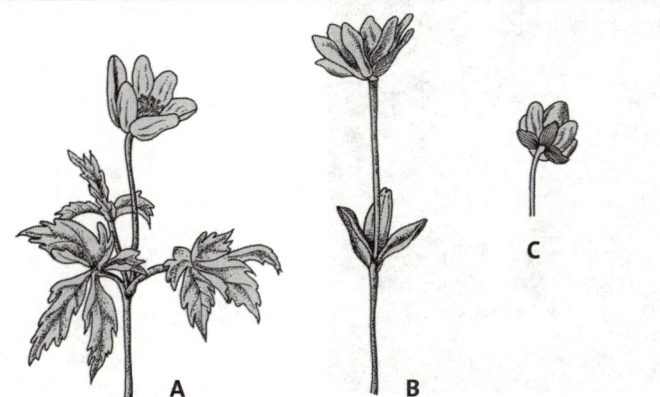

| **Abb. 5.25**

Übergänge von Laub- zu Kelchblättern. **A** *Anemone nemorosa* (Busch-Windröschen): Involucrum. **B** *Anemone × hybrida* (Garten-Hybride): Involucrum mit einfachen Blättern. **C** *Hepatica triloba* (Leberblümchen): Involucrum als Kelch (nach Troll 1973 aus Hess 1990).

Abb. 5.26

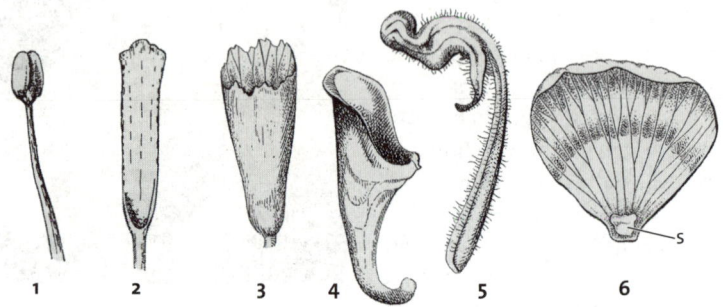

Übergänge von Staub- zu Nektarblättern. **1** Normales Staubblatt (*Pulsatilla vulgaris*, Gewöhnliche Küchenschelle), **2** wenig verändertes Staubblatt = Nektarblatt (*Trollius europaeus*, Trollblume), **3** tütenartiges Nektarblatt (*Helleborus niger*, Christrose), **4** petaloides Nektarblatt (Blütenhüllblatt) mit Sporn (*Aquilegia vulgaris*, Gewöhnliche Akelei, siehe Abb. 5.27), **5** Nektarblatt mit »Schnecke« (*Aconitum napellus*, Blauer Eisenhut), **6** Kronblatt mit s Nektarschuppe *(Ranunculus flammula*, Brennender Hahnenfuß) (WALTER 1952 und Urania 1993).

▶ **Bestäubung:** Selten sekundäre Anemophilie wie bei einigen Arten von *Thalictrum* mit reduzierter Blütenhülle. Meist Entomophilie. Dann Anlockung der Insekten durch farbige Nektarblätter beziehungsweise Blütenhüllblätter. Bei *Thalictrum aquilegifolium* (Akeleiblättrige Wiesenraute) übernehmen farbige Filamente die Schaufunktion. Es handelt sich dabei um einen Übergang zur sekundären Windblütigkeit, bei dem die Blütenhülle bereits reduziert ist, über die farbigen Filamente aber nach wie vor Insekten angelockt werden. Bei *Trollius* leben die bestäubenden Fliegenarten (wie *Chiastochaetum trollii*) weitgehend in den Blütenkugeln. Die Weibchen legen dort auch ihre Eier ab. Die Larven ernähren sich von einem Teil der Samenanlagen.

Geboten wird teils nur Pollen (*Anemone*, *Clematis* und *Pulsatilla*), teils überwiegend Nektar (*Aconitum*, *Aquilegia*, *Delphinium*, *Helleborus* und *Ranunculus*). Als Bestäuber kommen bei *Aconitum*, *Aquilegia* und *Delphinium* wegen des Baus der Nektarblätter nur langrüsselige Insekten in Frage (Hummeln, Falter).

Abb. 5.27

Blüte von *Aquilegia einseleana* (Kleine Akelei) nach Entfernung von zwei der fünf gespornten Blütenhüllblätter (= petaloide Nektarblätter). Die proterandrische Blüte befindet sich im männlichen Stadium. Die Staubblätter entwickeln sich in zwei Gruppen. Die mittenständigen Griffel sind noch nicht zu sehen (HESS 2001).

▶ **Frucht: Nüsschen** (*Ranunculus*), **Balg** (*Helleborus*), Kapsel (*Nigella*, hier nur ein einziger coenokarper Fruchtknoten), selten Beere (*Actaea*).

▶ **Ausbreitung:** Verschieden. Nüsschen mit Nährstoffen zur Myrmekochorie (*Anemone nemorosa* Busch-Windröschen, *Hepatica*), aber auch mit verlängerten, behaarten Griffeln zur Anemochorie (Federschweifflieger, Abb. 4.25: *Clematis, Pulsatilla*) oder Haken zur Epizoochorie (*Ranunculus arvensis*, Scharfer Hahnenfuß). Beeren zur Endozoochorie.

▶ **Inhaltsstoffe: Benzylisochinolin-Alkaloide** (Abb. 5.5), Herzglykoside oder Diterpenderivate wie Aconitin (Gattung *Aconitum*). Häufig ist das aus verschiedenartigen Vorstufen gebildete toxische **Protoanemonin** (Abb. 5.23), welches frisches Heu für das Vieh gefährlich machen kann. Beim Trocknen dimerisiert es zum ungiftigen Anemonin.

▶ **Nutzung:** Zierpflanzen: *Aconitum, Anemone, Helleborus, Ranunculus*. Heil- und Giftpflanzen: *Aconitum*-Arten und *Helleborus*-Arten (Herzglykoside, früher auch Schnupfpulver: Nieswurz! *Nigella sativa* (Schwarzkümmel: Sterole, Saponine, Thymochinon; immunstimulierend, antioxidativ, krampflösend, harntreibend). Gewürze: Samen von *Nigella sativa* als Pfefferersatz, Blütenknospen von *Caltha palustris* (Sumpf-Dotterblume) als Kapernersatz.

▶ **Klassifikation:** Vielfach ursprüngliche Merkmale wie hohe und unbestimmte Zahl der Blütenorgane, schraubige Stellung der Glieder, chorikarpe Fruchtknoten, Übergänge zwischen den Organen. Somit handelt es sich um eine ursprüngliche Familie, die früher bei den Magnoliaceae eingeordnet wurde. Sie unterscheidet sich von ihnen jedoch unter anderem durch das Fehlen von Einzelzellen mit ätherischen Ölen. Es fehlen primäre Holzgewächse (für *Clematis* nimmt man einen sekundären Übergang zur Verholzung an). Vor allem sind die Pollen der Ranunculaceae meist dreiporig (tricolpat), also »fortschrittlicher« als die der Magnoliaceae. Die Familie ist mehr durch Übergänge und Entwicklungstendenzen gekennzeichnet, als durch Merkmale, die allen Gattungen gemeinsam sind. Trotzdem belegen auch besonders viele chemosystematische und molekulare Daten ihre monophyletische Herkunft.

Fast ausschließlich krautartig mit oft tief gegliederten wechselständigen Laubblättern ohne Nebenblätter. Die Blütenhülle ist einfach oder in Kelch und Blütenkrone gegliedert. Staubblätter zahlreich, meist schraubig gestellt. Meist zahlreiche, ebenfalls schraubig gestellte chorikarpe Fruchtknoten.

Wichtige strukturelle Kennzeichen

5.4.2 | Papaveraceae (Mohngewächse)

Abb. 5.28

Papaveraceae. *Papaver rhoeas* (Klatsch-Mohn). **A** Blütendiagramm, **B** Blüte längs, **C** Habitus, **D** Porenkapsel (Hess 1990).

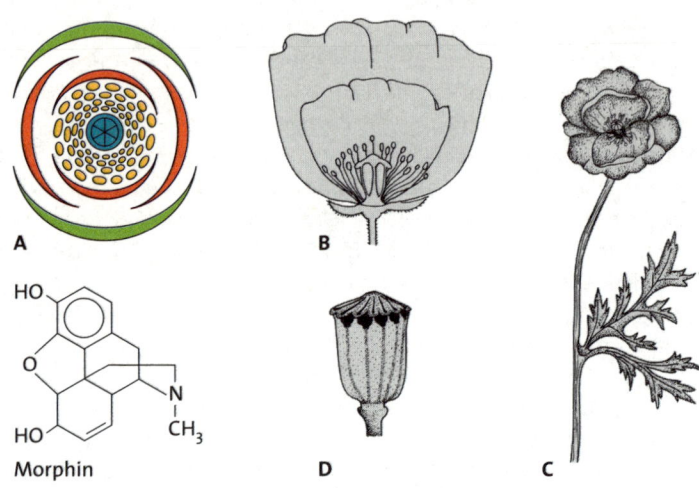

A   B

Morphin   D   C

Blütenformel

Papaveroideae * K 2 C 2 + 2 A∞ G (2– ∞)
Fumarioideae ↓/+ K 2 C 2 + 2 A (3) + (3) G (2)

▶ **Verbreitung:** 700 Arten vor allem in der nördlichen gemäßigten Zone, aber auch in Südafrika und Teilen Australiens.

▶ **Gattungen nach Unterfamilien:**
  ▶ Papaveroideae (Mohnartige): *Chelidonium* (Schöllkraut), *Eschscholzia* (Goldmohn), *Meconopsis* (Scheinmohn), *Papaver* (Mohn).
  ▶ Fumarioideae (Erdrauchartige): *Corydalis* (Lerchensporn), *Fumaria* (Erdrauch), *Dicentra* (Tränendes Herz).

▶ **Wuchsform:** Überwiegend Kräuter und Stauden mit **wechselständigen, nebenblattlosen, oft gelappten oder tief geteilten Blättern**. Oft behaart.

▶ **Blütenstand:** Verschieden, auch Einzelblüten.

▶ **Blütensymmetrie:** Papaveroideae *, Fumarioideae ↓ (*Corydalis, Fumaria*) oder + (*Dicentra*).

▶ **Blütenhülle: Zwei früh abfallende Kelchblätter, zwei Kreise mit je zwei Kronblättern**, bei den Papaveroideae alle ungespornt, **bei den Fumaroideae ein** (*Corydalis, Fumaria*) **oder zwei** (*Dicentra*) **gespornt.**

▶ **Staubblätter: Bei den Papaveroideae zahlreich. Bei den Fumaroideae** zwei zweigliedrige Kreise, wobei jedes der beiden inneren Staubblätter zweigeteilt und mit je einem der beiden äußeren zu einer **Dreiergruppe** (1/2 + 1 außen + 1/2) verwachsen ist. Es bilden sich zwei solcher Dreiergruppen.

Fruchtknoten: Oberständig, coenokarp. Bei den Papaveroideae aus zahlreichen Fruchtblättern mit entsprechend vielen Kammern. Die Narben verlaufen bei *Papaver* (aber nicht bei *Meconopsis*) auf den Verwachsungsnähten der Fruchtblätter (Abb. 5.29). Bei den Fumarioideae aus zwei Fruchtblättern.

Bestäubung/Befruchtung: Bei den Papaveroideae Schalenblumen, meist **Pollenblumen** ohne Nektar. Die tiefrote Krone von *Papaver rhoeas* (Abb. 5.29) reflektiert UV, das die rotblinden Bienen erkennen können. Der schwarze Fleck an der Basis der Petalen reflektiert kein UV und duftet (Duftmal). Besonders bei den Papaveroideae findet sich sporophytische Selbstinkompatibilität.

**Abb. 5.29**

Blick in die Blüte von *Papaver rhoeas* (Klatsch-Mohn). Zahlreiche schwarze Staubblätter umgeben den Fruchtknoten. Der rote Hintergrund geht auf die Petalen zurück, die Narben verlaufen auf den Verwachsungsnähten der Fruchtblätter und strahlen deshalb von der Kuppe des Fruchtknotens radiär aus (Orig. D. Hess).

Frucht: Kapsel (Box 5.4), oft schotenartig gestreckt, oder Nuss.

Ausbreitung: Kapseln als Porenkapseln, die sich unterhalb der Deckplatte öffnen. Sie dienen zur Ausbreitung durch Wind- und Tiere. Die Kapseln von *Escholzia* öffnen sich durch einen Explosionsmechanismus. Bei vielen Arten finden sich Elaiosomen (Myrmekochorie).

Inhaltsstoffe: Bei den Papaveroideae gelblicher Milchsaft in Schlauchzellen oder Milchröhren, bei den Fumarioideae weißlicher Milchsaft in Schlauchzellen. Im Milchsaft akkumulieren als typische Inhaltsstoffe **Benzylisochinolin-Alkaloide** wie **Morphin** (Abb. 5.28) und seine chemischen Verwandten.

Abb. 5.30

Dicentra spectabilis (Tränendes Herz), Blüte längs. In der Mitte läuft der Griffel durch. Rechts und links schlagen die jeweils drei verwachsenen Staubblätter zuerst einen Bogen nach außen und kommen dann unten zusammen. An der Spitze sind die um die Narbe herum freien Filamente zu sehen. Nur das mittlere Staubblatt der beiden verwachsenen Staubblattgruppen trägt eine komplette Anthere, die beiden seitlichen nur *eine* Theke (Orig. D. Hess).

Nutzung: Zierpflanzen: *Dicentra*, vor allem *Dicentra spectabilis* (Tränendes Herz, Abb. 5.30); *Corydalis*, häufig auch die in den letzten Jahren eingeführte »metallisch« blau blühende *Corydalis flexuosa* aus Südwestchina, *Eschscholzia californica* (Kalifornischer Goldmohn), *Meconopsis* (vor allem blau blühende Arten),

Papaver. Heil- und Giftpflanze: *Papaver somniferum* (Schlaf-Mohn; Opium).

▶ **Klassifikation:** Die beiden Unterfamilien weisen zahlreiche Unterschiede auf und werden deswegen auch als eigene Familien geführt. Doch sprechen nicht nur morphologische, sondern auch molekulare Daten für die Monophylie der Familie.

Wichtige strukturelle Kennzeichen	Zwei Sepalen, vier Petalen. Milchsaft. Bei den Papaveroideae zahlreiche Staubblätter, bei den Fumaroideae Staubblätter in zwei Dreiergruppen.

Box 5.4

Der Beginn der Bionik: Mohnkapsel und Salzstreuer

Der österreichische Biologe Raoul (1874–1943) wurde auch durch seine allgemeinverständlichen Veröffentlichungen im »Kosmos« bekannt. Er griff gelegentlich gründlich daneben, so als er behauptete, die *Ophrys*-Blüte (→ Seite 127) locke die Bestäuber nicht an, sondern schrecke sie ab.

Definition

Bionik ist ein Wissenschaftszweig, in dem man versucht, biologische Systeme in entsprechende technische Systeme umzusetzen.

Darüber sollte man jedoch nicht vergessen, dass er erfolgreich auf dem Gebiet der Bodenbiologie arbeitete. Dabei stand er einmal vor dem Problem, Erdproben möglichst gleichmäßig auszubringen. 1920 schrieb er in seinem Buch »Die Pflanze als Erfinder«:

Ein beiläufiger Einfall brachte die Wendung: Die im Anfang ganz bedeutungslose Frage, wie denn die Natur das Ausstreuen besorge... Er suchte nach einem geeigneten Modell: Jedermann kennt sie, jedermann weiß, dass die unter dem Deckel im Kreis angeordneten Löcher dazu dienen, die kleinen Mohnkörner auszustreuen, aber noch nie hat jemand daran gedacht, dass hier eine Erfindung der Pflanze gegeben sei, welche die unserigen übertrifft. Ich weiß das deswegen so genau, weil ich es geprüft habe. Eine Mohnkapsel, gefüllt mit den Körnchen meiner Erde, streute sie viel gleichmäßiger aus, als es mir bisher gelungen war.... Ich zeichnete einen Streuer, für Salz, für Puder und sonst medizinische Zwecke nach dem Modell der Mohnkapsel und meldete das zum Musterschutz an... Nach kurzem erhielt ich das vom Patentamt bestätigt unter Nr. 723739. ... So ist eine neue Wissenschaft entstanden: Die Biotechnik.

Seit 1958 wird diese neue Wissenschaft **Bionik** genannt.

Zitate (kursiv) aus KRAMPEN 1994.

Caryophyllaceae (Nelkengewächse)

5.4.3

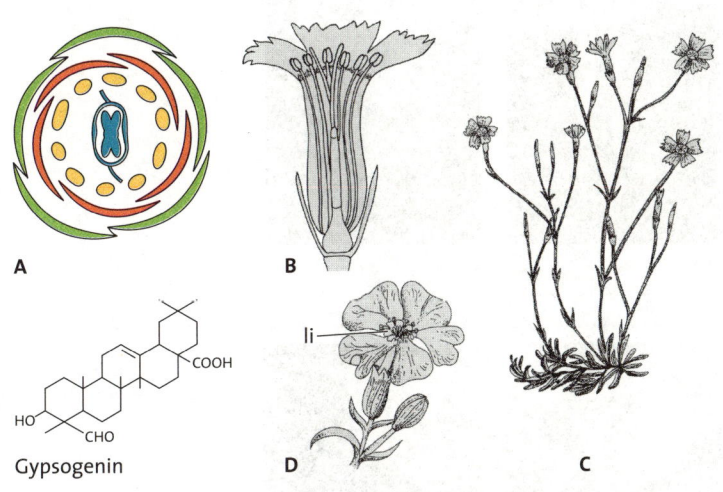

Abb. 5.31

Caryophyllaceae. *Dianthus carthusianorum* (Karthäuser-Nelke): **A** Blütendiagramm. Der Außenkelch ist nicht wiedergegeben. Der Fruchtknoten ist hier zweizählig. *Dianthus deltoides* (Heide-Nelke): **B** Blüte längs, **C** Habitus. *Silene viscaria* (Pechnelke): **D** Blüte mit li Ligulae, die eine Nebenkrone bilden (verändert aus HESS 1990).

A

B

li

Gypsogenin

D

C

* K 5 oder (5) C 5 A 5 + 5 G (5)

Blütenformel

Verbreitung: 2 000 Arten in den gemäßigten Zonen mit einem Schwerpunkt in mediterranen Gebieten.

Gattungen nach wichtigeren Unterfamilien:

▶ Silenoideae (Nelkenartige): *Agrostemma* (Kornrade), *Dianthus* (Nelke), *Gypsophila* (Gipskraut), *Saponaria* (Seifenkraut), *Silene* (Leimkraut, Lichtnelke und Pechnelke).

▶ Alsinoideae (Mierenartige): *Cerastium* (Hornkraut), *Stellaria* (Sternmiere);

Wuchsform: Kräuter und Stauden mit meist **einfachen, ganzrandigen und gegenständigen Blättern**, teils ohne Nebenblätter.

Blütenstand: Meist **Dichasien**, die manchmal zu traubenartigen Blütenständen oder Einzelblüten (*Dianthus*) reduziert werden können.

Blütensymmetrie: Radiär.

Blütenhülle: Manchmal einfaches, meist doppeltes Perianth aus fünf Kelchblättern, die bei den Alsinoideae frei, bei den Silenoideae verwachsen sind, und aus 5, seltener vier Kronblättern, die in allen Unterfamilien frei sind. Bei den Silenoideae bestehen die Petalen aus einem unteren schmalen Abschnitt, dem **Nagel**, und einer aufsitzenden breiteren **Platte** (Abb. 5.34). Zwischen beiden befindet sich oft eine Nebenkrone oder Ligula (Abb. 5.31, 5.32). Bei einigen Arten der Paronychoideae (s. unten) entfallen die Petalen.

Abb. 5.32

Diözie bei *Silene dioica* (Rote Lichtnelke, Silenoideae). **a** Blüte einer männlichen Pflanze. Links am Rand zur Kronröhre erkennt man eine zweigespaltene Ligula. **b** Blüte einer weiblichen Pflanze (HESS 2001).

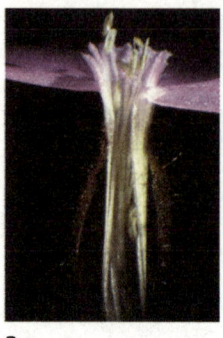 

a   b

Abb. 5.33

Blüte von *Cerastium uniflorum* (Einblütiges Hornkraut, Alsinoideae). Die Blüten sind vormännlich. Innerhalb der tief geteilten Petalen finden sich zunächst die zehn Staubblätter, die ihre Antheren teils bereits abgeworfen haben. Im Zentrum entwickeln sich aus dem fünfteiligen Fruchtknoten fünf Griffel (HESS 2001).

▶ **Staubblätter:** 5 + 5, obdiplostemon: Der äußere Kreis steht vor den Petalen. Er wird normal – mit den Petalen alternierend – angelegt, doch während der Blütenentwicklung kommt es zu Verschiebungen. Manchmal finden sich nur fünf oder sogar noch weniger Staubblätter.

▶ **Fruchtknoten:** Oberständig, coenokarp aus zwei (*Dianthus, Gypsophila, Saponaria*), drei (manche *Silene*-Arten, *Stellaria*), sonst fünf Fruchtblättern. Die Griffel sind frei und lassen die Zahl der Fruchtblätter erkennen.

▶ **Bestäubung:** Einige Arten sind diözisch, so in der heimischen Flora *Silene dioica* (Rote Lichtnelke, Abb. 5.32). Doch meist handelt es sich um zwittrige Blüten mit Entomophilie. Bei den langen Kelchröhren der Silenoideae erfolgt die Bestäubung meist über Falter. Einige Tagfalter können das »knallige« Rot mancher Nelken wie *Dianthus carthusianorum* (Karthäuser-Nelke) als solches erkennen. Sonst erfassen Tagfalter den Blau- oder den UV-Anteil von Blüten, die für uns rot erscheinen. Weißblü- hende Nelkengewächse werden meist von Nachtfaltern bestäubt, die aus der Ferne durch Duftstoffe angelockt werden. Im Nahbereich dient ihnen der Spalt der oft zwei- teiligen Nebenkrone als Hilfe beim Einführen des Rüssels.

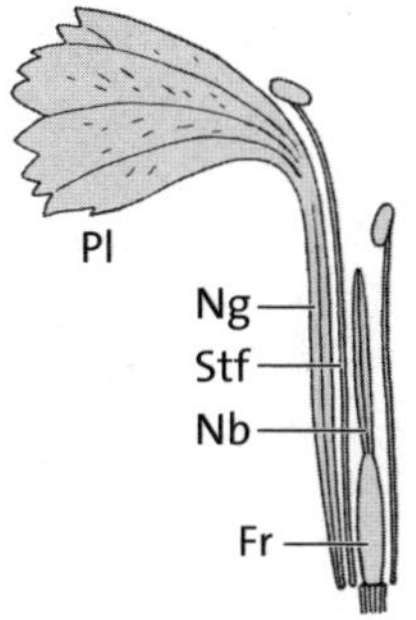

Abb. 5.34

Teil der Blüte von *Dianthus carthusianorum* (Karthäuser-Nelke) mit einem »genagelten« Kronblatt: Pl Platte, Ng Nagel, Stf Staubfaden, Nb Narbe, Fr Fruchtknoten. Die Kronröhre ist nicht nur lang, sondern auch eng. Nur die lan- gen Rüssel von Faltern oder von langrüsseligen Hummeln (Weibchen der Gartenhummel mit bis zu 22 mm Rüssellänge) können an den tief geborgenen Nektar gelangen (KNOLL 1956).

► **Frucht:** Kapsel, die sich oben mit Zähnen öffnet.

► **Ausbreitung:** Die geöffneten Kapseln wirken als Streubüchsen, welche die Samen für Anemochorie oder auch Epizoochorie freigeben. Quellmecha- nismen können wie bei *Silene dioica* (Rote Lichtnelke) bedingen, dass sich die Kapseln bei Regenwetter schließen.

► **Inhaltsstoffe:** Die Caryophyllaceae gehören zur Ordnung der Caryophylla- les. In dieser Ordnung bilden nur sie und die Molluginaceae **Anthocyane** als Farbstoffe. In allen anderen Familien der Ordnung finden sich statt der Anthocyane **Betalaine** als rote oder gelbe Farbstoffe auch der Blüten (→ Seite 81). Viele Arten führen **Triterpensaponine** wie das Gypsogenin (Abb. 5.31) als Abwehrstoffe gegen Pilze und sind Heil- oder Giftpflanzen (siehe Nutzung).

► **Nutzung:** Zierpflanzen: *Dianthus caryophyllus* (Garten-Nelke) in zahlreichen Kulturformen, weitere *Silene*-Arten, darunter auch alpine Formen wie *Saponaria ocymoides* (Kleines Seifenkraut). *Gypsophila paniculata* (Rispiges Schleierkraut) ist eine beliebte Zugabe in Blumensträußen. *Agrostemma githago* (Gewöhnliche Kornrade, s. unten). Heilpflanzen: *Gypsophila pani- culata* (Rispiges Schleierkraut: Triterpensaponine, Expektorans), *Sapona- ria officinalis* (Echtes Seifenkraut; Saponine, Expektorans), das früher auch als Seife (lat. sapo = Seife) diente. *Stellaria media* (Vogel-Sternmiere: Triterpensaponine, Hautkrankheiten, Rheuma), weltweit verbreitetes »Unkraut«. Giftpflanzen: *Agrostemma githago* (Kornrade: Triterpensaponi- ne), früher ein häufiges »Unkraut« in Getreidefeldern. Durch Herbizide und Saatreinigung wurde ihr so gründlich der Garaus gemacht, dass die prachtvoll purpurrot blühende Art in Deutschland als Blume des Jahres 2003 besonders geschützt werden musste. Derzeit erlebt sie über Gar- tenformen eine Renaissance.

► **Klassifikation:** Die Familie gliedert sich in drei Unterfamilien:
► Silenoideae (Nelkenartige, Abb. 5.32) besitzen keine Nebenblätter und zeigen ein in Kelch und Krone gegliedertes Perianth. Der Kelch ist

verwachsenblättrig und wird durch einen Außenkelch aus Hochblättern verstärkt. Die Petalen sind in Nagel, Platte und meist Ligula gegliedert.

▶ Alsinoideae (Mierenartige, Abb. 5.33) haben ebenfalls keine Nebenblätter, doch sind die Sepalen nicht verwachsen. Ihre fünf Petalen können so tief eingeschnitten sein, dass man – wie bei *Stellaria media* (Vogel-Sternmiere) – 10 Kronblätter vor sich zu haben glaubt.

▶ Paronychoideae (Bruchkrautartige), für uns weniger wichtig, stehen den Alsinoideae sehr nahe, besitzen aber Nebenblätter.

Wichtige strukturelle Kennzeichen **Gegenständige, ganzrandige Blätter; Blütenstand dichasial, freie Kronblätter, oberständiger Fruchtknoten.**

Fragen (mit Seitenverweisen zur Beantwortung)

1 Welche Anzahlen von Organen der Blüte pro »Kreis« findet sich im Regelfall bei den Rosopsida? (→ Seite 135)
2 Nennen Sie einige urprüngliche Merkmale der Ranunculaceae! (→ Seite 139)
3 Nennen Sie Beispiele für so genannte Nektarblätter bei den Ranunculaceae! (→ Seite 137)
4 Wie viele Symmetrie-Ebenen finden sich bei disymmetrischen Blüten? (→ Seite 87)
5 Nennen Sie Taxa mit disymmetrischen Blüten! (→ Seiten 140, 164).
6 Nennen Sie Arten, die Pollenblumen sind! (→ Seiten 141, 157).
7 Zählen Sie die Charakteristika der Silenoideae und der Alsinoideae auf! (→ Seite 145)
8 Wie viele Petalen hat *Stellaria media* (Vogel-Sternmiere)? (→ Seite 146)
9 Verschiedene Caryophyllaceae bilden tiefrote Blüten. Geht ihre Färbung auf Anthocyane oder auf Betacyane zurück? (→ Seite 145)

Euphorbiaceae (Wolfsmilchgewächse)

Abb. 5.35

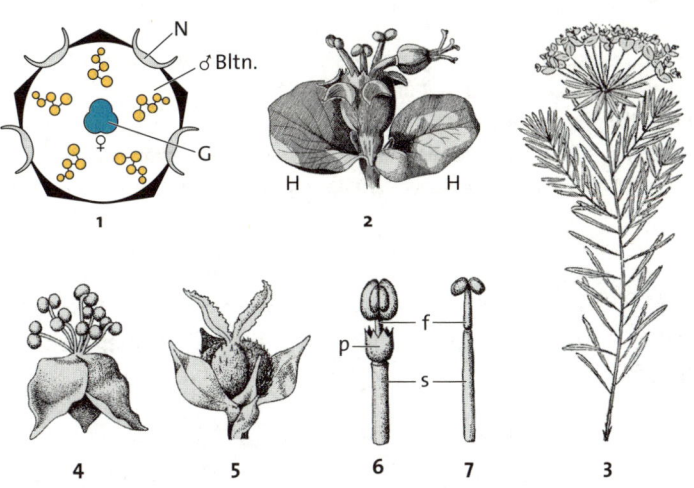

Euphorbiaceae. **1** Diagramm eines Cyathiums von *Euphorbia peplus* (Garten-Wolfsmilch). Die männlichen Blüten sind auf Blütenstiel mit Staubblatt reduziert. Sie stehen in Wickeln. In der Mitte die weibliche Terminalblüte, die nur aus Blütenstiel und Fruchtknoten besteht. An der Leerstelle unten hängt die weibliche Terminalblüte über. Bei anderen Arten kann dort ebenfalls ein Nektarium stehen. **2** Cyathium von *Euphorbia cyparissias* (Zypressen-Wolfsmilch). **3** Habitus von *Euphorbia cyparissias*. Am Sprossende steht ein Pleiochasium, dessen Strahlen sich dichasial verzweigen. Jedes endständige Dichasium trägt drei Cyathien. An jeder Verzweigungsstelle finden sich Hochblätter. **4** männliche, **5** weibliche Blüte von *Mercurialis annua* (Einjähriges Bingelkraut). **6** Männliche Einzelblüte von *Anthostemon* mit Perigon. **7** Männliche Einzelblüte von *Euphorbia* mit Einschnürung an Stelle des Perigons bei *Anthostema*. Bltn. männliche Blüten, f Filament, G weibliche Terminalblüte, N Nektardrüse, p Perigon, s Blütenstiel, H Hochblätter (FROHNE und JENSEN 1998, WEBERLING 1981)

Blütenformel

(bei *Euphorbia* Blüten in Cyathien)   ♂ * K (2–6) C (0–5) A (1– ∞) G 0

♀ * K (2–6) C (0–5) A 0 G (3̲)

K, C und A können auch frei sein.

▶ **Verbreitung:** Vor allem in den Tropen, bis zu 8 000 Arten. Vorkommen aber auch in temperaten Breiten, zum Beispiel die große Gattung *Euphorbia* (2 000 Arten) auch bei uns.

▶ **Gattungen:** *Euphorbia* (Wolfsmilch), *Hevea* (Parakautschukbaum), *Manihot* (Cearakautschukbaum und Maniok), *Mercurialis* (Bingelkraut), *Ricinus* (Rizinus).

▶ **Wuchsform:** Hölzer und Kräuter, meist mit wechselständigen Blätter mit Nebenblättern. Soweit gegliederte Blätter gebildet werden, sind sie handartig gelappt (*Ricinus*). Aber auch stammsukkulente Arten kommen vor, bei denen die Nebenblätter zu Dornenpaaren reduziert werden können (bekannte Konvergenz zu anderen Stammsukkulenten wie den Cactaceae).

▶ **Blütenstand:** Verschieden. Für die Gattung Euphorbia sind **Cyathien** typisch, Pseudanthien mit extrem reduzierten Blüten (s. Box 5.5).

▶ **Blütensymmetrie:** Radiär. Die **Blüten sind meist reduziert**.

▶ **Blütenhülle:** Verschieden.

▶ **Staubblätter:** Die **Blüten sind eingeschlechtlich und meist einhäusig**. Das einheimische *Mercurialis* ist aber zweihäusig. Männliche Blüten mit einem bis

---

Box 5.5

Cyathien: extrem reduzierte Blüten werden zu Pseudanthien vereinigt

An Euphorbiaceen kommen in der einheimischen Flora nur Arten der Gattungen *Mercurialis* (Bingelkraut, ohne Milchsaft) und *Euphorbia* (Wolfsmilch, mit Milchsaft) vor. Während bei *Mercurialis* die Blüten noch gut erkennbar sind, findet sich bei *Euphorbia* ein Pseudanthium aus stark reduzierten Einzelblüten, das man wegen seiner an einen Becher erinnernden Form als Cyathium bezeichnet (gr. kyathos = Becher).

Die Cyathien der häufigen *Euphorbia cyparissias* (Zypressen-Wolfsmilch, Abb. 5.35) setzen sich wie folgt zusammen: Fünf Deckblätter ver-

Abb. 5.36

Cyathium von *Euphorbia carniolica* (Krainer Wolfsmilch). **a** Weiblicher Zustand: im Zentrum die auf einen Fruchtknoten reduzierte weibliche Blüte, an ihrer Basis die Nektardrüsen, unter ihnen der eigentliche »Becher«. Zwei Hochblätter umgeben das Cyathium. **b** Männlicher Zustand: im Hintergrund die weibliche Blüte, die abzusinken beginnt, im Vordergrund die jeweils auf ein Staubblatt reduzierten männlichen Blüten (HESS 2001).

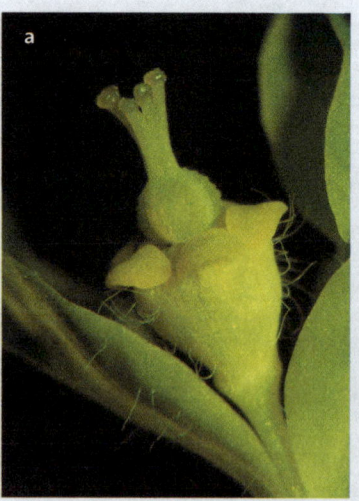

vielen Staubblättern, die frei oder miteinander verwachsen sein können.

▶ **Fruchtknoten:** Weibliche Blüten mit einem dreiblättrigen oberständigen Fruchtknoten.

▶ **Bestäubung:** Bei *Mercurialis* Windbestäubung, bei *Euphorbia* Entomophilie durch Bienen oder Fliegen, bei *Euphorbia pulcherrima* (Weihnachtsstern) in seiner mittelamerikanischen Heimat Bestäubung durch Vögel, aber auch durch Tagfalter.

▶ **Frucht:** Kapseln, die sich über Längsspalten in einem Schleudermechanismus öffnen können.

wachsen zum Becher. Zwischen ihnen stehen meist vier Nektardrüsen, die sich von den Nebenblättern der Deckblätter herleiten. Bei *Euphorbia cyparissias* sind sie halbmondförmig. In den Achseln der Deckblätter befindet sich eine wechselnde Anzahl von männlichen Blüten, die alle bis auf den Blütenstiel und ein Staubblatt reduziert sind. Wo man zwischen Blütenstiel und Staubblatt die Blütenhülle erwarten würde, findet sich nur eine Einkerbung. Bei dem afrikanischen Wolfsmilchgewächs *Anthostema* setzt hier tatsächlich noch ein Perigon an, ein Beleg für die Reduktion der männlichen Blüte bei *Euphorbia*. Im Zentrum des Bechers steht die weibliche Blüte. Sie ist bis auf den Blütenstiel und den oberständigen Fruchtknoten reduziert.

Die Cyathien sind vorweiblich. Das sei an *Euphorbia carniolica* (Krainer Wolfsmilch) demonstriert (Abb. 5.36). Die weibliche Blüte steht hier über ovalen Nektardrüsen. Im weiblichen Zustand entwickeln sich die Griffel. Im männlichen Zustand kann sich der Stiel der weiblichen Blüte, also praktisch des Fruchtknotens, strecken und seitlich aus dem Cyathium herabhängen (bei *E. cyparissias* geschieht das dort, wo man eigentlich eine fünfte Nektardrüse erwartet hätte). Damit gibt die weibliche Blüte den Bestäubern, bei uns überwiegend Fliegen, den Weg zu den Staubblättern frei, die jetzt ihren Pollen präsentieren. Die Cyathien stehen in Verbänden zusammen, an deren Verzweigungsstellen sich Hochblätter befinden. Sie können die Schauwirkung verbessern. Das überzeugendste Beispiel dafür sind die roten Hochblätter von *Euphorbia pulcherrima*, dem aus Mexiko stammenden Weihnachtsstern.

Blüten werden also zuerst zu Lasten der Schauwirkung extrem reduziert und dann zur Steigerung der Schauwirkung zu Pseudanthien vereinigt, die zudem noch im Verbund mit auffälligen Hochblättern stehen.

▶ **Ausbreitung:** Samen von *Euphorbia*-Arten können Elaiosomen aufweisen und werden dann durch Ameisen verbreitet (Myrmekochorie).

▶ **Inhaltsstoffe:** Viele Arten führen Milchsaft, der **Kautschuk** enthalten kann. *Hevea brasiliensis* (Amazonas-Parakautschukbaum) ist heute weltweit verbreitet und der wichtigste Lieferant des Parakautschuks. 70 000 Samen wurden 1877 von Wickham unter angeblich dramatischen Umständen trotz eines Ausfuhrverbots der Brasilianischen Regierung nach Kew Garden bei London gebracht und dort gekeimt. Jungpflanzen gelangten zuerst nach Singapur. Von dort aus wurden später weitere Tropenregionen besiedelt. Die Ausfuhr erfolgte in Wahrheit völlig legal und gefahrlos. Das erwähnte Ausfuhrverbot, mit dem Brasilien sein *Hevea*-Monopol sichern wollte, war 1877 überhaupt noch nicht erlassen! Lieferant des Cearakautschuks ist *Manihot glaziovii* (Cearakautschukbaum). Eine andere Art der Gattung, *Manihot esculenta* (Maniok, Cassava, Tabioka) bildet stärkehaltige Wurzelknollen. Sie enthalten jedoch auch das cyanogene Glykosid Linamarin (→ Seite 82), aus dem das Enzym Linase Blausäure freisetzt. Meistens wird das Material deshalb vor dem Verzehr gründlich erhitzt, wodurch die Linase inaktiviert wird. Das Linamarin selbst ist unschädlich. Samen von Euphorbiaceen können toxische Polypeptide enthalten. Samen von *Ricinus communis* (Rizinus) enthalten unter anderem das Lectin Ricin, das die Translation hemmt. Die häufigste Fettsäure in dem Samenöl von Rizinus ist Ricinolsäure. Durch sie hat das Rizinusöl Eigenschaften, die es in der Technik vielseitig verwendbar machen, unter anderem auch als Schmiermittel hochtourig laufender Motoren.

▶ **Nutzung:** Zierpflanzen: *Ricinus communis*, vor allem wegen seiner dekorativen handartig gelappten Blätter. Rizinus verträgt Abgase gut und wird deshalb auch an stark befahrenen Straßen angepflanzt. Ernährung: *Manihot esculenta*. Giftpflanzen: *Manihot esculenta*, *Ricinus communis*. Technik: *Hevea brasiliensis*, *Manihot glaziovii*, *Ricinus communis*.

▶ **Klassifikation:** Nach molekularen Befunden sind die Euphorbiaceae nicht monophyletisch. Sie wurden dementsprechend schon in vier neue Familien aufgeteilt.

| Wichtige strukturelle Kennzeichen | Vegetativ große Mannigfaltigkeit. Die eingeschlechtlichen Blüten sind reduziert. Eine charakteristische Besonderheit sind die Cyathien der Gattung *Euphorbia*. |

Fabaceae (Papilionaceae, Schmetterlingsblütler) | 5.4.5

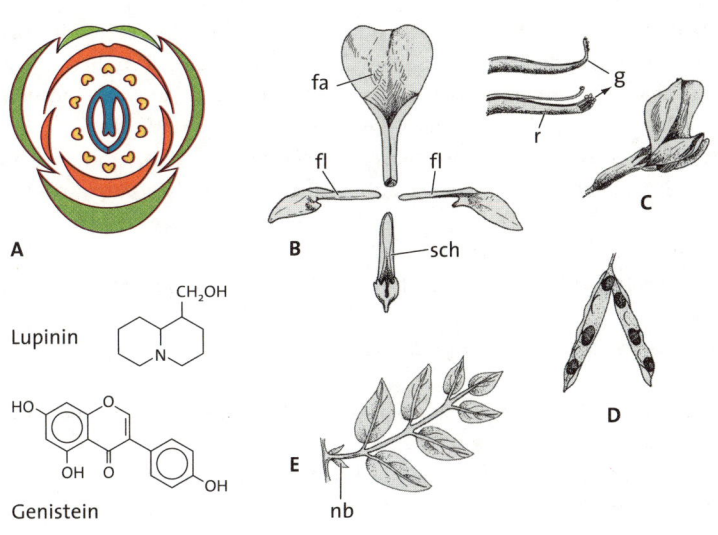

| **Abb. 5.37**

Fabaceae. *Vicia faba*.
A Blütendiagramm,
B Blütenorgane, **C** Blüte,
D Hülse, **E** unpaarig gefie-
dertes Blatt mit nb Nebenblättern. fa Fahne, fl Flügel, sch Schiffchen; r oben
offene Röhre aus neun
Staubblättern, das zehnte
darüber; g Griffel, aus r
herausgenommen (HESS
1990).

↓ K (5) C 5 A (10) oder (9) +1 G1   **Blütenformel**

▶ **Verbreitung:** Über 10 000 Arten in gemäßigten, subtropischen und tropischen Regionen.

▶ **Gattungen:** *Arachis* (Erdnuss), *Canavalia* (Jackbohne), *Cytisus* (Besenginster
und Geißklee), *Erythrina* (Korallenstrauch), *Genista* (Ginster), *Glycine* (Soja-
bohne), *Glycyrrhiza* (Lakritze), *Laburnum* (Goldregen), *Lathyrus* (Platterbse),
Lens (Linse), *Lotus* (Hornklee), *Lupinus* (Lupine), *Medicago* (Luzerne und
Schneckenklee), *Melilotus* (Steinklee), *Phaseolus* (Bohne), *Pisum* (Erbse), *Robi-
nia* (Robinie), *Trifolium* (Klee), *Vicia* (Saubohne und Wicke), *Wisteria* (Glycine).

▶ **Wuchsform:** Kräuter und Stauden, außerhalb der gemäßigten Breiten häufig Hölzer. Die wechselständigen Blätter führen Nebenblätter und sind
meist paarig oder unpaarig gefiedert. Die Endfieder kann eine Ranke bilden *(Pisum)*. Bei manchen Gattungen *(Phaseolus)* windet die ganze Pflanze.

▶ **Symbiose mit Wurzelknöllchen-Bakterien:** Papilionaceae gehen mit mehreren
Arten der luftstickstoffbindenden Gattungen *Rhizobium* und *Bradyrhizobium* Symbiosen ein. Die Bakterien sind in Wurzelknöllchen lokalisiert.
Die Pflanzen profitieren von der N_2-Bindung durch die Bakterien. Nutzung auch zur Gründüngung.

▶ **Blütenstand:** Meist Trauben, die köpfchenartig geballt sein können (*Trifolium*).

▶ **Blütensymmetrie:** Zygomorph.

▶ **Blütenhülle:** Doppeltes Perianth aus fünf miteinander verwachsenen Kelchblättern und fünf freien Kronblättern. Das oberste Kronblatt bildet die **Fahne**, die beiden seitlichen die **Flügel** und die beiden unteren über eine Verklebung, die einer Verwachsung ähnelt, das **Schiffchen**.

▶ **Staubblätter:** Zehn, deren Filamente eine **Röhre** um den Fruchtknoten bilden. Entweder sind alle zehn Staubblätter zu einer oben geschlossenen Röhre verwachsen, oder neun von ihnen bilden eine oben offene Röhre, die das zehnte Staubblatt abdeckt.

▶ **Fruchtknoten:** Der oberständige Fruchtknoten besteht aus einem Fruchtblatt.

▶ **Bestäubung:** Meist Entomophilie, vier häufigere Bestäubungsmechanismen (Box 5.6).

▶ **Frucht:** Meist **Hülse**, die sich an Bauch- und Rückennaht öffnet, aber auch Nüsschen (*Medicago, Trifolium*).

▶ **Ausbreitung:** Beim Austrocknen der Fruchtwandung lösen sich Gewebespannungen. Die Hülsen reißen dann von oben her explosionsartig auf und schleudern die Samen aus (Explosionsstreuer). *Arachis hypogaea* (Erdnuss) schiebt ihre Früchte über eine Verlängerung des unteren Fruchtknotenbereichs (Gynophor) ins Erdreich, um sie dort ausreifen zu lassen.

▶ **Inhaltsstoffe:** Die Samen speichern besonders viel **Protein,** aber auch Stärke und Fett (*Arachis, Glycine*). **Speicherort sind die Keimblätter** und die Embryonalachse. Die Analyse der pflanzlichen Reserveproteine ging vielfach von den Fabaceae aus. Das gilt besonders für eine Gruppe der Globuline, die **Legumine**. Sie kommen zum Beispiel in *Pisum sativum* (Erbse) und *Vicia faba* (Sau-Bohne) vor, bilden aber trotz ihres Namens nicht nur bei den Leguminosen, sondern bei den meisten Spermatophyten die wichtigsten

Abb. 5.38

Blüte von *Lotus corniculatus* (Gewöhnlicher Hornklee). Oben (unscharf) die Fahne, hinten (unscharf) der linke Flügel. Der rechte Flügel wurde entfernt. Auf das dadurch sichtbare Schiffchen wurde Druck von oben ausgeübt. An seiner Spitze tritt über den Pumpenmechanismus etwas Pollen aus (Hess 2001).

Reserveproteine. Die Samen vieler Fabaceae enthalten auch **Lectine**. Dies sind Proteine oder Glykoproteine, die mit bestimmten Kohlenhydraten Bindungen eingehen können. Wenn sie wie das tetramere Lectin Concanavalin A aus *Canavalia ensiformis* (Jackbohne) mindestens zwei solcher Bindungsstellen enthalten, können sie Erythrozyten agglutinieren. Solche Lectine bezeichnet man als **Phythämagglutinine**. Verschiedene Lectine sind dadurch toxisch. Typisch sind auch **Isoflavone** mit östrogener Wirkung wie das Genistein (Abb. 5.37). Entsprechende Präparate, oft aus *Glyzine max*

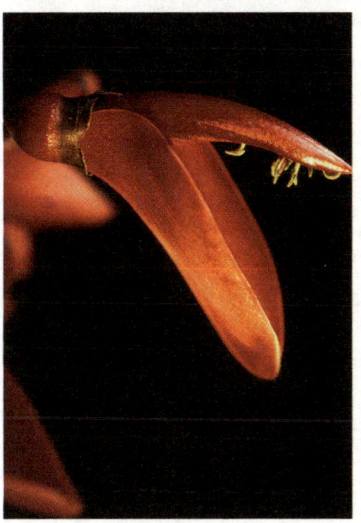

| Abb. 5.39

Blüte von *Erythrina crista-galli* (Korallenstrauch). Hier befindet sich die Fahne unten, das Schiffchen oben. Die Blüte wird von Vögeln bestäubt. Der reichlich gebotene Nektar enthält hohe Quantitäten an Aminosäuren. Die Art stammt aus Südamerika und soll als Beispiel für die zahlreichen tropischen Hölzer unter den Fabaceae dienen. Bei uns wird sie als pflegeleichte Kübelpflanze gehalten (HESS 1990).

(Soja-Bohne), helfen bei Frauenbeschwerden in den Übergangsjahren. Alkaloide charakterisieren bestimmte Taxa. So sind toxische **Chinolizidin-Alkaloide** wie das Lupinin (Abb. 5.37) für die Gattung *Lupinus* und Verwandte typisch.

Nutzung: Zierpflanzen: *Erythrina crista-galli (*Korallenstrauch, bei uns Kübelpflanze, Abb. 5.39), *Cytisus, Genista, Laburnum anagyroides* (Gewöhnlicher Goldregen), *Lathyrus, Lupinus. Wisteria.* Heilpflanzen: *Glycyrrhiza glabra* (Lakritze: Triterpensaponine, Saponine; entzündungshemmend, schleimlösend). Giftpflanzen: *Phaseolus vulgaris* (Gartenbohne: *ungekochte* Bohnen, durch Kochen werden toxische Lectine zerstört), *Cytisus scoparius* (Besenginster), *Laburnum anagyroides* (Gewöhnlicher Goldregen). Ernährung: Öl-Pflanzen sind *Arachis hypogaea* (Erdnuss) und vor allem *Glycine max* (Soja), Proteinreiche »Hülsenfrüchte« (Samen) bei *Lens culinaris (Linse)*, *Pisum sativum* (Erbse), *Phaseolus: Phaseolus coccineus* (Feuer-Bohne) und *Phaseolus vulgaris* (Garten-Bohne), *Vicia faba* (Sau-Bohne). Um 1928 wurden aus Lupinen-Arten extrem alkaloidarme Mutanten ausgelesen, die ohne vorhergehende Wässerung (Auslaugen der Alkaloide) für den menschlichen Verzehr geeignet sind. Diese **Süßlupinen** gelten als Paradebeispiel der Züchtung einer Kulturpflanze im 20. Jahrhundert. Viehfutter: *Glycine max* (s. oben), *Medicago sativa* (Saat-Luzerne), *Trifolium* (Klee). Gründüngung: *Medicago sativa* und mehrere *Trifolium*-Arten werden als grüne Pflanzen zur Bodenverbesserung untergepflügt. Ebenfalls zur Bodenverbesserung werden Lupinen, vor allem die besonders widerstandsfähige *Lupinus angustifolius* (Schmalblättrige Lupine) an Bahndämmen und Auto-

Box 5.6

Bestäubungsmechanismen der Fabaceae

Je nach der Präsentation des Pollens unterscheidet man vier häufige Mechanismen (Abb. 5.40). Sie sind ein Beispiel dafür, wie man durch geringfügige Variation einer Grundform zu ganz unterschiedlichen Effekten kommen kann.

Beim *Klappmechanismus* (I) drücken besuchende Insekten das oben offene Schiffchen nach unten. Die Griffel-Staubblattröhre mit dem Pollen tritt aus ihm heraus.

Beim *Bürstenmechanismus* (II) wird der Pollen in das oben offene Schiffchen abgegeben. Er wird zum größten Teil auf Griffelhaaren (Griffelbürste) abgeladen. Besuchende Insekten drücken das Schiffchen nach unten.

Abb. 5.40

Bestäubungsmechanismen der Fabaceae. **A** vor, **B** bei Belastung durch ein Insekt. **I** Klappmechanismus bei *Trifolium pratense* (Wiesen-Klee). **II** Bürstenmechanismus bei *Lathyrus vernus* (Frühlings-Platterbse).

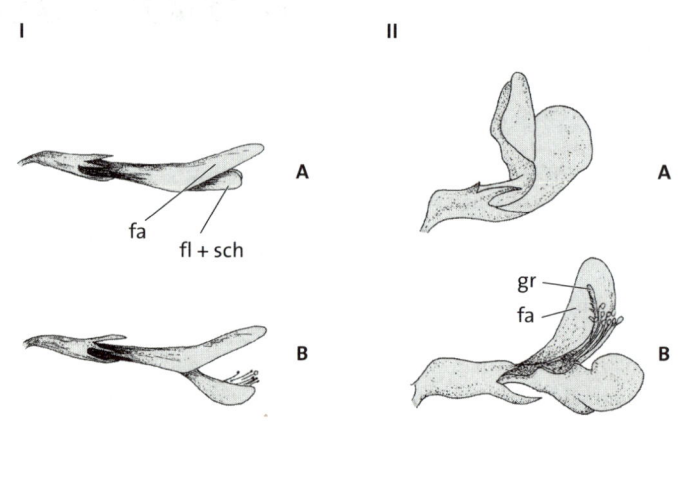

bahnen angepflanzt. Technik: Samenöl von *Glycine max* in der Farben-, Kosmetik- und Kunststoffindustrie.

▶ **Klassifikation:** In der neueren Taxonomie wurde die »alte« Familie Fabaceae, bei der wir es hier belassen haben, zu einer Unterfamilie Faboideae, die mit den weiteren Unterfamilien Mimosoideae und Caesalpinioideae eine neue Familie Fabaceae ausmacht.

Die mit Pollen beladene Griffelbürste und die Staubblattröhre treten heraus.

Beim *Pumpenmechanismus* (III) wird Pollen in das zunächst oben geschlossene Schiffchen abgegeben. Bei Belastung des Schiffchens durch ein Insekt wird der Pollen von angeschwollenen Enden von Filamenten an der Spitze des Schiffchens herausgepresst (Abb. 5.38).

Beim *Schnellmechanismus* (IV) liegen Staubfäden und Griffel wie gespannte Federn im zunächst geschlossenen Schiffchen. Bei Belastung des Schiffchens durch ein Insekt reißt das Schiffchen oben von der Basis zur Spitze hin auf. Staubblätter und Griffel schnellen heraus. Der Pollen wird am Bauch (kurze Filamente) oder Rücken (lange Filamente) des Insekts abgeladen.

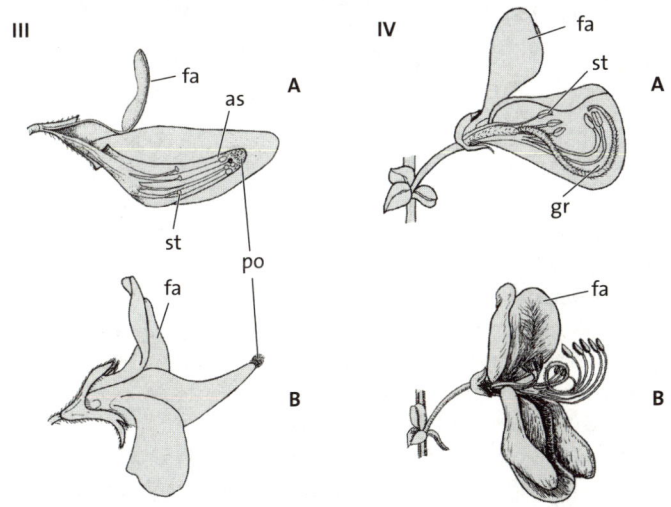

III Pumpenmechanismus bei *Lotus corniculatus* (Gewöhnlicher Hornklee, in A Blüte längs).
IV Schnellmechanismus bei *Cytisus scoparius* (Besenginster, in A Blüte längs). Die kurzen Staubblätter schlagen gegen den Bauch, der Griffel und die langen Staubblätter gegen den Rücken des besuchenden Insekts. as angeschwollene Enden der Filamente, fa Fahne, fl Flügel, sch Schiffchen, gr Griffel, st kurze Staubblätter, po Pollen (HESS 1990).

Gefiederte Laubblätter. Schmetterlingsblüte mit Fahne, Flügeln und Schiffchen. Im Schiffchen umgibt eine oben geschlossene (10) oder offene (9+1) Staubblattröhre den Griffel und einen einblättrigen Fruchtknoten, der sich zu einer Hülse entwickelt. An den Wurzeln finden sich Knöllchen mit symbiontischen Bakterien, die N_2 binden und für die Pflanze nutzbar machen.

Wichtige strukturelle Kennzeichen

5.4.6 | Rosaceae (Rosengewächse)

Abb. 5.41

Rosaceae. *Rosa*: **A** Blüten-diagramm, **B** Blüte längs, **C** blühender Zweig, **D** Frucht (Hagebutte). Weitere Früchte: **E** Sammelnuss-frucht bei *Fragaria* (Erdbeere), **F** Sammelstein-frucht bei *Rubus* (Brom- und Himbeere), **G** Steinfrucht bei *Prunus* (Kirsche), **H** Kernobst bei *Malus* (Apfel) (HESS 1990).

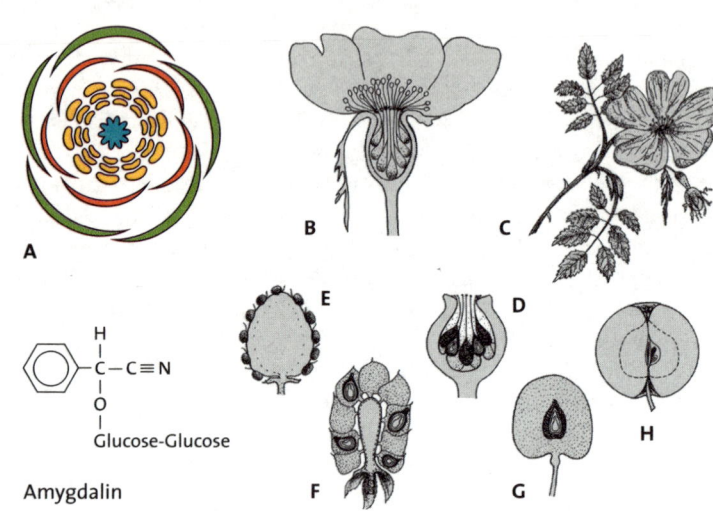

Blütenformel

* K5 C5 A 5 × n G 1–∞

▶ **Verbreitung:** Über 3 000 Arten weltweit, besonders häufig in der nördlichen Hemisphäre.

▶ **Gattungen nach Unterfamilien:**
  ▶ Rosoideae (Rosenartige): *Alchemilla* (Frauenmantel), *Fragaria* (Erdbeere), *Dryas* (Silberwurz), *Geum* (Nelkenwurz), *Potentilla* (Fingerkraut), *Rosa* (Rose), *Rubus* (Brom- und Himbeere), *Sanguisorba* (Wiesenknopf).
  ▶ Prunoideae (Steinobstartige): *Prunus* (s. Frucht).
  ▶ Maloideae (Kernobstartige): *Amelanchier* (Felsenbirne), *Crataegus* (Weißdorn), *Cydonia* (Quitte), *Malus* (Apfel), *Pyrus* (Birne), *Sorbus* (Eberesche).
  ▶ Spiraeoideae (Spierstrauchartige): *Aruncus* (Geißbart), *Spiraea* (Spierstrauch).

▶ **Wuchsform:** Kräuter, häufiger Stauden, Hölzer mit wechselständigen Laubblättern (mit Ausnahme der Spiraeoideae **mit Nebenblättern**), oft tief geteilt, zum Beispiel bei *Rosa* gefiedert.

▶ **Blütenstand:** Verschieden, auch Einzelblüten.

▶ **Blütensymmetrie:** Radiär.

▶ **Blütenhülle:** Fünf freie Kelchblätter, darum oft ein Außenkelch, der sich von Nebenblättern der Sepalen herleiten dürfte. Fünf freie Kronblätter.

▶ **Staubblätter:** 5 × n, meist in **Kreisen** angeordnet.

▸ **Fruchtknoten:** Ein bis viele chorikarpe Fruchtknoten, ober- bis unterständig, in **Kreisen**.

▸ **Bestäubung:** In der Regel Entomogamie meistens vormännlicher Blüten (Abb. 5.42). Die Produktion von Nektar tritt gegenüber derjenigen von Pollen zurück. Die Gattung *Rosa* stellt sogar nektarfreie **Pollenblumen**. Bei *Sanguisorba major* und *Sanguisorba minor* (Großer und Kleiner Wiesenknopf) findet sich Anemophilie. Die Petalen fehlen hier; die Theken hängen auf langen Filamenten, so dass der Wind den Pollen leicht ausschütteln kann.

▸ **Frucht:** Die Früchte fallen sehr verschiedenartig aus. Sie liefern die Basis für die traditionelle Gliederung in vier Unterfamilien:

▸ Rosoideae: Meist Nüsschen aus chorikarpen Fruchtknoten. Oft Sammelnussfrüchte unter Beteiligung der Blütenachse: bei *Fragaria* Nüsschen auf verdickter, fleischiger Achse (zum Beispiel bei *Fragaria × ananassa*, Kultur-Erdbeere), bei *Rosa* Nüsschen in napfartiger Achse (Hagebutte). Bei *Rubus* finden sich Steinfrüchte an einer stielartigen Achse (zum Beispiel *Rubus rubus*, Brombeere und *Rubus idaeus*, Himbeere).

▸ Prunoideae: Steinfrucht aus mittelständigen, einsamigen Fruchtblättern. Das Endokarp liefert den »steinigen« Anteil, das Mesokarp das Fruchtfleisch. *Prunus*: *Prunus armeniaca* (Aprikose), *Prunus avium* (Süß-Kirsche), *Prunus cerasus* (Sauer-Kirsche), *Prunus domestica* (Pflaume), *Prunus dulcis* (Mandel), *Prunus persica* (Pfirsich).

▸ Maloideae: Kernobstgewächse mit Apfel- oder Kernfrucht. Achsengewebe umwächst die zahlreichen chorikarpen Fruchtknoten völlig (Fruchtknoten halbunterständig bis unterständig) und bildet das Fruchtfleisch. Die Fruchtblätter werden meist pergamentartig: *Cydonia oblonga* (Echte Quitte), *Malus domestica* (Kultur-Apfel), *Pyrus communis* (Kultur-Birne), *Sorbus aucuparia* (Gewöhnliche Eberesche). Sklerenchymatisch verholzen die Fruchtblätter bei *Crataegus* (Weißdorn).

▸ Spiraeoideae: Balg. Keine Nebenblätter. Bei uns außer Gartenformen von *Spiraea* nur *Aruncus dioicus* (Wald-Geißbart).

▸ **Ausbreitung:** Bei Steinfrüchten Endozoochorie. Das Fruchtfleisch ver-

Abb. 5.42

Blick in die Blüte von *Potentilla nepalensis* (Nepal-Fingerkraut). Die Blüte ist vormännlich: Die zahlreichen Staubblätter präsentieren Pollen, während die ebenfalls zahlreichen Griffel noch am Beginn ihrer Entwicklung stehen (HESS 1990).

lockt Tiere zum Fressen, die Samen sind jedoch durch den Steinkern vor der Verdauung besonders gut geschützt. Entsprechendes gilt für Kernobst. Doch ist bei den zahlreichen Kulturformen die Ausbreitung durch den Menschen ausschlaggebend. Bei *Geum rivale* (Bach-Nelkenwurz) findet sich Epizoochorie. Der Griffel fungiert als Hakenklette (Abb. 5.43). Andere *Geum*-Arten und *Dryas octopetala* (Silberwurz) sind Federschweifflieger (s. Abb. 4.27).

▶ **Inhaltsstoffe:** Zunächst ein negatives Merkmal: Die Rosaceae führen **keine** der sonst fast allgegenwärtigen **Alkaloide**. Sie enthalten generell **Gerbstoffe** verschiedener Typen und **Flavonoide**. Auch **cyanogene Glykoside** wie das Amygdalin (Abb. 5.41) sind in vielen Arten zu finden, regelmäßig bei Maloideae und Prunoideae. **Triterpene** sind seltener. In vielen Rosaceae kommt der Zuckeralkohol **Sorbitol** vor, in besonders hoher Konzentration (10 %) in *Sorbus aucuparia* (Eberesche).

▶ **Nutzung:** Zierpflanzen: Zuerst muss hier die Rose (*Rosa*), die »Königin der Blumen« genannt werden. Unter den krautigen Arten werden unter anderem *Alchemilla*, *Geum coccineum* (Rote Nelkenwurz) und *Potentilla* kultiviert, unter den Hölzern unter anderem *Amelanchier*, *Potentilla*, *Sorbus* und *Spiraea* in vielen Formen. Unter den Ziergehölzen sind Japanische Kirschen (*Prunus*) besonders beliebt. Heilpflanzen: Hagebutten von *Rosa canina* (Hundsrose) mit hohem Gehalt an Vitamin C, *Sorbus aucuparia* (Eberesche) durch Sorbitol: in der Volksmedizin Allheilmittel, Süßstoff bei Diabetes. Gerbstoffdrogen wie das Rhizom von *Potentilla erecta* (Blut-

---

Abb. 5.43

Geum rivale (Bach-Nelkenwurz).
a Die Blüte ist hier keine Scheibe oder Schale wie oft bei den Rosaceae, sondern eine Glocke mit braunrotem Kelch und Außenkelch. Schon die Schwesterart *Geum urbanum* (Echte Nelkenwurz) bildet Scheibenblüten (Orig. D. HESS).
b Blüte längs.
c Nüsschen mit verlängertem Griffel. An der Trennstelle bricht der obere Teil ab. Über den so freigesetzten Griffelhaken kann es zur Epizoochorie kommen (LÜTTIG und KASTEN 2003)

a

b

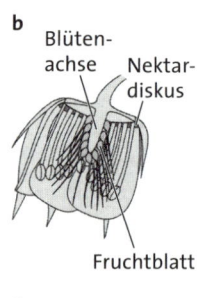

Blütenachse — Nektardiskus

Fruchtblatt

c

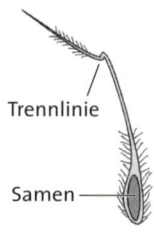

Trennlinie

Samen

wurz). Der deutsche Artname bezieht sich auf die Rotfärbung von Rhizom-Schnittflächen durch Oxidation von Phenolen. Die Art ist leicht an den nur vier gelben Petalen zu erkennen, während heimische *Potentilla*-Arten sonst fünf Kronblätter aufweisen. Gerbstoffdrogen sind auch die Blätter von *Alchemilla*, *Rubus rubus* und *Rubus idaea*. *Crataegus laevigata* und *Crataegus monogyna* (Zweigriffliger und Eingriffliger Weißdorn) wirken herzstärkend durch Flavonoide und Procyanidine. Giftpflanzen: Alle Arten mit cyanogenen Glykosiden können je nach der Menge der verzehrten Glykoside toxisch sein. Das gilt sogar für Samen des Apfels. Ernährung: viele Obstarten (s. Frucht).

Klassifikation: Auch nach molekularen Daten bleiben die Prunoideae und Maloideae erhalten. Bei den Rosoideae könnte es zu einigen Umstellungen, aber nicht zu dramatischen Veränderungen kommen. Schwachpunkt waren schon nach der klassischen Taxonomie die Spiraeoideae. Sie sollen nun gänzlich aufgelöst werden.

Besonders von den auf den ersten Blick ähnlichen Ranunculaceae unterscheiden sich die Rosaceae durch (meist) Nebenblätter. Staubblätter und Fruchtknoten sind in Kreisen und nicht in Schrauben angeordnet.

Wichtige strukturelle Kennzeichen

5.4.7 | Fagaceae (Buchengewächse)

Abb. 5.44

Fagaceae. Diagramme von Dichasien mit weiblichen Blüten (**a**) und Cupulafrüchten (**b**). **1** *Castanea sativa*, **2** *Fagus sylvatica*, **3** *Quercus robur* (verändert nach WEBERLING und SCHWANTES 2000).

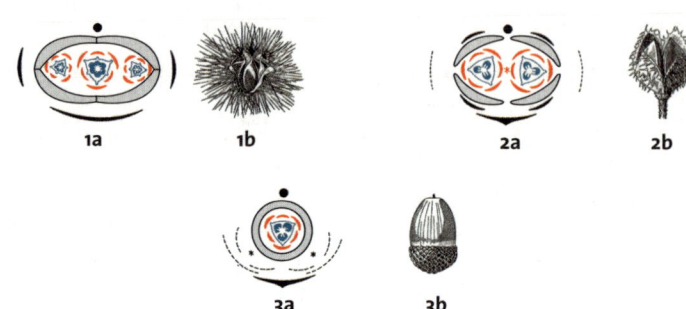

Blütenformel

♂ * P 4–7 (red.) A 4–40 G 0
♀ * P 3 + 3   A 0   G (3̱)

▶ **Verbreitung:** 1 000 Arten in gemäßigten bis tropischen Breiten.

▶ **Gattungen:** Einheimisch nur drei Gattungen: *Castanea* (Kastanie), *Fagus* (Buche), *Quercus* (Eiche). *Fagus sylvatica* (Rot-Buche) ist unser wichtigstes Laubholz.

▶ **Wuchsform: Hölzer,** selten Sträucher. **Blätter einfach mit hinfälligen Nebenblättern, wechselständig.**

▶ **Blütenstand:** Dreiblütige Dichasien (teils reduziert) bilden die Baueinheit. Bei weiblichen Blütenständen stehen sie in wenigblütigen Gruppen, bei männlichen Blütenständen in größerer Anzahl in **Kätzchen,** die als Ganzes abfallen.

▶ **Blütensymmetrie:** Radiär.

▶ **Blütenhülle:** Im Prinzip **dreizähliges Perigon.** Blüten **eingeschlechtig-einhäusig,** bei männlichen Blüten mit vier bis sieben reduzierten Tepalen, bei weiblichen Blüten meist mit 3 + 3 Tepalen (Abb. 5.44).

▶ **Staubblätter:** In männlichen Blüten vier bis 40 (Abb. 5.45).

▶ **Fruchtknoten:** In weiblichen Blüten ein coenokarper, dreiblättriger, unterständiger Fruchtknoten (Abb. 5.45).

▶ **Bestäubung:** Sekundäre Windblütler. Nur *Castanea sativa* (Ess-Kastanie) wird auch von Bienen und Käfern bestäubt.

▶ **Frucht:** Nussfrucht, die von einer **Cupula** (Abb. 5.44) umgeben wird. Sie bildet sich aus Blattorganen und/oder Achsengewebe des Blütenstands. Bei *Castanea sativa (Ess-Kastanie)* entwickeln sich alle drei Blüten eines gegebenen Dichasiums zu Maronen innerhalb einer stacheligen Cupula, bei

Fagus sylvatica (Rot-Buche) die zwei seitlichen Blüten zu zwei Bucheckern innerhalb einer hakelig-stacheligen Cupula. Bei *Quercus* (Eiche) bildet nur die mittlere Blüte des Dichasiums eine Eichel, die basal von einem Cupulabecher umschlossen wird.

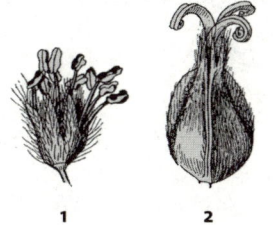

Abb. 5.45

Fagus sylvatica (Rot-Buche): **1** männliche, **2** weibliche Blüte (WEBERLING und SCHWANTES 2000).

1   2

► **Ausbreitung:** Endozoochorie durch Nager entfällt, weil die Nussfrüchte bei der Aufnahme zerkleinert werden. Besonders bei Bucheckern ist Epizoochorie möglich. Häufig findet sich »*Versteckausbreitung*«: Säugetiere wie das Eichhörnchen oder Vögel wie der Eichelhäher legen zur Vorratshaltung Verstecke aus Nussfrüchten an, die vergessen werden und dann auskeimen.

► **Inhaltsstoffe:** Gerbstoffe, Triterpene, Calciumoxalat. In der Gattung *Quercus* findet sich der Zuckeralkohol Quercitol.

► **Nutzung:** Ernährung: Maronen, in Notzeiten auch die Bucheckern, die viele ungesättigte Fettsäuren (Ölsäure, Linolsäure) enthalten. Im Mittelmeergebiet Kastanienhonig aus *Castanea sativa*. Viehfutter: Bucheckern und Eicheln, früher und teils heute noch über Waldweide. Technik: Holz, vielfältig von Bauholz über Möbel und Fässer bis zu Eisenbahnschwellen aus dem besonders harten und widerstandsfähigen Eichenholz. Tannine für die Gerberei aus Eichenrinde. Kork aus der Borke der mediterranen *Quercus suber* (Kork-Eiche).

► **Klassifikation:** Früher hatte man die Fagaceae und weitere Familien mit Kätzchen als Kätzchenblüher (Amentiflorae) zusammen gefasst. Das ließ sich jedoch nicht halten.

Holzgewächse mit einfachen, wechselständigen Blättern. Windblütig und einhäusig. Dichasien als Baueinheit der Blütenstände, die bei männlichen Blüten als Kätzchen ausgebildet sind. Die Nussfrüchte werden von einer Cupula umgeben.

Wichtige strukturelle Kennzeichen

Box 5.7

Weidbuchen

Landschaftsgestaltung durch Rot-Buche, Rind und Mensch. Rot-Buchen bilden im Bergwald rund 35 m hohe grauberindete unverzweigte Säulen. Die Äste verzweigen sich erst weit oben. Vor allem im Südwestschwarzwald finden sich jedoch auf Weidflächen imposante solitäre, gedrungene, von unten an verzweigte Rot-Buchen, die mit bis zu 25 m weniger hoch werden. Die Landschaft wird von diesen *Weidbuchen* weithin geprägt. Meist erkennt man schon auf den ersten Blick, dass sie aus mehreren miteinander verwachsenen Stämmen bestehen (Abb. 5.46). Spätestens bei alten Exemplaren wird das unübersehbar, weil Teilstämme herausbrechen und absterben können, während andere noch am Leben bleiben.

Die Entstehung einer Weidbuche (Abb. 5.47) verläuft über eine Jungpflanze, die von Rindern mäßig verbissen wird. Vor allem das Hinterwälder Rind, unsere kleinste Rinderrasse, nur halb so schwer wie das Deutsche Fleckvieh, war und ist dabei tätig. Es handelt sich um widerstandsfähige, an steilen Hängen überraschend geländegängige Rinder,

Abb. 5.46

Basis einer alten Weidbuche. Die verwachsenen Einzelstämme lassen sich erkennen (Orig. D. HESS).

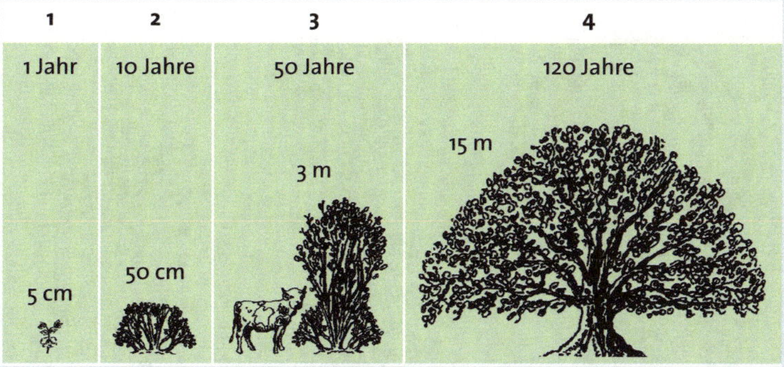

1	2	3	4
1 Jahr	10 Jahre	50 Jahre	120 Jahre

5 cm · 50 cm · 3 m · 15 m

Abb. 5.47

Entwicklung einer Weidbuche in ca. 900 m Höhe. **1** Keimling, **2** junger Kuhbusch, **3** Kuhbusch mit Fraßkehle, **4** Weidbuche mittleren Alters (nach LEHNES 1999).

die auch mageres Futter gut verwerten und ein gerühmtes feinfaseriges Fleisch liefern. Nachdem ihr Bestand schon stark gefährdet war, nimmt er derzeit wieder zu. Denn immer mehr Touristen ziehen ihr Fleisch importiertem Känguru vor. Die heimische Gastronomie fördert vielerorts diesen Trend.

Die Rinder nehmen Buchenlaub als Zusatznahrung (Mineralstoffe, Rohfaser) zu sich. Die verbissene Jungpflanze treibt vor allem an der Basis aus, teils auch unter der Erdoberfläche. Die neuen Triebe können zunächst horizontal wachsen, richten sich dann aber senkrecht auf. Ein junger *Kuhbusch* aus vielen Stämmchen entsteht. Allmählich weitet er sich seitlich aus. Dann erreichen die Mäuler der Rinder die mittleren Stämmchen nur mit einiger Anstrengung oder gar nicht mehr. Sie können in die Höhe wachsen und bilden einen ausgewachsenen Kuhbusch. Eine Fraßkehle zeigt an, in welcher Höhe die Rinder fraßen: bequem in Maulhöhe, ohne sich übermäßig zu recken oder zu bücken. Mit zunehmendem sekundären Dickenwachstum berühren sich die Kuhbusch-Einzelstämme und verwachsen miteinander zur Weidbuche. Im Sommer sind Weidbuchen für das Vieh gesuchte Schattenspender.

Voraussetzung ist, dass nur extensiv beweidet wird. Denn bei starker Beweidung bleibt von den Jungbuchen nichts übrig. Die meisten Weidbuchen sind heute 250–300 Jahre alt. Grund für dieses Alter ist, dass nach dem 30-jährigen Krieg und nachfolgenden Kriegswirren nur mäßig beweidet wurde. Weidbuchen sind Musterbeispiele für eine Landschaftsgestaltung im Rahmen einer extensiven Bewirtschaftung.

Literatur: SCHWABE und KRATOCHWIL 1987. Darauf basierend LEHNES 2002.

5.4.8 | Brassicaceae (Cruciferae, Kreuzblütler)

Abb. 5.48

Brassicaceae: **A** Blütendiagramm, **B** Blüte längs, **C** Blüte von *Cardamine pratensis* (Wiesen-Schaumkraut). **D** Schote mit unechter Scheidewand, der die Samen noch aufsitzen. **E** Schötchen. **F** fiederspaltiges Laubblatt (HESS 1990).

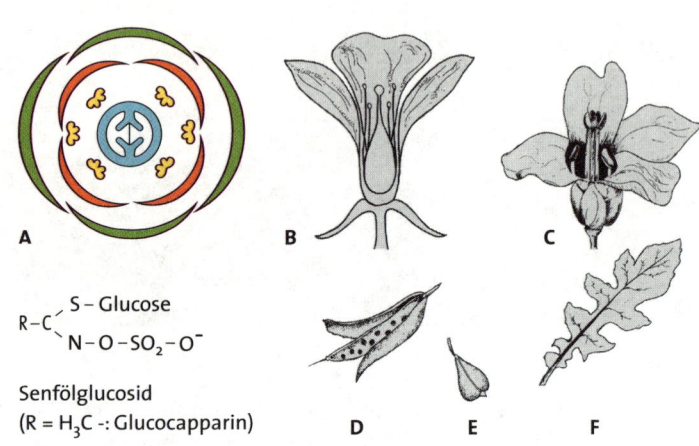

$$R-C \underset{N-O-SO_2-O^-}{\overset{S-Glucose}{<}}$$

Senfölglucosid
(R = H$_3$C -: Glucocapparin)

A   B   C   D   E   F

Blütenformel

$$+ K4 \ C4 \ A \ 2 + 4 \ G \ \underline{(2)}$$

▶ **Verbreitung:** 3 000 Arten weltweit, vor allem aber in nördlichen gemäßigten Breiten.

▶ **Gattungen:** *Arabidopsis* (Schmalwand), *Armoracia* (Meerrettich), *Alyssum* (Steinkraut), *Aubrieta* (Blaukissen), *Brassica* (Kohl, Rübe, Senf und Raps), *Capparis* (Kappernstrauch), *Capsella* (Hirtentäschel), *Cardamine* (Schaumkraut), *Draba* (Felsenblümchen), *Iberis* (Schleifenblume), *Lepidium* (Kresse), *Lunaria* (Silberblatt), *Nasturtium* (Brunnenkresse), *Matthiola* (Levkoje), *Raphanus* (Hederich, Radieschen und Rettich), *Sinapis* (Senf).

▶ **Vegetativer Habitus:** Kräuter und Stauden, selten Hölzer (Büsche). Die Blätter sind meist wechselständig, nebenblattlos, einfach (dabei oft handförmig gelappt oder fiederspaltig), oder hand- oder fiederartig zusammengesetzt.

▶ **Blütenstand:** Traube.

▶ **Blütensymmetrie:** Disymmetrisch.

▶ **Blütenhülle:** Vier freie Kelchblätter und vier freie Kronblätter bilden das »Blütenkreuz«.

▶ **Staubblätter:** Zwei Kreise, der **äußere mit zwei kurzen**, der **innere mit vier langen Staubblättern**.

▶ **Fruchtknoten:** Oberständig coenokarp aus zwei Fruchtblättern. Durch eine »**falsche« Scheidewand** (wird nicht von den Fruchtblättern selbst, sondern von deren Ausfaltungen gebildet) wird der Fruchtknoten zweifächerig.

▶ **Bestäubung/Befruchtung:** Die Brassicaceae sind in der Regel schwach (Abb. 5.49), seltener wie bei *Draba* (Abb. 5.50) stark vorweiblich. Bei wenig ausgeprägter Vorweiblichkeit ist die Gefahr von Selbstbestäubungen erhöht, doch findet sich vielfach sporophytische Selbstinkompatibilität.

▶ **Frucht:** Meist **Schotenfrucht**. Schote mehr als dreimal so lang wie breit, Schötchen bis zu dreimal so lang wie breit.

▶ **Ausbreitung:** Vielfach Streuausbreitung durch Wind oder Tiere. Samen können auch verschleimen und im Fell von Tieren festkleben (Epizoochorie). Bei Bruchfrüchten wie bei *Raphanus raphanistrum* (Hederich) zerfallen die Schoten quer in Teilfrüchte.

▶ **Inhaltsstoffe:** Charakteristisch nicht nur für die Brassicaceae, sondern für die ganze Ordnung Brassicales sind **Senfölglucoside** (Glucosinolate → Seite 83, Abb. 5.48). Bei Verletzungen kommen sie mit Myrosinase in Kontakt, einem Enzym, das in speziellen langgestreckten Zellen (Myrosinzellen) gespeichert wird. Myrosinase verändert die Senfölglykoside so, dass über Umlagerungen Allylsenföle gebildet werden können. Auf die scharf schmeckenden und riechenden Allylsenföle geht die Nutzung als Gewürze zurück. Sie können antibiotisch wirken, aber auch für Insekten toxisch sein. In Samenfetten (Samenölen) finden sich größere Mengen an ungesättigten Fettsäuren (Öl-, Linol-, **Erucasäure**).

▶ **Nutzung:** Zierpflanzen: *Aubrieta, Alyssum, Iberis, Matthiola*. Bei *Lunaria annua* und *rediviva* (Einjähriges Silberblatt und Ausdauerndes Silberblatt) bleibt die unechte Scheidewand nach Freisetzen der Samen noch lange als

Abb. 5.49

Junge Blüte von *Cardamine pratensis* (Wiesen-Schaumkraut), ein Kelch- und zwei Kronblätter entfernt. Rechts und links unten die beiden kurzen Staubblätter mit nach einwärts gerichteten Staubbeuteln. Die vier längeren Staubblätter haben noch geschlossene Antheren, während die Narbe bereits belegungsfähig ist (Vorweiblichkeit) (HESS 1990).

Abb. 5.50

Knospen-Vorweiblichkeit bei *Draba azoides* (Immergrünes Felsenblümchen). Der Griffel mit Narbe ragt zur Bestäubung schon aus der Knospe heraus (HESS 2001).

Abb. 5.51

Blüte von *Capparis spinosa* (Kapernstrauch). Die Blütenknospen (Kapern) dienen als Gewürz (Orig. D. HESS).

dekoratives »Silberblatt« erhalten (Trockenstrauß). Gewürze: *Armoracia rusticana* (Meerrettich), *Brassica nigra* (Schwarzer Senf), *Capparis spinosa* (Kapernstrauch, Abb. 5.51), *Raphanus sativus* (Radieschen und Rettich), *Sinapis alba* (Weißer Senf). Ernährung: Salate: *Lepidium sativum* (Garten-Kresse), *Nasturtium officinale* (Brunnenkresse). Gemüse: *Brassica oleracea* (Kohl) in zahlreichen Varietäten. Speiseöl: *Brassica napus* subsp. *napus* (Raps), Samenöl ohne schädliche Erucasäure. Technik: Samenöl des Rapses mit hohem Gehalt an Erucasäure. Dient auch als Brennstoff für Motoren. Forschung: Bevorzugtes Modellobjekt der Molekularbiologie an Pflanzen ist *Arabidopsis thaliana* (Acker-Schmalwand). Gründe dafür sind ihre geringe Größe, ihr mit 30 Tagen kurzer Generationszyklus und das kleine Genom (haploid fünf Chromosomen). Sie wurde deswegen schon »*Botanische Drosophila*« genannt. Dabei wird allerdings ein wichtiger Aspekt außer Acht gelassen: *Arabidopis* hat keine Riesenchromosomen wie *Drosophila*. Die Art war die erste Pflanze, deren Genom völlig sequenziert werden konnte.

▶ **Klassifikation:** Die früheren Capparidaceae mit *Capparis* werden heute oft – wie auch hier – in die Brassicaceae integriert.

Wichtige strukturelle Kennzeichen	**Disymmetrische »Kreuzblüten« und Schotenfrüchte.**

Malvaceae (Malvengewächse)

| Abb. 5.52

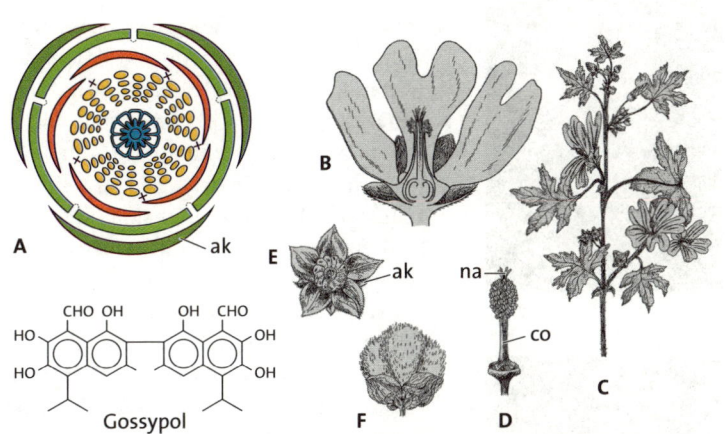

Malvaceae. *Malva sylvestris* (Wilde Malve): **A** Blütendiagramm, **B** Blüte längs, **C** Habitus, **D** Columna. Ak Außenkelch, x ausgefallene Staubblätter des äußeren Kreises, die fünf Staubblattgruppen aus dem inneren Kreis verwachsen mit ihren Filamenten zur co Columna, aus der die na Narben oben herausragen, **E** Spaltfrucht von *Malva pusilla* (Kleinblütige Malve) mit Kelch und Außenkelch, **F** aufgesprungene Fruchtkapsel von *Gossypium* (Baumwolle). Die Samenhaare sind herausgetreten (HESS 1990).

Blütenformel

$* K5 C5 \ A\,(5{-}\infty)\ \underline{G\,(2{-}\infty)}$

► **Verbreitung:** 1 500 Arten in aller Welt, konzentriert im tropischen Südamerika.

► **Gattungen:** *Abutilon* (Schönmalve), *Alcea* (Stockrose), *Adansonia* (Affenbrotbaum), *Althaea* (Stockmalve), *Bombax* (Baumwollbaum), *Ceiba* (Kapokbaum), *Cola* (Cola), *Gossypium* (Baumwolle), *Hibiscus* (Roseneibisch), *Lavatera* (Bechermalve), *Malva* (Malve), *Theobroma* (Kakao), *Tilia* (Linde).

► **Wuchsform:** Meist Kräuter, oft **handförmig gelappte oder handförmig gefiederte**.

Blätter: Mit Nebenblättern, oft behaart. Die Nervatur ist meist palmat (handförmig).

► **Blütenstand:** Verschieden, auch Einzelblüten.

► **Blütensymmetrie:** Radiär.

► **Blütenhülle:** Fünf meist freie Kelchblätter, fünf freie Kronblätter, oft ein **dreizähliger Außenkelch** aus Hochblättern. Die Kelchblätter sind klappig, die Kronblätter gedreht gestellt.

► **Staubblätter:** Ursprünglich zwei Kreise aus je fünf Gliedern. Der äußere Kreis entfiel, die Glieder des inneren wurden zentripetal vermehrt, dadurch fünf **Staubblattgruppen**. Die Filamente sind zu einer **Röhre** ver-

Abb. 5.53

Proterandrie bei *Lavatera trimestris* (Bechermalve).
a Männlicher Zustand: die Columna ist hinter den abzweigenden Staubbeuteln kaum zu sehen.
b Späterer weiblicher Zustand: die Narbenzungen werden nach oben zu aus der aufgelockerten Columna frei (Hess 1990).

a

b

wachsen, der **Columna**, in deren Mitte der Griffel steht. Die Staubbeutel sind jedoch frei (Abb. 5.53).

▶ **Fruchtknoten:** Oberständiger coenokarper Fruchtknoten aus fünf bis 50 Fruchtblättern mit Fächern in gleicher Anzahl.

▶ **Bestäubung:** Bei uns Entomophilie, meist durch Bienen. Oft Proterandrie (Abb. 5.53). Bei *Malva* sitzen die Nektarien an der Oberseite der Kelchblätter und sind nur durch Spalten zwischen den Kronblättern erreichbar.
Bei tropischen Arten auch Ornithophilie. Der in der Alten Welt heimische, aber heute in den gesamten Tropen verbreitete *Hibiscus rosa-sinensis* (Chinesischer Roseneibisch) wird dort von Nektarvögeln (Nectariniidae) bestäubt.

▶ **Frucht:** Vielsamige **Kapsel** (*Gossypium, Hibiscus*) oder **Spaltfrucht** aus »Tortenstückchen« in der Anzahl der Fruchtblätter (*Alcea, Althaea, Malva*, Abb. 5.52), die in Teilfrüchte zerfällt.
Am Stamm oder starken Zweigen blühen (Kauliflorie) und fruchten *Cola* und *Theobroma*. Die Frucht von *Cola* ist eine *Sammelbalgfrucht*, die von *Theobroma* eine *Beere* mit faserigem Perikarp.

▶ **Ausbreitung:** Oft Epizoochorie, bei den Samen von *Gossypium* haftend durch Samenhaare, bei *Malva* durch – bei feuchter Witterung – schleimige Teilfrüchte. Endozoochorie bei Coca und Theobroma. An den Blüten- und dann Fruchtständen der Linden (*Tilia*) befindet sich ein Blatt, das als Flugorgan bei der Anemochorie dient.

▶ **Inhaltsstoffe: Schleimstoffe** aus gemischt zusammengesetzten Polysachariden mit Polypeptidkomponenten, die in besonderen Schleimzellen deponiert werden. Besonders in den Samenölen finden sich **seltene Fettsäuren** mit einem 3-Ring (cyclopropenoide Fettsäuren). Sie lassen sich leicht nachweisen und sind deshalb bei der Untersuchung von Pflanzenölen auf Verfälschung mit Baumwollsamenöl wichtig. Vielfach dienen toxische **Terpenoide**, wie bei *Gossypium* das Diterpen Gossypol (Abb. 5.52) als Abwehrstoffe gegen Pflanzenfresser. **Purinalkaloide** (Coffein, Theobromin) bei *Cola* und *Theobroma*.

▶ **Nutzung:** Zierpflanzen: Alle eingangs genannten Gattungen. Heilpflanzen: *Althaea officinalis* (Echter Eibisch) und *Malva sylvestris* (Wilde Malve), beide wegen ihrer Schleimstoffe reizlindernd (Husten!) Genussmittel: *Cola acuminata und andere Cola-Arten* (Colabaum; Purinalkaloide: mehr Coffein, weniger Theobromin, Catechine; Extrakte aus der Cola-Nuss lieferten eine der Hauptkomponenten von Coca-Cola). *Theobroma cacao* (Kakaobaum; Purinalkaloide: viel Theobromin, weniger Coffein). Kunsthandwerk: Weiches Lindenholz (*Tilia*) als beliebtes Ausgangsmaterial für bekannte Schnitzwerke. Technik: Vor allem *Ceiba pentandra* (Weißer Kapokbaum), aber auch *Bombax ceiba* (Roter Seidenwollbaum) liefern aus der Fruchtwand Haare, die mit Wachs überzogen sind. Sie lassen sich deshalb nicht verspinnen und liefern Füllmaterial (Polster, Schwimmwesten). Kleidung: Textilien aus den Samenhaaren von *Gossypium* (Baumwolle). Die Haare bilden sich aus Epidermiszellen der Samenanlagen. Sie werden mehrere Zentimeter lang, bleiben aber einzellig.

▶ **Klassifikation:** Das oben Genannte betrifft vor allem die Malvoideae. Zu den Malvaceae gehören heute weitere Unterfamilien, die früher eigene Familien waren. Bei ihnen finden sich teils abweichende Merkmale, so bei *Tilia* (Linde) freie Staubblätter.

▶ Malvoideae: Die oben genannten Gattungen mit Ausnahme der nachfolgend erwähnten. Die Besprechung konzentriert sich auf die Malvoideae.

▶ Bombacoideae: *Adansonia digitata* (Afrikanischer Affenbrotbaum; wasserspeichernde Stämme), *Bombax ceiba* (Roter Baumwollbaum, rot blühend), *Ceiba petandra* (Weißer Kapokbaum, rosa oder weiß blühend). Oft Chiropterophilie.

▶ Sterculioideae: *Theobroma cacao* (Kakaobaum) und *Cola* spec. (Colabaum).

▶ Tilioideae: *Tilia* (Linde).

Bei den Malvoideae handförmig gelappte oder handförmig gefiederte Blätter. Nervatur palmat. Außenkelch. Blühende einheimische Arten sind durch ihre Columna unverkennbar.

Wichtige strukturelle Kennzeichen

1 Schildern Sie den Aufbau eines Cyathiums unter Homologisierung mit einem normalen Blütenstand der Rosopsida! (→ Seite 148).

2 Aus welchen Teilen besteht die Krone einer typischen Blüte der Fabaceae? (→ Seite 152)

3 Nennen Sie eine für unsere Ernährung wichtige Art der Fabaceae und geben Sie an, welche Reservestoffe sie in welchen Teilen von Same oder Frucht speichert! (→ Seite 153)

4 Nennen Sie die Unterfamilien der Rosaceae und ihre Kennzeichen! (→ Seite 157)

5 In welchen Unterfamilien der Rosaceae finden sich cyanogene Glykoside? Nennen Sie eine der Arten (→ Seite 158)

6 Wie viele Bucheckern finden sich in einer Cupula-Frucht von *Fagus sylvatica* (Rot-Buche)? (→ Seite 161)

7 Wie nennt man die Fruchtform der Brassicaceae? (→ Seite 165)

8 Nennen Sie Taxa mit »unechten« Scheidewänden und geben Sie an, warum sie »unecht« sind! (→ Seiten 164, 181, 197)

9 Im Samenöl von *Brassica napus* subsp. *napus* (Raps) findet sich eine Fettsäure, die für die menschliche Ernährung unerwünscht, für technische Zwecke gewünscht ist. Welche? Orientieren Sie sich über ihre Struktur (→ Seite 166)

10 Was bezeichnet man bei den Malvaceae als Columna? (→ Seite 168)

Primulaceae (Primelgewächse)

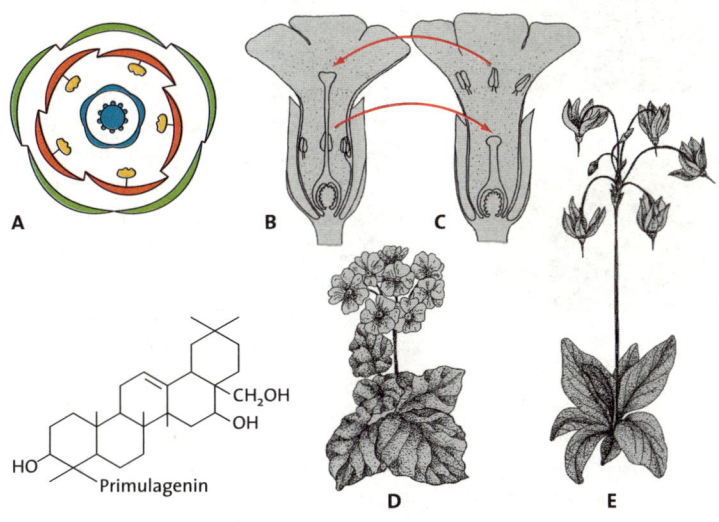

Abb. 5.54

Primulaceae. *Primula obconica* (Becher-Primel): **A** Blütendiagramm, **B** und **C** Heteromorphie: B langgriffelige, C kurzgriffelige Blüte; die Pfeile zwischen B und C geben erfolgreiche Bestäubungen an, **D** Habitus, **E** Habitus von *Dodecatheon meadia* (Meads Götterblume) (HESS 1990).

* K (5) [C (5) A 5] G (5)   **Blütenformel**

► **Verbreitung:** 1 000 Arten, in aller Welt, meistens aber in der nördlichen Hemisphäre, viele alpine Arten.

► **Gattungen:** *Anagallis* (Gauchheil), *Cyclamen* (Alpenveilchen), *Dodecatheon* (Götterblume), *Hottonia* (Wasserfeder), *Lysimachia* (Felberich), *Primula* (Primel), *Soldanella* (Alpenglöckchen).

► **Wuchsform:** Krautig, oft aus Rhizomen (*Primula*) oder Knollen (*Cyclamen*). Blätter nebenblattlos, gegen- und wechselständig, auch in Rosetten; einfach, nur bei der submersen *Hottonia* fein zerschlissen.

► **Blütenstand:** Verschieden, auch Einzelblüten.

► **Blütensymmetrie:** Radiär.

► **Blütenhülle:** Fünf verwachsene Kelchblätter, fünf verwachsene Kronblätter. Bei *Cyclamen* und *Dodecatheon* ist die Blütenkrone nicht wie sonst flach ausgebreitet, sondern zurückgeschlagen.

► **Staubblätter:** Der äußere Staubblattkreis ist höchstens staminodial vorhanden. Damit bleibt der **innere Kreis mit fünf Staubblättern**, die **vor den Petalen stehen** und über ihre Filamente mit ihnen verwachsen sind.

► **Fruchtknoten: Ein** oberständiger, **coenokarp-einfächeriger Fruchtknoten** aus fünf Fruchtblättern, der sich von einem fünffächerigen Fruchtknoten dadurch ableitet, dass die Scheidewände seiner Kammern bis auf den mitt-

Heteromorphie bei *Primula obconica* (Becherprimel). **a** Zentrum einer langgriffeligen, **b** einer kurzgriffeligen Blüte. Nur die langgestielten Organe, in a die Narbe und in b die Staubbeutel, sind sichtbar (HESS 1990).

a

b

leren Bereich reduziert wurden. An dieser Mittelsäule sitzen auch die Samenanlagen (**zentrale Plazentation**).

▶ **Bestäubung:** Bei *Primula* findet sich Heteromorphie (→ Seite 97) mit lang- und kurzgriffeligen Formen (Abb. 5.55). Dabei wird die Übertragung von Pollen zwischen gleich hohen Sexualorganen begünstigt (Abb. 5.54). Wenn ein Insekt eine Blüte mit langen Staubblättern besucht, wird es mit seinem Kopf an die im Eingang stehenden Staubbeutel stoßen und den Pollen dann in einer langgriffeligen Blüte an der im Eingang stehenden Narbe abstreifen. Wenn das Insekt zuerst eine langgriffelige Blüte besucht, wird es mit einem Abschnitt seines Rüssels von den unten sitzenden kurzen Staubblättern Pollen aufnehmen und ihn in einer kurzgriffeligen Blüte an der auf gleicher Höhe stehenden Narbe absetzen. *Soldanella* bildet Streukegel (Abb. 5.56).

▶ **Frucht:** Kapsel.

▶ **Ausbreitung:** Windstreuer. Manche *Primula*-Arten wie *Primula vulgaris* (Kissen-Primel) bilden auch Samen mit Elaiosomen, die von Ameisen ausgebreitet werden.

▶ **Inhaltsstoffe:** Charakteristisch für die Familie sind vor allem **Triterpensapo-**

Soldanella minima (Kleinstes Alpenglöckchen). **a** Blüte, **b** Blüte längs. Im Zentrum steht der Griffel. An seiner Basis bilden die Staubblätter einen Streukegel. Die Staubbeutel öffnen sich nach innen. Bei Erschütterung fällt der Pollen aus den hängenden Blüten auf den Bestäuber hinab (HESS 2001).

nine wie das häufig vorkommende Primulagenin (Abb. 5.54), die toxisch wirken können. *Primula*-Arten enthalten in Drüsenhaaren das Benzochinon **Primin**, das allergen und hautreizend wirkt. Das gilt besonders für *Primula vulgaris* und *Primula obconica* (Becher-Primel, bezeichnenderweise auch »Gift-Primel« genannt).

▶ **Nutzung:** Zierpflanzen: Alle Gattungen, besonders *Primula* mit 500 Arten. Giftpflanzen: *Cyclamen* über Triterpensaponine (lokale Reizerscheinungen), vor allem *Cyclamen purpurascens* (Sommer-Alpenveilchen). *Primula*-Arten.

▶ **Klassifikation:** Diskussionen über das Eingliedern einiger Nachbarfamilien sind noch im Gang.

Meist fünfzählige Blüten mit verwachsenen Kronblättern. (Innere) Staubblätter stehen vor den Petalen. Coenokarper einkammeriger Fruchtknoten mit zentraler Plazentation.	**Wichtige strukturelle Kennzeichen**

5.4.11 | Ericaceae (Heidekrautgewächse)

Abb. 5.57

Ericaceae. *Calluna vulgaris* (Heidekraut). **A** Blütendiagramm, **B** Blüte längs, **C** Fruchtknoten mit zwei Staubblättern, **D** Habitus, **E** Blüte, von deren Narbe gerade ein Thrips-Weibchen abfliegt. ak Außenkelch, ho hornförmige Anhängsel (HESS 1990).

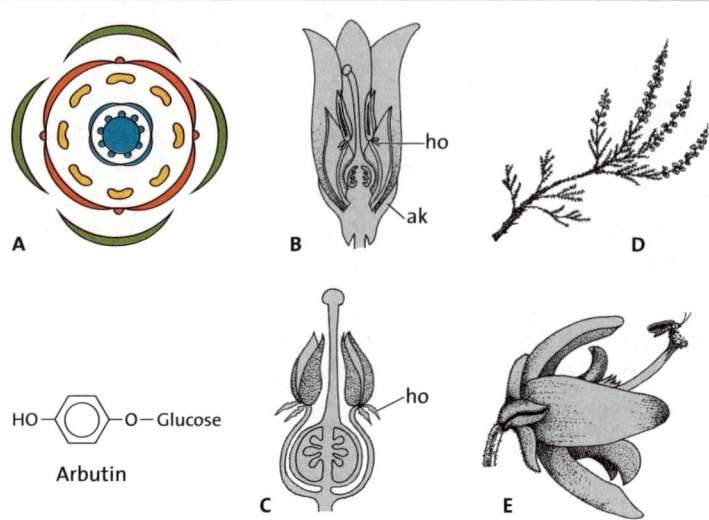

Blütenformel

$$* K\ 4–5\ C\ (4–5)\ A\ 4\ -\ 5\ +\ 4\ -\ 5\ \ G\ \underline{(4\ -\ 5)}$$

▶ **Verbreitung:** 2 700 Arten in allen, vor allem aber in den gemäßigten und kalten Erdregionen.

▶ **Gattungen:** *Arctostaphylos* (Bärentraube), *Calluna* (Heidekraut), *Chimaphila* (Wintergrün), *Erica* (Baum-, Glocken- und Schnee-Heide), *Gaultheria* (Rebhuhnbeere), *Ledum* (Porst), *Moneses* (Moosauge), *Monotropa* (Fichtenspargel), *Pyrola* (Wintergrün), *Rhododendron* (Alpenrose), *Vaccinium* (Heidel-, Moor-, Moos- und Preiselbeere).

▶ **Wuchsform:** Holzgewächse, meist Sträucher, auch Zwergsträucher. Die wechselständigen Blätter sind einfach und nebenblattlos, oft wintergrün. Um Trockenheit (auch frostbedingte) zu überstehen, sind sie häufig **xeromorph**: ledern, mit reduzierter Oberfläche, oft Nadeln oder Rollblätter mit tief geborgenen Spaltöffnungen. Viele Hochmoor- und Gebirgspflanzen, die auf extremen Standorten mehr als sonst auf **Mykorrhiza** angewiesen sind. *Monotropa* verlässt sich so weitgehend darauf, dass die Art kein Chlorophyll mehr führt.

▶ **Blütenstand:** Verschieden, auch Einzelblüten.

▶ **Blütensymmetrie:** Radiär, selten schwach zygomorph.

▶ **Blütenhülle:** Vier oder fünf freie Kelchblätter, vier oder fünf verwachsene Kronblätter.

- **Staubblätter:** Zwei Kreise zu vier oder fünf Staubblättern, die Antheren oft mit je zwei hornförmigen Anhängseln. Der Pollen wird meist in Tetraden freigesetzt, die den Gonen der Meiosis entsprechen.
- **Fruchtknoten:** Coenokarp aus vier bis fünf Fruchtblättern, gekammert. Ober- oder bei den *Vaccinium*-Verwandten unterständig. Ein Griffel.
- **Bestäubung:** Vielfach bilden sich in hängenden Blüten aus den Staubbeutelanhängseln **Streukegel** oder Streubüchsen, in deren Mitte der Griffel steht (Abb. 5.58). Die beiden Theken sind oft röhrenartig verlängert und öffnen sich an ihrer Spitze mit je einer Pore nach unten zu. Die Anhängsel der Staubbeutel werden leicht vom tastenden Rüssel eines Insekts berührt. Wird der Kegel dadurch oder durch direkte Berührung seiner Organe erschüttert, fällt der Pollen auf das Insekt hinab. *Calluna vulgaris* (Heidekraut) dient als Behausung und Brutplatz: Eine Art Thripse, *Taeniothrips ericae*, hält sich langfristig in den Blüten auf und legt auch ihre Eier in den Petalen ab. Die geflügelten Weibchen benützen die Narben als Startplatz und bestäuben sie dabei. Die Blütenkrone und die Eier überstehen den Winter, die Larven schlüpfen im Frühjahr.
- **Frucht:** Bei oberständigem Fruchtknoten Kapsel, bei unterständigem Beere.
- **Ausbreitung:** Samen aus Kapseln werden über den Wind, Samen in Beeren endozoochor verbreitet.
- **Inhaltsstoffe:** Die Ericaceae führen **iridoide Verbindungen** (→ Seite 80). Typisch sind auch die verschiedenartigsten **Phenole**. Dazu gehören einfach gebaute Stoffe wie das weit verbreitete Arbutin (Abb. 5.57), aber auch polymere

 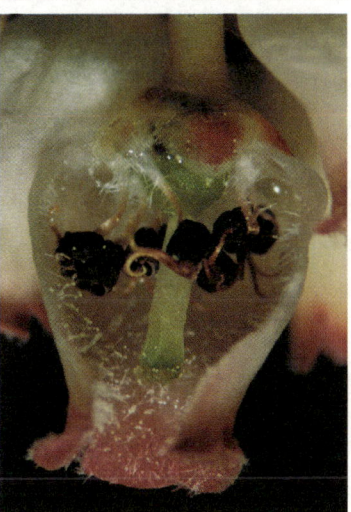

Abb. 5.58

Arctostaphylos uva-ursi (Echte Bärentraube). **a** Blüten, **b** Blüte längs. Jeder Staubbeutel trägt zwei gewundene Fortsätze. Wenn bestäubende Insekten sie anstoßen, wird über die Erschütterung Pollen aus den zwei Poren jedes Staubbeutels ausgestreut (HESS 2001).

Substanzen wie verschiedene Gerbstoff-Typen. Häufig finden sich auch toxische **Diterpene** wie das Acetylandromedol.

▶ **Nutzung:** Zierpflanzen: *Rhododendron*, mit über 700 Arten die größte Gattung, liefert eine Fülle von Zuchtformen. Die laubwerfenden Arten sind als Azaleen bekannt. Wie viele Ericaceae bevorzugt *Rhododendron* saure Böden, doch gibt es auch kalktolerante Formen, darunter Pfropfungen auf kalktoleranten Unterlagen. *Erica carnea* (Schnee-Heide) verträgt von Natur aus Kalkboden. Heilpflanzen: *Arctostaphylos uva-ursi* (Echte Bärentraube), harndesinfizierend über Freisetzung von Hydrochinon aus Arbutin. Giftpflanzen: Giftige Diterpene, vor allem Acetylandromedol, finden sich auch im Nektar von *Rhododendron*-Arten. Als Antibiotika verhindern sie den Abbau der Zucker im Nektar durch Bakterien. Bei geschwächten Menschen können sie Ursache von Vergiftungen durch *Rhododendron*-Honig sein.

▶ **Klassifikation:** Zu den Ericaceae werden heute auch Arten verwandter Familien gezählt, unter anderen:
die ehemaligen Monotropaceae: *Monotropa*.
die ehemaligen Pyrolaceae: *Chimaphila*, *Moneses* und *Pyrola*.

Wichtige strukturelle Kennzeichen

Holzgewächse mit immergrünen xeromorphen, oft lederigen Blättern und vierzähligen oder fünfzähligen Blüten. Die Staubbeutel tragen je zwei Anhängsel, die im Dienst der Bestäubung stehen können (zum Beispiel Streukegel).

Gentianaceae (Enziangewächse)

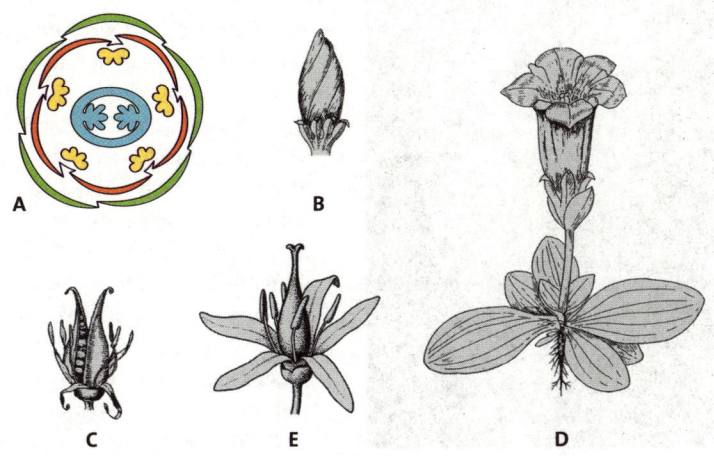

Abb. 5.59

Gentianaceae. *Gentiana acaulis* (Silikat-Glocken-Enzian, einer der »stängellosen« Enziane): **A** Blütendiagramm, **B** Blütenknospe mit gedrehter Krone, **C** Kapsel, **D** Habitus. *Gentiana lutea* (Gelber Enzian), **E** Blüte (A, B, C, D PROBST und MARTENSEN 2004; E FROHNE und JENSEN 1998).

A   B   C   E   D

* K (4–5) [C (4–5) S 4–5] G (2)

Blütenformel

▶ **Verbreitung:** 1 100 Arten in aller Welt, bevorzugt in arktischen Regionen und Gebirgen.

▶ **Gattungen:** *Centaurium* (Tausendgüldenkraut), *Gentiana* (Enzian), *Gentianella* (Fransenenzian), *Lomatogonium* (Tauernblümchen), *Sweertia* (Sumpfstern).

▶ **Wuchsform:** Kräuter und Stauden mit **gegenständigen**, **einfachen Blättern** ohne Nebenblätter. Die Seitennerven der Blätter laufen parallel. Bei Monokotyledonen (→ Seite 113) sind die parallel-nervigen Blätter wechselständig wie etwa bei dem giftigen *Veratrum album* (Weißer Germer), den man im vegetativen Zustand nicht mit *Gentiana lutea* (Gelber Enzian) verwechseln sollte. **Die Leitbündel sind bikollateral**, das Phloem findet sich nicht nur an der Außen-, sondern auch an der Innenseite des Xylems.

▶ **Blütenstand:** Verschieden, auch Einzelblüten.

▶ **Blütensymmetrie:** Radiär.

▶ **Blütenhülle:** Fünf – seltener vier – verwachsene Kelchblätter und fünf – seltener vier – verwachsene Kronblätter. Oft bilden sie eine Glocke. In der Knospenlage sind die **Kronblätter deutlich gedreht** (Abb. 5.59).

▶ **Staubblätter:** Fünf, seltener vier, untereinander frei, aber mit den Kronblättern verwachsen. Im Gegensatz zu den Primulaceae **alternieren sie mit den Petalen**. Die Staubfäden können nahe beim Griffel stehen, aber weiter unten über radial gerichtete Septen mit den Petalen verbunden sein. Dadurch entstehen bei den »stängellosen« Enzianen fünf Kammern im

Abb. 5.60

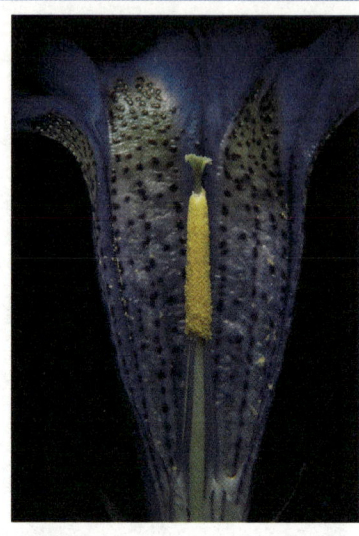

Gentiana acaulis (Silikat-Glocken-Enzian): Blüte längs. Der Griffel hat sich oben bereits mit zwei Narbenlappen geöffnet. Unter ihnen liegen die Antheren dem Griffel eng an und präsentieren den Pollen nach außen. Die blauen Filamente führen am Griffel entlang weiter abwärts und bilden dann Septen (ganz unten), über die sie mit den Petalen verwachsen sind. Die weiten Blütenglocken können von Hummeln bestäubt werden, die bis zu den Septen hineinkriechen (Hess 2001).

Abb. 5.61

Gentiana verna (Frühlings-Enzian): Blüte längs. Die beiden Narbenlappen verschließen die enge Kronröhre fast völlig. Zwischen ihnen und der Wand hindurch können nur lange Rüssel zum tief geborgenen Nektar gelangen. Dementsprechend sind Falter die Bestäuber (Hess 2001).

unteren Bereich der glockenförmigen Blüte (**Revolverblüten**, Abb. 5.60).

▶ **Fruchtknoten:** Oberständiger, coenokarper Fruchtknoten aus zwei Fruchtblättern, die ein Fach bilden. Der Griffel öffnet sich mit zwei Narbenlappen. Bei *Lomatogonium* und *Sweertia* laufen die Narben an den Verwachsungsnähten der beiden Fruchtblätter herab, deshalb für *Lomatogonium* auch der weitere Name Saumnarbe.

▶ **Bestäubung:** Je nach der Form der Blüte. In die oben weit offenen Revolverblüten mancher *Gentiana*-Arten können Hummeln hineinkriechen und dann den Nektar erreichen (Abb. 5.60). Bei Arten mit engen Kronröhren sind je nach der Länge der Kronröhren langrüsselige Hummeln oder Bienen, vor allem aber Tagfalter die Bestäuber (Abb. 5.61). Sternartig ausgebreitete Blüten wie bei *Gentiana lutea* (Gelber Enzian, Abb. 5.59) stehen prinzipiell vielen Besuchern offen. Doch findet man auch hier oft Bienenartige als Besucher.

▶ **Frucht:** Kapsel (Abb. 5.59).

▶ **Ausbreitung:** Windstreuer.

▶ **Inhaltsstoffe:** Die Familie ist bekannt für ihre **Bitterstoffe**. Dabei handelt es sich um glykosidische **Iridoide** von Terpencharakter wie das häufige Gentiopikrin. Das in *Gentiana lutea* (Gelber Enzian, Abb. 5.59) vorkommende *Amarogentin*, ein Derivat des Gentiopikrins, ist einer der bittersten Stoffe überhaupt. **Xanthone**, gelbe Phenolderivate, sind für die Familie typisch. Anstatt Stärke kann in den Rhizomen das Trisaccharid **Gentianose** (Fructose-Glucose-Glucose) gespeichert werden.

Nutzung: Bitterdrogen und Kräuterschnäpse: *Centaurium erythraea* (Echtes Tausendguldenkraut) und die hochwüchsigen *Gentiana-Arten* wie *Gentiana lutea* (Gelber Enzian). Die beiden genannten Arten sind traditionelle Heilpflanzen. Die blau blühenden »stängellosen« Enziane wie *Gentiana acaulis* (Silikat-Glocken-Enzian) oder *Gentiana clusii* (Kalk-Glocken-Enzian) spielen bei der Herstellung von Kräuterschnaps keine Rolle. Wenn man sie dennoch auf Schnapsflaschen abbildet, handelt es sich um »Etikettenschwindel« zur Verkaufsförderung.

Klassifikation: Der früher zu den Gentianaceae gestellte *Menyanthes trifoliata* (Fieberklee) mit seinen wechselständigen dreizähligen Blättern gehört in eine eigene Familie der Menyanthaceae.

Krautige Pflanzen mit einfachen, gegenständigen, parallelnervigen Blättern. Die Blüten sind fünfzählig. Die Petalen sind in der Knospenlage gedreht. Die Staubblätter alternieren im Gegensatz zu den Primulaceae mit den Petalen. Der coenokarp-einfächerige Fruchtknoten bildet eine Kapsel.

Wichtige strukturelle Kennzeichen

5.4.13 | Lamiaceae (Labiatae, Lippenblütler)

Abb. 5.62

Lamiaceae. *Stachys sylvatica* (Wald-Ziest): **A** Blütendiagramm, **B** Blüte, **C** Habitus, **D** Kelch mit Klausenfrüchten, **E** Ausschnitt aus dem vierkantigen, hohlen Stängel. k Klause, ✳ Position des ausgefallenen fünften Staubblatts (HESS 1990).

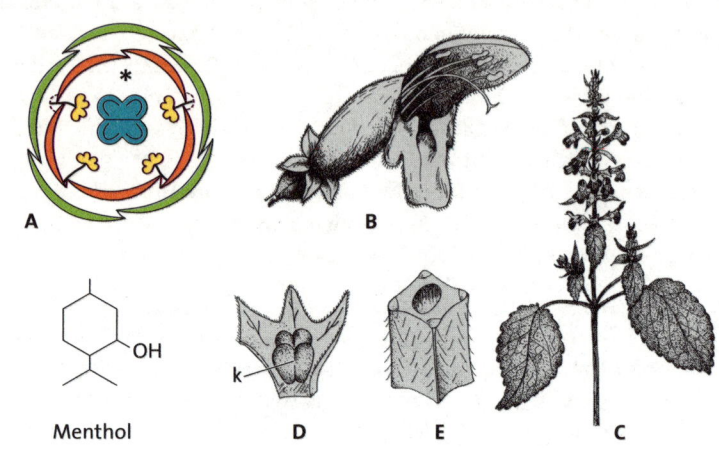

Menthol · D · E · C

Blütenformel

↓ K (5) [C (5) A (4)] G (2)

▶ **Verbreitung:** 5 900 bis 7 900 (dann einschließlich vieler Verbenaceae) Arten in aller Welt mit einem Schwerpunkt im Mittelmeergebiet. Bevorzugt in offenen Regionen, nicht im Tropenwald.

▶ **Gattungen:** *Ajuga* (Günsel), *Coleus* (Buntnessel), *Glechoma* (Gundermann), *Lamium* (Taubnessel), *Lavandula* (Lavendel), *Majorana* (Majoran), *Melissa* (Melisse), *Mentha* (Minze), *Origanum* (Dost), *Rosmarinus* (Rosmarin), *Salvia* (Salbei), *Stachys* (Ziest), *Teucrium* (Gamander), *Thymus* (Thymian).

▶ **Wuchsform:** Kräuter, Stauden oder Sträucher mit **einfachen, kreuzweise gegenständigen Blättern** ohne Nebenblätter und oft **vierkantigen Stängeln**. In den Kanten verlaufen Kollenchymstränge.

▶ **Blütenstand:** Verschieden. Trauben- oder ährenähnlich, Pseudoquirle (mehrere Blüten auf nur wenig verschiedener Höhe, so dass ein Quirl vorgetäuscht wird), Köpfchen.

▶ **Blütensymmetrie:** Zygomorph.

▶ **Blütenhülle:** Fünf verwachsene Kelchblätter, fünf verwachsene Kronblätter (in unseren Breiten meist zwei als schützende Oberlippe, drei als Landeplatz für Insekten; die Oberlippe kann auch stark reduziert werden oder fehlen, zum Beispiel bei *Ajuga* oder *Teucrium*.

▶ **Staubblätter: Vier, meist paarweise mit verschieden langen Filamenten**, diese mit den Kronblättern verwachsen. Die Zahl der Staubblätter kann reduziert werden (s. Box 5.8).

Abb. 5.63

Herkogamie, gekoppelt mit Proterandrie bei *Teucrium scorodonia* (Salbei-Gamander). Die Oberlippe ist hier bis zur Unkenntlichkeit reduziert. **a** Blüte im männlichen Zustand. Der Griffel steht mit noch geschlossenen Narbenlappen zwischen den Staubblättern. **b** Blüte im weiblichen Zustand. Der Griffel hat sich nach rechts mit zwei Narbenlappen geöffnet. Die Staubfäden haben sich nach links hinten gekrümmt und sind somit nicht mehr im Weg des Bestäubers. Die über Bewegungen der Sexualorgane erreichte räumliche Trennung macht schon von der Proterandrie abgesehen Selbstungen unwahrscheinlich (HESS 1990).

▶ **Fruchtknoten:** Ein oberständiger coenokarper Fruchtknoten aus zwei Fruchtblättern, dessen ursprünglich zwei Fächer durch eine **falsche Scheidewand** in vier **Klausen** (Abb. 5.62) geteilt werden. »Falsch« sind die Scheidewände deswegen, weil sie nicht von den Fruchtblättern selbst, sondern aus deren medianen Ausstülpungen gebildet werden. Zur Stellung des Griffels siehe Klassifikation.

▶ **Bestäubung:** Verschiedene teils hochentwickelte Bestäubungsmechanismen (Abb. 5.63, Box 5.8). Bestäubung meist durch Insekten, bei tropischen Arten auch durch Vögel, in Südamerika durch Kolibris, zum Beispiel bei *Salvia splendens* (Pracht-Salbei, bei uns als Sommerpflanze).

▶ **Frucht:** Vier einsamige, nüsschenartige Klausenfrüchte.

▶ **Ausbreitung:** Früchte teils mit Elaiosomen und dann Myrmekochorie. Bei Nutzpflanzen hat auch der Mensch eine entscheidende Rolle gespielt, etwa beim Transfer aus dem mediterranen Zentrum über die Alpen in die Klostergärten des Mittelalters.

▶ **Inhaltsstoffe:** Die Familie ist für die Bildung von **ätherischen Ölen** in Drüsenhaaren und

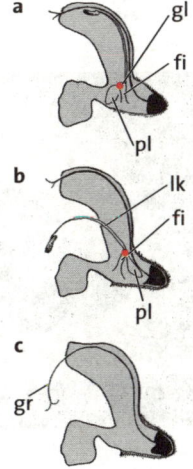

Abb. 5.64

Schlagbaum-Mechanismus bei *Salvia pratensis* (Wiesen-Salbei): Blüten längs. **a** Männliche Blühphase, Ausgangszustand, **b** männliche Blühphase nach Senken des Schlagbaums beim Eindringen eines Besuchers, **c** nachfolgende weibliche Blühphase. gr Griffel, fi Filament, gl Gelenk (roter Punkt), lk langer Konnektivarm mit fertiler Theke, pl Platte (verändert nach BERTSCH aus HESS 1990).

Box 5.8

Schlagbaum-Mechanismus in der Gattung *Salvia* (Salbei)

Bei einigen Arten der Gattung *Salvia* findet sich ein erstaunlicher Bestäubungsmechanismus (Abb. 5.64), der vor allem über eine extreme Umgestaltung der Staubblätter zustande kommt. Nur noch zwei Staubblätter sind vorhanden. Ihre Filamente sind zunächst mit dem Boden der Kronröhre verwachsen, werden dann aber frei, biegen nach oben ab und setzen wie üblich an die Konnektive an. Die Verbindungsstelle ist als Gelenk ausgestaltet. Die Konnektive sind stark verändert. Ihr unterer Teil ist zu einer Platte verbreitert, an der seitlich die kurzen freien Filamente ansetzen. Die beiderseitigen Platten verwachsen oder verkleben zu einer Doppelplatte. Der obere Teil beider Konnektive ist lang ausgezogen, liegt in der Oberlippe und trägt eine fertile Theke.

Die Blüten sind vormännlich. Eine Hummel landet auf der Unterlippe und dringt weiter ein. Dabei stößt sie mit dem Kopf an die Doppelplatte und drückt sie (und damit den kürzeren Hebelarm) nach hinten und oben. Die Bewegung wird über die Gelenke zwischen den Filamentträgern und der Doppelplatte ermöglicht. Die beiden längeren Hebelarme, die beiden lang ausgezogenen Konnektivteile, senken sich schlagbaumartig aus der Oberlippe heraus und positionieren ihre Theken auf dem Rücken der Hummel. Dort wird ihr Pollen abgeladen.

In älteren Blüten verkümmert der Schlagbaummechanismus der beiden Staubblätter. Statt dessen senkt sich der bisher in der Oberlippe verborgene Griffel nach unten. Seine beiden Narbenlappen sind nun auseinander gespreizt und können vom Rücken einer Hummel Pollen aufnehmen, der aus einer jüngeren Blüte stammt.

Mit einem Grashalm lässt sich der Mechanismus leicht auslösen. Dazu eignen sich Gartenformen des Salbeis ebenso gut wie der bei uns in Kalkgebieten häufige Wiesen-Salbei (*Salvia pratensis*) oder der seltenere Klebrige Salbei (*Salvia glutinosa*, Abb. 5.65) in feuchten Wäldern der nördlichen (Vor-)Alpenregion.

Abb. 5.65

Blüte von *Salvia glutinosa* (Klebriger Salbei). Mit einem Grashalm wurde der Schlagbaum-Mechanismus betätigt: Der längere Konnektivarm mit der ansitzenden Theke hat sich herabgesenkt (HESS 2001).

-schuppen bekannt. Überwiegend handelt es sich dabei um Mono- und Sesquiterpene, wie Menthol (Abb. 5.62) aus *Mentha* oder Thymol aus *Thymus*. Phenolderivate sind die Bausteine der **Lamiaceen-Gerbstoffe**. In bestimmten Taxa führen sie als charakteristische Komponente Rosmarinsäure, die aus zwei Einheiten Kaffeesäure besteht. Typisch sind auch Oligosaccharide der **Stachyose-Reihe** als Transport- und Speicherkohlenhydrate. Dabei handelt es sich jeweils um Saccharose, an die ein bis drei Einheiten Galactose angefügt werden.

➤ **Nutzung:** Zierpflanzen: *Lavandula, Salvia, Coleus* (Buntnessel, als Topfpflanze wegen der dekorativen Blätter). Heil- und Gewürzpflanzen, auch Zusätze zu Kosmetika: vielfach, vor allem wegen der ätherischen Öle aus den Blättern, zum Beispiel *Lavandula angustifolia* (Echter Lavendel), *Salvia officinalis* (Echter Salbei). Der einheimische *Salvia pratensis* (Wiesensalbei, Abb. 5.64) ist dagegen ölarm. *Mentha* × *piperita* (Pfefferminze).

➤ **Klassifikation:** Zahlreiche Verbenaceae werden heute zu den Lamiaceae gezählt. Bei den Lamiaceae im engeren Sinn steht der Griffel zwischen den Klausen, bei ehemaligen Verbenaceae darüber.

Kräuter und Stauden, selten Hölzer, mit einfachen, kreuzweise gegenständigen Blättern an vierkantigen Stängeln. Vier Staubblätter, die Anzahl kann aber auch reduziert sein. Fruchtknoten und Frucht: Vier Klausen.

Wichtige strukturelle Kennzeichen

5.4.14 | Scrophulariaceae (Rachenblütler)

Abb. 5.66

Scrophulariaceae. *Digitalis purpurea* (Roter Fingerhut): **A** Blütendiagramm, **B** Blüte längs mit Griffel (oben), darunter eines der beiden langen und eines der beiden kurzen Staubblätter, **C** Habitus, **D** aufspringende Kapsel (HESS 1990).

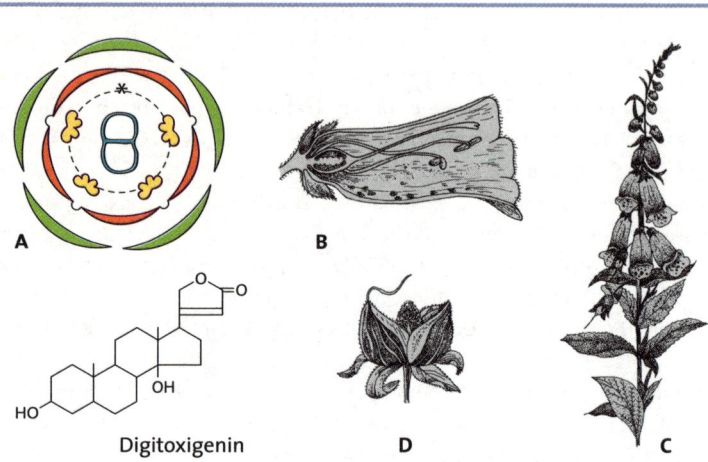

Digitoxigenin   **A**   **B**   **D**   **C**

Blütenformel

$(*) / \downarrow$ K 5   C (5) A 5   2   G (2)

▶ **Verbreitung:** 4 000 Arten weltweit, vor allem in der nördlichen gemäßigten Hemisphäre.

▶ **Gattungen:** *Antirrhinum* (Löwenmäulchen), *Bartsia* (Alpenhelm), *Digitalis* (Fingerhut), *Euphrasia* (Augentrost), *Lathraea* (Schuppenwurz), *Linaria* (Leinkraut), *Melampyrum* (Wachtelweizen), *Mimulus* (Gauklerblume), *Paulownia* (Blauglockenbaum), *Pedicularis* (Läusekraut), *Rhinanthus* (Klappertopf), *Scrophularia* (Braunwurz), *Verbascum* (Königskerze), *Veronica* (Ehrenpreis).

▶ **Wuchsform:** Kräuter und Stauden, selten Hölzer. **Wechsel- oder gegenständige Blätter** ohne Nebenblätter, einfach oder geteilt. Arten der Unterfamilie Rhinanthoideae (Klappertopfartige) sind Halb-, teils auch Vollparasiten.

▶ **Blütenstand:** Verschieden.

▶ **Blütensymmetrie:** Fast radiär bis stark zygomorph (s. Abb. 4.19, Abb. 5.68).

▶ **Blütenhülle:** Fünf meist freie Kelchblätter, fünf verwachsene Kronblätter, von denen die **drei unteren eine Unterlippe, die zwei oberen eine Oberlippe bilden können (Rachenblüte!)**. Die Unterlippe kann eine Vorwölbung bilden, die **Maske**.

▶ **Staubblätter:** Fünf bis zwei, mit den Kronblättern basal verwachsen. Oft vier Staubblätter, dann **zwei mit kürzeren und zwei mit längeren Filamenten**.

▶ **Fruchtknoten:** Ein oberständiger coenokarper Fruchtknoten aus **zwei Fruchtblättern, zweifächerig** (keine Klausen!).

Bestäubung: Verschieden. Vorweiblichkeit sichert bei *Scrophularia* die Fremdbestäubung (Abb. 5.67). Scheibenblüten (*Verbascum, Veronica*, Abb. 4.19, 5.68) werden von Fliegen und Bienen bestäubt. Bei *Digitalis* und anderen finden sich Kronröhren. Die Sexualorgane liegen dann oben in der Röhre und kommen mit dem Rücken von Bienen und Hummeln in Kontakt (Abb. 4.19, Abb. 5.66, Abb. 5.68). Rhinanthoideae wie *Pedicularis* und *Euphrasia* verfügen über Streueinrichtungen aus Griffel und Staubblättern, die ebenfalls im oberen Teil der Kronröhre liegen. Bei *Antirrhinum* und *Linaria* (Abb. 4.19, 5.68) verschließen *Masken* den Blüteneingang. Von schwergewichtigen Besuchern wie den Hummeln werden sie herabgedrückt. Aber auch ein feiner Schmetterlingsrüssel lässt sich einfädeln. An *Linaria vulgaris* (Gewöhnliches Leinkraut) wurde erstmals nachgewiesen, dass Farbmale tatsächlich Wegweiser für die Blütenbesucher sind (s. Box 5.9). Vor allem in den Tropen findet sich auch Ornithophilie (Abb. 5.69).

a

b

Abb. 5.67

Proterogynie bei *Scrophularia nodosa* (Knotige Braunwurz). **a** Weiblicher Zustand. Der Griffel positioniert die Narbe in die Mitte des Blüteneingangs. **b** Männlicher Zustand. Der Griffel ist nach unten abgebogen, ein erstes Staubblatt hat seinen Staubbeutel in die Blütenöffnung geschoben (HESS 1990).

Abb. 5.68

a

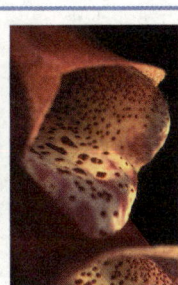

b

c

d

Blüten im Übergang zur Zygomorphie (siehe Abb. 4.19). **a** *Verbascum blattaria* (Schaben-Königskerze), fast radiäre Blüte; die zwei unteren der fünf violettrot behaarten Staubblätter sind etwas länger. **b** *Digitalis purpurea* (Roter Fingerhut); zygomorphe Krone, darin oben zwei lange und zwei kurze Staubblätter. **c** *Linaria alpina* (Alpen- Leinkraut), stark zygomorphe Krone mit Sporn und vier Staubblättern (beides nicht sichtbar) und orangefarbener Maske. **d** *Veronica fruticans* (Felsen-Ehrenpreis), nur noch zwei Staubblätter, die weit aus den Blüten herausragen und als Anflugstangen für bestäubende Fliegen fungieren, darunter die Narbe, dahinter die obere der nur noch vier Petalen, die über Verwachsung von zwei Kornblättern entstand. *Scrophularia nodosa* (Knotige Braunwurz, Abb. 5.67) wäre zwischen a und b einzuordnen (HESS 1990; Orig. D. HESS).

Abb. 5.69

Blüte von *Mimulus cardinalis* (Scharlachrote Gauklerblume). In Kalifornien sind Kolibris die Bestäuber. Die Unterlippe ist zurückgenommen und steht so den vor den Blüten schwirrenden Kolibris nicht im Weg. Beim Nektarsaugen kommen sie über ihre Kopfplatte mit den Sexualorganen in der Oberlippe der Blüte in Kontakt. Für die Kolibris, die im Herbst rasch durchziehen, ist die rote Farbe ein bevorzugtes Signal für Nahrung. Für brütende Kolibris, die Zeit haben, sich an verschiedenfarbige Blüten zu gewöhnen, sind andere Farben gleichwertig (HESS 1990).

▶ **Frucht:** Kapsel. Die Gattung Klappertopf (*Rhinanthus*) hat ihren Namen von dem Geräusch, das die zahlreichen Samen beim Schütteln der Kapsel verursachen.

▶ **Ausbreitung:** Meist Anemochorie.

▶ **Inhaltsstoffe:** Häufig **Iridoide** (→ Seite 80). Die Gattung *Digitalis* enthält **Herzglykoside** (Cardenolide), die zu den Triterpenen zählen. Bei ihnen werden Aglyka (die zuckerfreien Wirkstoffe) wie Digitoxigenin (Abb. 5.66) in komplizierter Weise mit zum Teil seltenen Zuckern besetzt. Blätter von *Digitalis purpurea* (Roter Fingerhut) wurden 1785 von Withering in England als Herz- und Kreislaufmittel in die offizielle Medizin eingeführt. Der Arzt wurde dazu durch die Erfolge einer Kräuterfrau angeregt. Heute ist *Digitalis lanata* (Wolliger Fingerhut) wegen des höheren Gehaltes an Herzglykosiden für den Anbau und die Gewinnung standardisierter Präparate wichtiger.

▶ **Nutzung:** Zierpflanzen: in vielen Gattungen. Heil- und Giftpflanzen: *Digitalis*, je nach der Konzentration der Herzglykoside. *Euphrasia officinalis* (Augentrost, Abb. 5.79) enthält entzündungshemmende Iridoide und Phenolderivate, die für die traditionellen Heilwirkungen bei Augenerkrankungen verantwortlich sein könnten (s. Box 5.11). Diese Heilwirkung konnte aber von der modernen Pharmakologie nicht voll bestätigt werden. Unkräuter: Halbparasitische Arten der Rhinanthoideae schädigen ihre Wirtspflanzen sichtbar (Gräser in Wiesen, Getreide im Feld).

▶ **Klassifikation:** Nicht nur molekulare Daten führten zu einer Zerschlagung der bisherigen Scrophulariaceae (→ Seite 77). Danach verteilen sich ihre Gattungen nun wie folgt auf drei Familien:

　▶ Orobanchaceae (Sommerwurzgewächse): Die ehemalige Unterfamilie der Rhinanthoideae mit den chlorophyllführenden Halbparasiten *Bartsia*, *Euphrasia*, *Melampyrum*, *Pedicularis*, *Rhinanthus* und andere, sowie mit dem chlorophyllfreien Vollparasiten *Lathraea squamaria* (Gewöhnliche Schuppenwurz). Das ist insofern keine Überraschung, als die genannten Gattungen in ihrer Ernährung und in Folge auch Morphologie und Anatomie (wie die Ausbildung von Haustorien) mit

Box 5.9

Erster experimenteller Nachweis der Farbmalfunktion

Schon 1793 stellte Sprengel in seinem Werk »Das entdeckte Geheimnis der Natur im Bau und in der Befruchtung der Blumen« eine Reihe von wegweisenden Hypothesen auf. Eine von ihnen besagte, dass Zeichnungen und Flecke auf Kronblättern Saftmale seien, die zum Nektar hinleiteten. Man nennt diese Male aber besser, weil neutraler, Farbmale. Denn sie können nicht nur auf Nektar, sondern auch auf Pollen hinweisen oder ihn sogar vortäuschen. Bei Hypothesen blieb es über ein Jahrhundert lang, Experimente fehlten.

Erst in der ersten Hälfte des 20. Jahrhunderts bewies KNOLL die Funktion der Farbmale in einfachen, aber überzeugenden Experimenten (Abb. 5.70). In einen Flugkäfig wurden zwei Blütenstände von *Linaria vulgaris* (Gewöhnliches Leinkraut) gestellt. Zwischen ihnen wurden *Linaria*-Blüten exponiert. Sie waren zwischen zwei Glasplatten so eingepresst, dass das mutmaßliche Farbmal, die gelbe Maske, gut sichtbar war. Taubenschwänzchen (*Macroglossum stellatarum*) flogen im Käfig von Blütenstand zu Blütenstand und saugten dort Nektar. Beim Vorbeifliegen an der Glasplatte tippten sie mit ihren feuchten Rüsselspitzen auf das Glas über den gepressten Blüten. Wurde später Farbpulver auf die Glasplatten aufgestäubt, blieb es an den Stellen haften, unter denen sich die Maske befunden hatte. Denn sie – und nur sie – waren durch die suchenden Rüsselspitzen angefeuchtet worden. Damit war bewiesen, dass die gelbe Maske von den Taubenschwänzchen als Wegweiser zum Nektar, also als Farbmal gewertet wird.

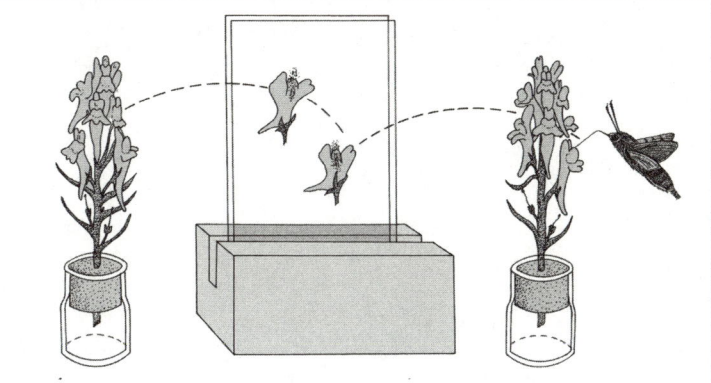

Abb. 5.70

Die Maske bei *Linaria vulgaris* (Gewöhnliches Leinkraut) als Farbmal: experimenteller Beleg durch KNOLL. Die Rüsselspuren auf den Glasplatten sind gepünktelt. Siehe Text (nach KNOLL aus HESS 1999).

der vollparasitischen Gattung *Orobanche* (Sommerwurz) Übereinstimmungen aufweisen.

▶ Plantaginaceae (Wegerichgewächse): Zum Beispiel *Antirrhinum, Digitalis, Linaria* und *Veronica*. Damit werden für die bisherigen Scrophulariaceae typische Gattungen umgeordnet. Weil sich dadurch die Gewichte innerhalb der Plantaginaceae verschieben, hat man schon vorgeschlagen, sie in Veronicaceae (Ehrenpreisgewächse) umzubenennen.

▶ Scrophulariaceae (im engeren Sinne): *Scrophularia* und *Verbascum*.

In diesem Buch blieb es noch bei der konventionellen Fassung der Scrophulariaceae. Doch sollte der neue Klassifikationsvorschlag wenigstens umrissen werden.

Wichtige strukturelle Kennzeichen

Nur wenige Scrophulariaceae zeigen wie die Lamiaceae kreuzweise gegenständige Blätter und vierkantige Stängel, sie bilden aber keine Klausen. Generell gilt also: im Gegensatz zu den Lamiaceae wechsel- oder gegenständige Blätter, Rachenblüten ohne Klausen.

Solanaceae (Nachtschattengewächse)

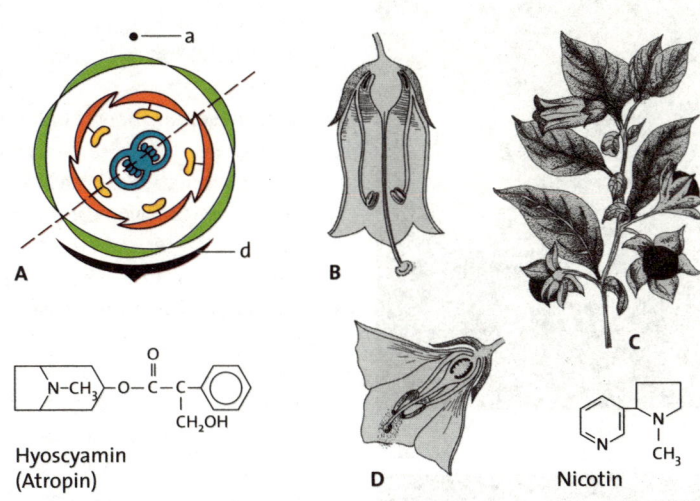

Abb. 5.71

Solanaceae. *Atropa bella-donna* (Tollkirsche): **A** Blü-tendiagramm, **B** Blüte längs, **C** Habitus mit Blü-ten und Früchten, den Toll-kirschen, **D** *Solanum tube-rosum* (Kartoffel), Blüte längs. Die schräg zum Grif-fel stehenden Antheren bilden einen Streukegel. a Achse, d Deckblatt (verän-dert aus HESS 1990).

Hyoscyamin
(Atropin)

D   Nicotin

---

* bis ↓ K 5 [C 5 A 5] G (2)

Blütenformel

▶ **Verbreitung:** 2 900 Arten in aller Welt, vor allem in gemäßigten und tropi-schen Breiten. Schwerpunkte in Mittel- und Südamerika sowie Austra-lien.

▶ **Gattungen:** *Atropa* (Tollkirsche), *Brugmansia* (Engelstrompete), *Capsicum* (Paprika), *Datura* (Stechapfel), *Hyoscyamus* (Bilsenkraut), *Lycopersicon* (Tomate), *Mandragora* (Alraune), *Nicotiana* (Tabak), *Petunia* (Petunie), *Physalis* (Lampionblume), *Salpiglossis* (Trompetenzunge), *Solanum* (Aubergine, Kartoffel und Nachtschatten)

▶ **Wuchsform:** Kräuter, Stauden, seltener Hölzer (zum Beispiel die tropi-schen Arten von *Brugmansia,* die bei uns als Kübelpflanzen gehalten wer-den), auch windende Arten, mit einfachen, nebenblattlosen Blättern. Achsen und Blätter zeigen komplizierte Verschiebungen, so dass zum Beispiel Seitenachsen nicht wie sonst in den Achseln von Blättern, son-dern ihnen gegenüber stehen können. **Die Leitbündel sind bikollateral** (→ Seite 177).

▶ **Blütensymmetrie:** Meist radiär mit Tendenz zur Zygomorphie, doch steht die **Achse des Fruchtknotens schräg zur Mediane**, der Mittellinie der Blüte. Diese verläuft durch die Blütenachse und die Mittellinie des Deckblatts.

▶ **Blütenstand:** Wickel, auch Dichasium.

Abb. 5.72

Blick in die Blüte von *Atropa bella-donna* (Tollkirsche) (Orig. D. HESS).

Abb. 5.73

Blüte von *Salpiglossis sinuata* (Trompetenzunge). Besonders attraktiv die grüne Narbe im Kontrast zum Gelb der Staubbeutel und zum Rot und Gelb der Petalen (Orig. D. HESS).

▶ **Blütenhülle:** Fünf verwachsene Kelchblätter, fünf verwachsene Kronblätter.

▶ **Staubblätter:** Fünf, über ihre Filamente basal mit den Kronblättern verwachsen.

▶ **Fruchtknoten:** Ein oberständiger coenokarper Fruchtknoten aus zwei Fruchtblättern. **Seine Achse, also die Scheidewand zwischen seinen beiden Fächern, steht schräg zur Mediane der Blüte** (s. Symmetrie).

▶ **Bestäubung/Befruchtung:** Die Familie weist sporophytische Selbstinkompatibilität auf. Sie wurde unter anderem bei *Petunia* eingehend untersucht. Die Blüten zeigen oft lange Kronröhren mit tief geborgenem Nektar, der nur von den langen Rüsseln von Tagfaltern (bei *Nicotiana tabacum*, Virginischer Tabak) oder Nachtfaltern (bei *Nicotiana sylvestris*, Berg-Tabak; *Datura stramonium*, Weißer Stechapfel) ausgebeutet werden kann. Einige Arten von *Datura* und *Brugmansia* zeigen Ornitho- oder Chiropterophilie.

▶ **Frucht:** Beere (zum Beispiel *Atropa*, Abb. 5.72, *Capsicum*, *Lycopersicon*, *Solanum*) oder Kapseln (*Datura*, *Hyoscyamus*, *Nicotiana*, *Petunia*). Bei *Physalis alkekengi* (Lampionblume) bleibt die Beerenfrucht von dem orangefarbenen Kelch umhüllt.

▶ **Ausbreitung:** Bei Beeren Endozoochorie, besonders bei kleinfrüchtigen Arten wie bei *Solanum dulcamara* und *Solanum nigrum* (Bittersüßer und Schwarzer Nachtschatten) auch durch Vögel. Bei Kapseln Anemochorie.

▶ **Inhaltsstoffe:** Typisch sind **Tropan-Alkaloide**. Zu ihnen zählen *L-Hyoscyamin* und *Atropin*, das Racemat aus L- und D-Hyoscyamin (Abb. 5.71), sowie das *Scopolamin*, das eine zusätzliche O-Funktion aufweist (ein Epoxid).

Auch *Cocain* gehört hierher. Während die Tropan-Alkaloide innerhalb der Familie weit verbreitet sind, kommen andere Inhaltsstoffe nur in bestimmten Gattungen vor. In der Gattung *Solanum* handelt es sich dabei um **Solanum-Alkaloide** wie *Solanidin* und *Tomatidin* (Namen der Aglyka; sie liegen als Glykoside vor). Bei ihnen wird im Prinzip ein cholesterinartiges Grundgerüst unter Einbau von Stickstoff erweitert. Sie wirken als Saponine und damit als „leichtere Gifte». Sie kommen unter anderem in der Kartoffelpflanze (*Solanum tuberosum*) und der Tomate (*Lycopersicon esculentum*) vor. In der Gattung *Nicotiana* finden sich hohe Konzentrationen von **Nicotiana-Alkaloiden** wie Nicotin (Abb. 5.71). Sie sind aber auch sonst weit verbreitet. Arten der Gattung *Capsicum* sind für ihre Scharfstoffe bekannt, die **Capsaicine**. Sie liegen ebenfalls als Glykoside vor.

▸ **Nutzung:** Zierpflanzen: *Brugmansia, Datura, Nicotiana, Petunia, Physalis alkekengi* (als Trockenblume), *Solanum*. Wohl die farbenprächtigsten Blüten bildet die bei uns als Sommerblume gehaltene *Salpiglossis sinuata* (Trompetenzunge, Abb. 5.73). Giftpflanzen: *Nicotiana tabacum* (Tabak) wegen seiner Nicotiana-Alkaloide. Weitere Gift- und Heilpflanzen s. Box 5.10. Gewürzpflanzen: Beerenfrüchte von *Capsicum annuum* (Paprika) und *Capsicum frutescens* (Chili). Ernährung: Gemüsepflanzen: *Lycopersicon esculentum* (Tomate) mit Beerenfrüchten. Sie bauen die *Solanum*-Alkaloide beim Reifen teilweise ab und werden so ungiftig. Die Blätter bleiben giftig. Beerenfrüchte von *Solanum melongena* (Aubergine). Stärkelieferant: *Solanum tuberosum* (Kartoffel) mit essbaren, stärkereichen Sprossknollen, aber durch *Solanum*-Alkaloide giftigen Beeren. In den Knollen ist der Gehalt an Alkaloiden gering. Durch Kochen wird er noch weiter abgesenkt. Biotechnologie: *Nicotiana tabacum* (Tabak) ist in der Gentechnik eine ausgezeichnete Modellpflanze. An ihr lassen sich Verfahren erproben, die man dann auf Nutzpflanzen zu übertragen versucht.

▸ **Klassifikation:** Auch nach molekularen Befunden sind die Solanaceae monophyletisch.

Fünfzählige Blüten mit nur einem Staubblattkreis und einem Fruchtknoten, dessen Achse schräg zur Mediane der Blüten steht.	Wichtige strukturelle Kennzeichen

Box 5.10

Nachtschattengewächse: Heilpflanzen, Giftpflanzen, Zauberpflanzen

Zu den Nachtschattengewächsen gehören, obwohl sie in bestimmten Organen Giftstoffe enthalten, wichtige Nahrungspflanzen wie Kartoffel und Tomate, oder Gewürzpflanzen wie Paprika. Der Tabak ist Rausch- und Giftpflanze zugleich und leitet so zu beinahe berüchtigten Pflanzenarten wie *Mandragora officinarum* (Alraune), *Atropa bella-donna* (Tollkirsche), *Datura stramonium* (Stechapfel) und *Hyoscyamus niger* (Bilsenkraut) über. Diese und einige weitere Arten enthalten allerdings ganz andere Giftstoffe als das Nicotin des Tabaks: Sie sind durch Tropan-Alkaloide charakterisiert.

Dabei handelt es sich um L-Hyoscyamin und Atropin (Abb. 5.71). Atropin wird durch Racemisierung von Hyoscyamin beim Trocknen oder bei der Extraktion gebildet. Hinzu kommt außer einigen Nebenalkaloiden das Scopolamin. Hyoscyamin ist in *Atropa* und *Datura* das Hauptalkaloid. In *Hyoscyamus* kommen Hyoscyamin und Scopolamin in ungefähr gleichen Mengen vor, in den Wurzeln von *Mandragora* überwiegt das Scopolamin.

Die Tropan-Alkaloide wirken parasympatholytisch, hemmen also den Parasympathicus, weil sie an einen Rezeptor für den Neurotransmitter Acetylcholin binden und ihn dadurch blockieren. Über diese Parasympatholyse sind sie Spasmolytica, wirken also krampflösend auf die glatte Muskulatur (Magen-Darm-Trakt, Galle, Blase). Auch die Aktivität der Speicheldrüsen wird gehemmt (Mundtrockenheit). Bei *Atropa* kommt es auch zur namengebenden Erweiterung der Pupillen (*bella-donna*, weil von Frauen benutzt, die schöner aussehen möchten), die auch medizinisch genutzt wird.

Abb. 5.74

Symptomatik einer Vergiftung in Abhängigkeit von der Atropin-Dosis (FROHNE und PFÄNDER 2004).

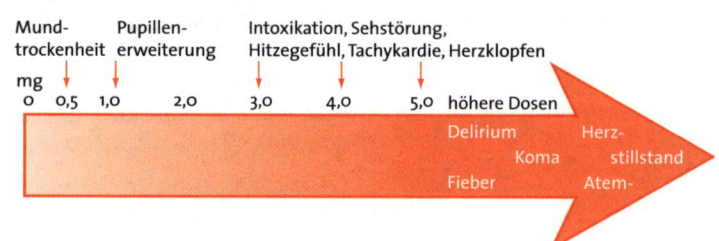

Alle Tropan-Alkaloide wirken besonders in höheren Dosen auf das Zentralnervensystem (ZNS). Einmal sind sie halluzinogen. In höheren Dosen wirkt Hyoscyamin stark erregend, Scopolamin dämpfend. Bei *Hyoscyamus* ist die Tranquiliser-Funktion auch bei höheren Dosen besonders ausgeprägt. Die Gattungen *Atropa*, *Datura* und *Hyoscyamus* werden als Heilmittel zur Beruhigung und Betäubung (Narkose), *Hyoscyamus* auch als Schmerzmittel seit Urzeiten geschätzt. Sie waren außerdem beliebte Aphrodisiaka.

Vergiftungen durch die lockenden Beeren von *Atropa* bedeuten bei Kindern nach wie vor eine ernste Gefahr. Abb. 5.74 zeigt deshalb die Symptome einer *Atropa*-Vergiftung in Abhängigkeit von der Atropin-Dosis. Nach starker Erregung (Tollkirsche!) kann durch Atem- und Herzstillstand der Tod eintreten.

Mandragora officinarum (Alraune, Abb. 5.75) kommt vor allem im Mittelmeergebiet vor. In Mitteleuropa ist sie nur in milden Regionen winterhart genug. Ihre Verehrung als Allheilmittel, Zauber- und Liebespflanze seit vorchristlichen Zeiten verdankt sie auch ihrer oft menschenähnlich aussehenden Wurzel. Man unterschied dabei Alraune-Männlein und -Weiblein. Der Literatur nach sind teils beide gleich wirksam, teils die Männlein effektiver. Das Ausgraben der begehrten Wurzel

| Abb. 5.75

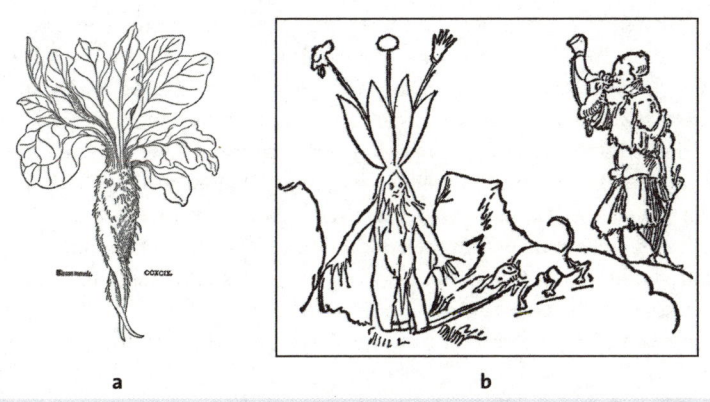

a   b

Mandragora officinarum (Alraune). Mandragora war Allheilmittel, Zauberpflanze und auch Aphrodisiakum, wie Fresken schon aus dem alten Ägypten belegen. **a** Pflanze nach dem New Kreuterbuch von Fuchs 1543, **b** Ausgraben des Alraun nach einer mittelalterlichen Handschrift: Der Hund reißt den hier männlichen Alraun heraus und wird daran sterben. Der Gräber stößt sicherheitshalber trotzdem ins Horn, um den todbringenden Schrei des Alaun zu übertönen (MARZELL 1964).

musste unter größten Vorsichtsmaßnahmen erfolgen. Denn der Schrei der Alraune beim Ausgraben war todbringend. In Schriften des Mittelalters finden sich immer wieder Anweisungen, einen Hund an den Wurzelhals zu binden und ihn die Wurzel ausreißen zu lassen, so dass nur er sterben musste (Abb. 5.75).

In Deutschland sind *Atropa bella-donna* (Tollkirsche), *Datura stramonium* (Stechapfel) und *Hyoscyamus niger* (Bilsenkraut) (Abb. 5.76) weiter verbreitet als *Mandragora*. *Datura stramonium* wurde erst im 16. Jahrhundert aus der Neuen Welt eingeführt, doch wurden in der Alten Welt zuvor auch andere Arten genutzt. Bei allen Arten spielte die aphrodisierende kombiniert mit der halluzinogenen Wirkung bei den Hexenverfolgungen von etwa 1350–1750 eine wichtige Rolle. Dem Hexenwahn fielen mindestens eine, wahrscheinlich jedoch anderthalb Millionen Frauen zum Opfer – nicht nur im »finsteren« Mittelalter, sondern überwiegend in der so genannten Neuzeit!

Die »Hexen« waren zunächst vor allem Kräuterfrauen, die mit ihren Heilpflanzen bestens Bescheid wussten. Für Unwissende waren sie schon deshalb verdächtig. Hinzu kam, dass sie sich oft auf die alten Naturgottheiten beriefen. Sie gerieten dadurch in Konflikt mit der Marienverehrung und mit der in sich unsicheren katholischen Kirche. Sobald es protestantische Gebiete gab, griff der Hexenwahn auch auf sie über.

Aber nicht nur bei Kräuterfrauen waren Nachtschattengewächse in Gebrauch. In den Badehäusern etwa sorgten erhitzte Samen des Bilsenkrauts für erotische Halluzinationen und entsprechende Aktivitäten. Vielfach verwendeten Frauen auch Hexensalben, vor allem Flugsalben, in denen *Atropa*, *Datura* und *Hyoscyamus* zusammen mit weiteren Drogen wie dem Sturmhut (*Aconitum napellus*) enthalten waren. Die Salben wurden auf der Stirn, unter den Achseln, über der Brust oder den Genitalien eingerieben, also an Stellen, über die sie schnell in den Blutkreislauf gelangten. Halluzinationen erotischer Art stellten sich ein. Höhepunkt war der Hexensabbat. In ihren Wahnvorstellungen ritten die Frauen auf Besen durch die Luft auf Bergkuppen hinauf, wo Satan und

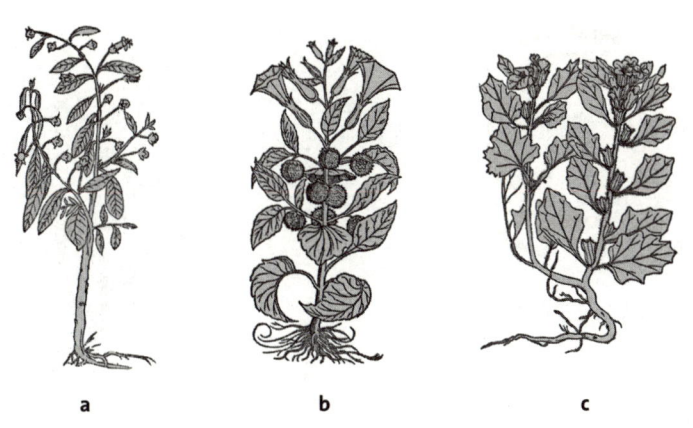

Abb. 5.76

Die drei wichtigsten mitteleuropäischen Zauber- und Hexenpflanzen aus dem Kreutterbuch von Hieronymus Bock 1577. **a** *Atropa bella-donna* (Tollkirsche), **b** *Datura stramonium* (Stechapfel), **c** *Hyoscyamus albus* (wirkt ähnlich wie *H. niger*, Schwarzes Bilsenkraut) (nach SCHURZ 1969).

a   b   c

seine Gesellen für muntere Gesellschaft sorgten. Berge wie der Brocken sind heute noch als Hexentanzplätze bekannt. Bei einer inquisitorischen Befragung waren die mutmaßlichen Hexen selten in der Lage, Halluzination und Realität auseinander zu halten. Aber auch ein Widerspruch hätte nicht geholfen. Grausame Foltern führten zum erwünschten Geständnis – und zum Tod auf dem Scheiterhaufen.

Der Hexenwahn dehnte sich weit über die Kräuterfrauen hinaus aus. Für jede Naturkatastrophe ließen sich Schuldige finden. Doch genügten auch Anschuldigungen, in denen Hexerei erfunden wurde, um Frauen dem Tod zu überantworten. Die Verfolgung richtete sich gezielt gegen Frauen. Nur wenige Männer wurden als Hexer verurteilt. Doch mit Verleumdungen konnte man nicht nur unliebsame Frauen aus dem Weg räumen, sondern auch die berufliche Position ihrer Ehemänner schwächen, auch wenn ein Vorgehen gegen sie selbst wenig Erfolg gehabt hätte.

Literatur: eigener Abschnitt im Literaturverzeichnis.

5.4.16 | **Boraginaceae (Raublattgewächse)**

Abb. 5.77

Boraginaceae. *Symphytum officinale* (Gewöhnlicher Beinwell). **A** Blütendiagramm, **B** Blüte längs, **C** Fruchtknoten, **D** Habitus, **E** Blüte von *Echium vulgare* (Gewöhnlicher Natternkopf), **F** Blüte von *Borago officinalis* (Einjähriger Boretsch). s Schlundschuppen, k Klausen. Retronecin ist eine wesentliche Strukturkomponente von Pyrrolizidin-Alkaloiden (verändert nach HESS 1990).

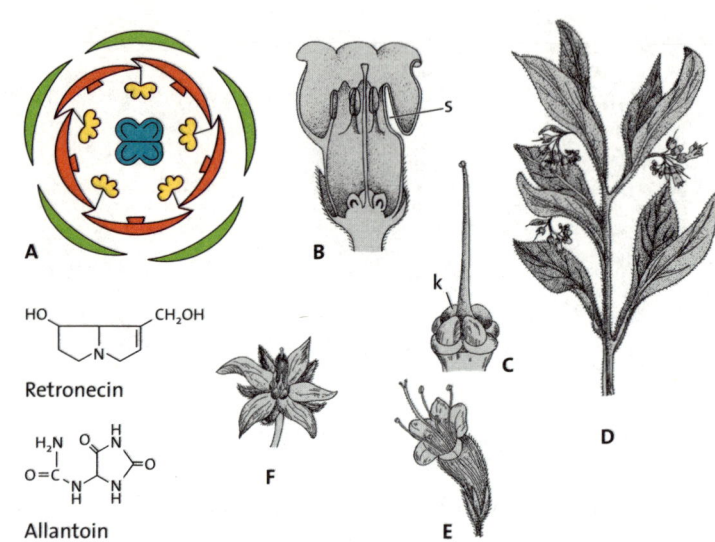

Retronecin

Allantoin

Blütenformel

$* \text{ selten } \downarrow \text{ K (5) } [\text{C (5) A 5}] \quad \text{G } \underline{(2)}$

▶ **Verbreitung:** 2 500 Arten vor allem in gemäßigten und subtropischen Zonen mit Schwerpunkt im Mittelmeergebiet.

▶ **Gattungen:** *Alkanna* (Schminkwurzel), *Borago* (Boretsch), *Echium* (Natternkopf), *Eritrichium* (Himmesherold), *Heliotropium* (Heliotrop), *Lithospermum* (Steinsame), *Mertensia* (Blauglöckchen), *Myosotis* (Vergissmeinnicht), *Phacelia* (Büschelschön), *Pulmonaria* (Lungenkraut), *Symphytum* (Beinwell).

▶ **Vegetativer Bau:** Überwiegend Kräuter und Stauden, in den Tropen selten auch Hölzer. Blätter ohne Nebenblätter, meist **einfach und wechselständig**. Namengebend ist die **Behaarung** der ganzen Pflanze. Der »raue« Charakter wird durch Versteifung der Haare mit Siliciumdioxid und Calciumcarbonat bedingt.

▶ **Blütenstand:** Meist **Doppelwickel**.

▶ **Blütensymmetrie:** Radiär, selten (*Echium*) zygomorph.

▶ **Blütenhülle:** Fünf freie oder verwachsene Kelchblätter und fünf verwachsene Kronblätter. Einstülpungen der Kronblätter werden häufig zu **Schlundschuppen**, die eine *Nebenkrone* (*Eritrichium*, Abb. 5.78, ebenso *Myosotis*) oder Teile eines *Streukegels* (*Symphytum*, Abb. 5.78) bilden können.

▶ **Staubblätter:** Fünf, Filamente mit den Kronblättern verwachsen.

Abb. 5.78

Schlundschuppen bei Boraginaceen. **a** *Eritrichium nanum* (Himmelsherold), Schlundschuppen als gelbe Nebenkrone, die als Farbmal dient, **b** *Symphytum officinale* (Gewöhnlicher Beinwell), Blüte längs. Streukegel, an dessen Bildung sich Schlundschuppen beteiligen: zentral der Griffel, darum alternierend die mit scharfkantigen »Haifischzähnen« besetzten Schlundschuppen und die Staubblätter (links geöffnet), die ihren Pollen nach innen abgeben (HESS 1990, 2001).

▶ **Fruchtknoten: Ein** oberständiger coenokarper Fruchtknoten aus zwei Fruchtblättern, die über mediane Ausstülpungen eine »**falsche Scheidewand**« bilden. **Der Fruchtknoten zerfällt dadurch in vier Klausen.**

▶ **Bestäubung:** Überwiegend Entomophilie. Die Bestäuber sammeln Nektar und auch Pollen. Gegebenenfalls werden sie durch Nebenkronen als Farbmale (Abb. 5.78) angelockt. Streukegel (Abb. 5.78) lassen nur langrüsselige Insekten (Hummeln, Tagfalter) zu. Beim Einführen des Rüssels werden die Komponenten des Streukegels auseinander gedrängt; der in ihm gelagerte Pollen fällt dann auf den Kopf der Bestäuber herab. Beim Besuch einer anderen Blüte wird er vom Kopf auf die herausragende Narbe übertragen. Doch oft wird der lästige Streukegel umgangen: von kurzrüsseligen Insekten werden die Kronröhren zum Nektarraub durchbissen (häufig bei *Symphytum*). Dabei unterbleiben Bestäubung und Pollenabnahme. Beim Altern der Blüten findet sich oft ein Farbumschlag der Anthocyane von Rot nach Blau. Er wird als Zeichen für die Bestäuber gewertet, dass in den Blüten nun weniger Nektar und Pollen zu holen sein dürften.

▶ **Frucht:** Der Fruchtknoten bildet vier einsamige, meist nussartige **Klausenfrüchte**.

▶ **Ausbreitung:** Verschieden. Bei nussartigen Klausen Endozoochorie oder über Anhängsel Epizoochorie. Manchmal auch Elaiosomen und dann Myrmekochorie.

▶ **Inhaltsstoffe:** Mineralstoffe in den Haaren (s. oben). Typisch **Allantoin** (Abb. 5.77) als spezielle Transport- und Speicherform des Stickstoffs, fördert

Abb. 5.79

Euphrasia officinalis ssp. *rostkoviana* (Großblütiger Augentrost). Blick auf den Blüteneingang, der an ein bewimpertes Auge erinnert. Die Farbstreifen = »Wimpern« leiten zum Nektar im Blütenschlund. Die vorweibliche Blüte befindet sich im zweiten, männlichen Zustand. Oberhalb des Eingangs ein Streukegel aus den 4 dunkelbraunen Antheren, die sich nach innen öffnen. Die Filamente der beiden vorderen Antheren sind sichtbar. Von den beiden hinteren Staubbeuteln hängen besonders lange Fortsätze herab. Stößt ein Besucher an eine Komponente des Streukegels, rieselt Pollen auf ihn herab (HESS 1990).

die Granulation und damit Wundheilung. Oft **Pyrrolizidin-Alkaloide** (Abb. 5.77, Retronecin ist als Necinbase wesentlicher Strukturbaustein), deren Derivate Leberschäden und über Alkylierungen der DNA auch Krebs hervorrufen können. In Wurzeln häufig rote **Naphthochinon-Derivate** (Alkannin, Shikonin).

▶ **Nutzung:** Zierpflanzen: vor allem *Heliotropium*, aber auch *Mertensia, Myosotis, Pulmonaria*. Bienentracht: *Phacelia tanacetifolia* (Rainfarnblättriges Büschelschön). Gewürzpflanzen: *Borago officinalis* (Einjähriger Boretsch). Heilpflanzen: *Symphytum officinale* (Gewöhnlicher Beinwell) zur Heilung von Geschwüren und Quetschungen an den Beinen (gr. sym = zusammen; gr. phyo = wachsen). Wegen seiner gefährlichen Pyrrolizidin-Alkaloide darf er nur äußerlich und in begrenzten Dosen angewendet werden. *Pulmonaria officinalis* (Echtes Lungenkraut) erinnert mit seinen im Alter typisch weißgefleckten Blättern an die Alveolen der Lungen. Nach der Signaturenlehre (Box 5.11) sollte die Art deshalb bei Erkrankungen der Lunge (lat. pulmo = Lunge) einsetzbar sein. Doch wird die Heilwirkung heute zurückhaltend beurteilt. Farbstoffe: in den Wurzeln von *Alkanna tuberculata* (Schminkwurzel) Alkannin, in denjenigen von *Lithospermum erythrorhizon* (Rotwurzeliger Steinsame) Shikonin. In Japan wird das leicht antibiotisch wirkende *Shikonin* im Großmaßstab aus Zellkulturen gewonnen und zum Färben von Seide und in der Kosmetikindustrie (Seife, »Biolipsticks«) genutzt.

▶ **Klassifikation:** Die Hydrophyllaceae (Wasserblattgewäche) mit der Gattung *Phacelia* werden heute zu den Boraginaceae gezählt.

Wichtige strukturelle Kennzeichen	Im Gegensatz zu den Lamiaceae mit ebenfalls vier Klausen (meist) radiäre Blüten, Doppelwickel, wechselständige Blätter, Behaarung.

Box 5.11

Die Signaturenlehre des Mittelalters

Ein überzeugter Vertreter der Signaturenlehre war Paracelsus (1493–1541). Die Lehre besagt, dass die Pflanze selbst ein gottgewolltes Zeichen (lat. signum) gibt, wofür oder wogegen man sie einsetzen könne. Die Lungenflechte (*Lobaria pulmonaria*) ebenso wie das Lungenkraut (*Pulmonaria officinalis*) erinnern in der Oberflächenstruktur ihrer Thalli beziehungsweise Blätter an die Alveolen der Lunge und sollten demnach gegen Krankheiten der Lunge einsetzbar sein. Wenn man eine Walnuss (*Juglans regia*) öffnete, glaubte man in den beiden Keimblättern ein Gehirn vor sich zu haben – also gut für Gehirnleiden! Die Blüte des Augentrosts (*Euphrasia officinalis,* Abb. 5.79) sieht fast wie ein bewimpertes Auge aus und war damit gegen Augenleiden einsetzbar. Als Allheilmittel galt die Alraune (*Mandragora officinarum*), denn ihre Wurzel gab sogar den ganzen Körper wieder (Abb. 5.75). Aber auch Säfte setzten Zeichen. Der gelbe Milchsaft des Schöllkrauts (*Chelidonium majus*) indizierte eine Heilwirkung bei Gallenleiden. Dass man bei einigem Suchen wohl immer irgendein Signum finden würde, konnte kaum stören

Bei Lungenflechte, Lungenkraut und Schöllkraut bestätigte die moderne Medizin die erwarteten Erfolge annähernd. Beim Augentrost dagegen ist die Beweisführung für eine Wirksamkeit bei Augenleiden nicht überzeugend. Dass die Alraune kein *Allheil*mittel ist, zeigte sich ebenfalls. Die Walnuss schließlich lässt sich zwar als Heilmittel nutzen, nur nicht bei Erkrankungen des Gehirns, sondern unter anderem bei Durchfall!

5.4.17 | Apiaceae (Umbelliferae, Doldengewächse)

Abb. 5.80

Apiaceae. *Carum carvi* (Wiesen-Kümmel): **A** Blütendiagramm, **B** Blüte, **C** Habitus, **D** Spaltfrucht. d Discus, g Griffel, h Hülle, sch Schnabel, kp Karpophor (HESS 1990).

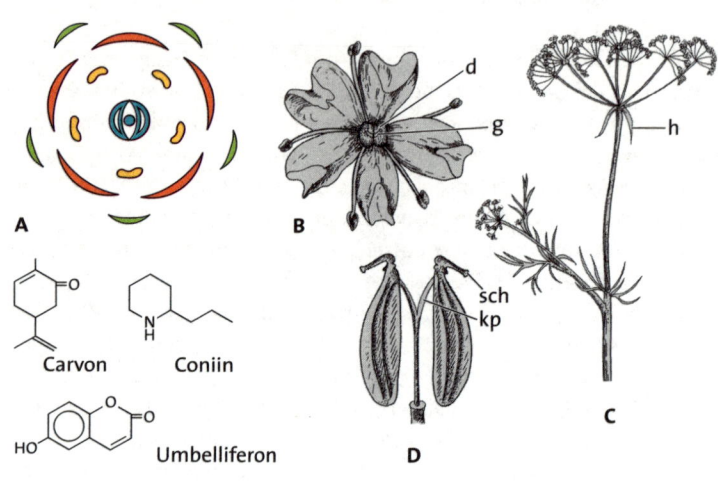

Carvon   Coniin

Umbelliferon

Blütenformel

* K 5 C 5 A 5 G $\overline{(2)}$

▶ **Verbreitung:** 3 000 Arten in aller Welt.

▶ **Gattungen:** *Aegopodium* (Geißfuß), *Anethum* (Dill), *Anthriscus* (Kerbel), *Apium* (Sellerie), *Astrantia* (Sterndolde), *Carum* (Kümmel), *Cicuta* (Wasserschierling), *Conium* (Schierling), *Coriandrum* (Koriander), *Daucus* (Möhre), *Eryngium* (Mannstreu), *Ferula* (Riesenfenchel), *Foeniculum* (Fenchel), *Heracleum* (Bärenklau), *Levisticum* (Liebstöckel), *Pastinaca* (Pastinak), *Petroselinum* (Petersilie), *Peucedanum* (Meisterwurz), *Pimpinella* (Anis).

▶ **Wuchsform:** Fast ausschließlich Kräuter oder Stauden mit **gegliederten, nebenblattlosen Blättern, die den Stängel mit einer stark ausgebildeten Blattscheide umfassen. Die Knoten treten hervor, die Internodien sind hohl.** Häufig mit Rhizomen oder Rüben.

▶ **Blütenstand: Einfache und zusammengesetzte Dolden.** Bei einfachen Dolden können Hüllblätter petaloid ausgebildet werden. Bei *Astrantia* (Sterndolde, Abb. 5.82) entstehen so schauwirksame Pseudanthien.

▶ **Blütensymmetrie:** Radiär, doch am Rand der Dolden auch zygomorph oder asymmetrisch (die nach außen weisenden Petalen können größer sein).

▶ **Blütenhülle:** Fünf freie, stark reduzierte Kelchblätter. Fünf freie Kronblätter.

▶ **Staubblätter:** Fünf freie Staubblätter.

▶ **Fruchtknoten:** Ein coenokarper, unterständiger Fruchtknoten aus zwei

Fruchtblättern und mit zwei Fächern. Über dem Fruchtknoten liegt eine Scheibe, die Nektar absondert, der **Discus,** aus dem die beiden Griffel herausragen (Abb. 5.81).

▶ **Bestäubung:** Die Scheibenblüten mit dem offen gebotenen Nektar werden von den verschiedensten Bestäubern besucht, besonders auch von kurzrüsseligen Fliegen und Käfern.

▶ **Frucht:** Die beiden Fruchtblätter weichen an ihrer Fugenfläche auseinander. Dadurch entsteht eine **Spaltfrucht** aus zwei Hälften, die die beiden Fruchtblätter repräsentieren. Die Griffel sitzen den beiden einsamigen Teilfrüchten (*Achänen*) als »Schnabel« auf. Zunächst kann ein *Karpophor* die Teilfrüchte der Doppelachäne tragen und damit zusammen halten. Die Teilfrüchte zeigen Längsrippen und zwischen ihnen Sekretgänge, in denen ätherische Öle akkumulieren (»Ölstriemen«).

▶ **Ausbreitung:** Oft Windstreuer. Ein Beispiel ist *Daucus carota* (Möhre). Bei ihr ziehen sich die Doldenstrahlen über hygroskopische Bewegungen an basalen Gelenken bei Feuchtigkeit zusammen und öffnen sich bei trockenem Wetter. Damit wird die Windstreuung der Früchte gefördert. Außerdem sind die Achänen mit kurzen weißen Stacheln besetzt, über die auch Epizoochorie möglich wird. *Eryngium campestre* (Feld-Mannstreu) ist bei starkem Wind ein Steppenläufer.

▶ **Inhaltsstoffe:** Vor allem die Früchte, aber auch die Blätter oder die unterirdischen Organe sind reich an **ätherischen Ölen.** Dabei kann es sich sowohl um Terpene als auch um Phenylpropanderivate handeln. Ein Beispiel für ein Terpen ist Carvon (Abb. 5.80), der Hauptinhaltsstoff im äthe-

Abb. 5.81

Einzelblüte von *Anthriscus sylvestris* (Wiesen-Kerbel) im weiblichen Zustand. Die Staubblätter der vormännlichen Blüten sind bereits abgeworfen. Erst dann entwickeln sich die beiden Griffeläste aus dem leicht zweiteiligen Discus heraus. Eine Selbstbestäubung wird damit unmöglich (Hess 1990).

Abb. 5.82

Blütenstand von *Astrantia major* (Große Sterndolde). Die Hüllblätter der einfachen Dolden sind petaloid. Damit entstehen Pseudanthien mit hoher Schauwirkung (Hess 2001).

rischen Öl von *Carum carvi* (Echter Kümmel). Aber auch **Polyacetylene** können in den ätherischen Ölen vorkommen. Diese giftigen Substanzen mit »vielen Acetylen-Bindungen« (Name!) sind für Apiaceae und Asteraceae (→ Seite 206, dort auch ein Beispiel) typisch. In den **Samenölen**, also in »fetten«, nicht in »ätherischen« Ölen, ist oft **Petroselinsäure** vorherrschend. Es handelt sich dabei um eine Fettsäure aus 18 C-Atomen, die eine Doppelbindung zwischen C12 und C13 trägt. Charakteristisch sind auch **Cumarine** wie vor allem das *Umbelliferon* (Abb. 5.80) und seine Derivate. Mit ihnen verwandt sind die Furanocumarine, die photosensibilisierend wirken. Sie dienen unter anderem als Fraßschutz und Phytoalexine. Ein Giftstoff ist das *Coniin* (Abb. 5.80).

▶ **Nutzung:** Zierpflanzen: wenige, zum Beispiel *Eryngium alpinum* (Alpen-Mannstreu), bei dem Hochblätter den blau überlaufenen Blütenstand zum Pseudanthium machen. Vor allem wegen der ätherischen Öle zahlreiche Gewürzpflanzen: *Anethum graveolens* (Dill), *Anthriscus cerefolium* (Garten-Kerbel), *Carum carvi* (Echter Kümmel), *Coriandrum sativum* (Koriander), *Foeniculum vulgare* (als Gewürz-Fenchel), *Levisticum officinale* (Liebstöckel; als »Maggikraut«), *Petroselinum crispum* (Petersilie), *Pimpinella anisum* (Anis). Gemüse: *Apium graveolens* (als Knollen-Sellerie), *Daucus carota* (Möhre), *Foeniculum vulgare* (als Gemüse-Fenchel), *Pastinaca sativa* (Pastinak). Heilpflanzen: *Levisticum officinale* (Liebstöckel, Maggikraut, harntreibende ätherische Öle, Maggigeruch), *Peucedanum ostruthium* (Meisterwurz, ätherische Öle und Cumarine, Appetit- und Verdauung anregend, harntreibend Gicht- und Rheumamittel). Giftpflanzen: *Cicuta virosa* (Giftiger Wasserschierling, giftige Polyacetylene), *Conium maculatum* (Gefleckter Schierling, Giftstoff Coniin), *Heracleum mantegazzianum* (Riesen-Bärenklau, Photosensibilisierung durch Furanocumarine). Unkraut: *Aegopodium podagraria* (Geißfuß, Giersch).

▶ **Klassifikation:** Nach konventionellen wie molekularen Daten sind die Apiaceae monophyletisch.

| **Wichtige strukturelle Kennzeichen** | **Kräuter und Stauden mit gegliederten Blättern, die mit einer ausgeprägten Scheide ansitzen. Die Blütenstände sind einfache oder zusammengesetzte Dolden mit bis auf den Fruchtknoten fünfzähligen Einzelblüten. Die Kelchblätter sind fast zur Unkenntlichkeit reduziert. Ein Discus über dem Fruchtknoten sondert Nektar ab. Der Fruchtknoten entwickelt sich zu einer 2-teiligen Spaltfrucht.** |

Campanulaceae (Glockenblumengewächse)

Abb. 5.83

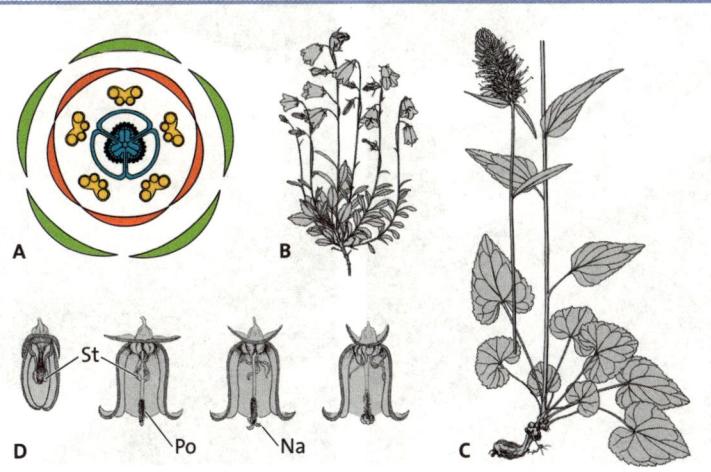

Campanulaceae. **A** Blütendiagramm von *Campanula persicifolia* (Pfirsichblättrige Glockenblume), **B** *Campanula rotundifolia* (Rundblättrige G.; die basalen runden Blätter gehen früh zugrunde, **C** *Phyteuma spicatum* (Ährige Teufelskralle), **D** Blühstadien von *Campanula*, ganz links Knospe, nach rechts zu immer ältere Blüten: sekundäre Pollenpräsentation; vgl. Abb. 5.84. St Staubbeutel, Po Pollen auf Griffelbürste, Na Narbenlappen (A verändert nach STÜTZEL 2002, B HESS 1999, C und D BALTISBERGER 2003).

* K 5 C 5 A 5 G (3)

Blütenformel

- **Verbreitung:** 1 000 Arten überwiegend in der nördlichen gemäßigten Zone.
- **Gattungen:** *Campanula* (Glockenblume, 450 Arten), *Jasione* (Sandglöckchen), *Phyteuma* (Teufelskralle).
- **Wuchsform:** Kräuter oder Stauden mit meist einfachen, nebenblattlosen Blättern.
- **Blütenstand:** Verschieden, oft Rispen oder Trauben, auch Einzelblüten. Bei *Jasiona* und *Phyteuma* Köpfchen.
- **Blütensymmetrie:** Radiär.
- **Blütenhülle:** Fünf freie Kelchblätter, fünf verwachsene Kronblätter.
- **Staubblätter:** Fünf, die mit ihren **Antheren zu einer Röhre verklebt** sind. Die verbreiterten Filamentbasen decken einen nektarabsondernden Discus über dem Fruchtknoten ab.
- **Fruchtknoten:** Ein meist unterständiger, dreiblättriger coenokarper Fruchtknoten mit drei Fächern. **Der Griffel stößt durch die Antherenröhre hindurch und entfaltet drei Narbenlappen.**

Abb. 5.84

Sekundäre Pollenpräsentation bei *Campanula barbata* (Bärtige Glockenblume), Blüten längs. **a** Männlicher Zustand. Die Antheren haben Pollen auf die Griffelbürste abgeladen, wo er jetzt präsentiert wird. Die Staubblätter haben sich in Richtung Blütengrund zurück gezogen. **b** Weiblicher Zustand. Der Pollen wurde fast völlig vom Griffel abgeholt. Die Narbenlappen spreizen auseinander und rollen sich zurück (HESS 2001).

▶ **Bestäubung:** Die Blüten sind vormännlich. Ihre zu einer Röhre verklebten Antheren öffnen sich nach innen zu und laden den Pollen auf den Griffelhaaren (Griffelbürste) ab. Dann schrumpfen die Staubblätter und ziehen sich mit entleerten Antheren in Richtung Blütengrund zurück. Der Pollen kann nun von den verschiedensten Bestäubern abgeholt werden. Der Pollen wird hier also nicht direkt, sondern auf dem Umweg über die Griffelbürste exponiert. Man spricht in solchen Fällen von einer **sekundären Pollenpräsentation** (Abb. 5.84, 5.85). Im folgenden weiblichen Stadium spreizen die Narbenlappen auseinander und können dann bestäubt werden. Bleibt eine Fremdbestäubung aus, können sich die Narbenlappen so weit zurück rollen, dass sie mit eigenem Pollen in Kontakt kommen, der noch in der Griffelbürste verblieben ist (Abb. 5.84). Dann kann eine **Notfallselbstbestäubung** erfolgen. Eine Selbstung ist eben immer noch besser als gar keine Bestäubung.

Abb. 5.85

Einzelblüte von *Phyteuma hemisphaericum* (Halbkugelige Teufelskralle). Der Griffel durchbricht gerade die Spitze der »Kralle« und beginnt rötlichen Pollen zu präsentieren. Weiter unten haben sich die Petalen schon voneinander gelöst (HESS 2001).

Bei der Gattung *Phyteuma* bleiben die Kronblätter lange miteinander verbunden. Die nach oben gebogene Einzelblüte sieht dann wie eine Kralle
aus, daher der Name Teufelskralle (Tendenz zur Zygomorphie). Unterhalb der vom Griffel durchstoßenen Spitze (Abb. 5.86) lösen sich die
Petalen zuletzt voneinander.

- **Frucht:** Beere oder Kapsel.
- **Ausbreitung:** Bei Kapselfrüchten Windstreuer.
- **Inhaltsstoffe: Milchsaft Inulin** (polymeres Kohlenhydrat aus einer Einheit
Glucose + etwa 40 Einheiten Fructose) als Reserve-Kohlenhydrat. **Polyace-
tylene** (s. Abb. 5.86).
- **Nutzung:** Zierpflanzen: vor allem *Campanula*.
- **Klassifikation:** Die ehemaligen Lobeliaceae werden meist als Unterfamilie
zu den Campanulaceae gestellt. Dies ist der Einfachheit halber hier nicht
geschehen.

Die bis auf den dreiblättrigen Fruchtknoten (mit einem Griffel mit drei Narben) fünfzähligen Blüten zeigen eine sekundäre Pollenpräsentation: Pollen wird aus den zu einer Röhre verklebten (im Unterschied zu den Asteraceae nicht verwachsenen) Antheren auf eine Griffelbürste abgegeben. In älteren Blüten schrumpfen die entleerten Staubblätter.

Wichtige strukturelle Kennzeichen

Asteraceae (Compositae, Asterngewächse)

Abb. 5.86 |

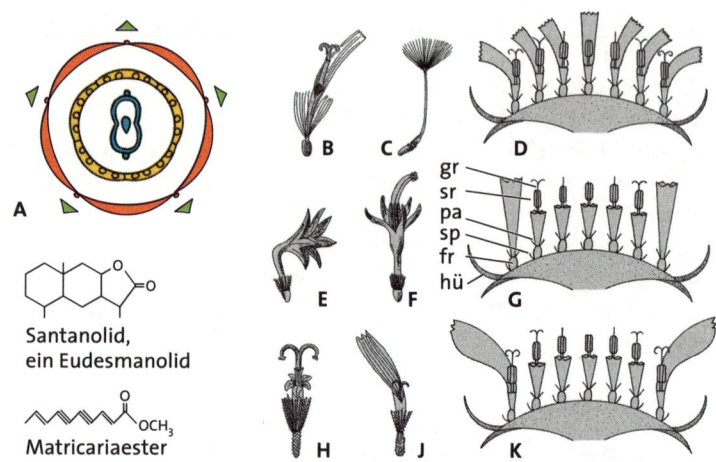

Asteraceae. **A** Blütendiagramm einer Einzelblüte (randständige Blüten können zygomorph sein) B bis D: *Taraxacum officinale* (Gewöhnlicher Löwenzahn). Nur Zungenblüten. **B** fünfzipfelige Zungenblüte, **C** Frucht (Haarschirmchen), **D** Längsschnitt durch das Köpfchen. E bis G: *Centaurea cyanus* (Kornblume). Nur Röhrenblüten. **E** Randblüte: zygomorphe und sterile Schaublüte, **F** radiäre Scheibenblüte, **G** Längsschnitt durch das Köpfchen. H bis K: *Arnica montana* (Berg-Wohlverleih). Mit randlichen Zungen- und zentralen Röhrenblüten. **H** scheibenständige radiäre Röhrenblüte, **J** randständige zygomorphe dreizipfelige Zungenblüte (Strahlenblüte), **K** Längsschnitt durch das Köpfchen. fr Fruchtknoten, gr Griffel, hü Hüllblätter, pa Pappus, sp Spreublätter, sr Staubbeutelröhre (HESS 1990).

Blütenformel

* bis ↓ K 5 C (5) A (5) G ($\overline{2}$) Blüten in Pseudanthien.

▶ **Verbreitung:** 23 000 Arten in aller Welt, am wenigsten im tropischen Regenwald. Mit den Orchidaceae die artenreichste Familie.
▶ **Gattungen nach Unterfamilien:**
  ▶ *Cichorioideae* (Lactucoideae, Cichorienartige) nur mit Zungenblüten oder nur mit Röhrenblüten; außer den genannten Triben noch weitere mit z.B. *Gerbera* (Gerbera) und *Stevia* (Stevie). Tribus Cichorieae (Lactuceae): nur Zungenblüten mit fünf Kronzipfeln und mit Milchsaft. *Cichorium* (Wegwarte, Abb. 5.88, und Endivie), *Hieracium* (Habichtskraut), *Lactuca* (Lattich und Salat), *Prenanthes* (Hasenlattich), *Scorzonera* (Schwarzwurzel), *Taraxacum* (Löwenzahn). Tribus Cardueae: nur Röhrenblüten: *Arctium* (Klette), *Carduus* (Distel), *Carlina* (Silberdistel), *Centaurea* (Flockenblume und Kornblume), *Cirsium* (Kratzdistel), *Cynara* (Artischocke), *Echinops* (Kugeldistel).

▶ *Asteroideae* (Asternartige) überwiegend mit randlichen zygomorphen Zungenblüten mit drei Kronzipfeln und mittenständigen radiären Röhrenblüten: *Achillea* (Schafgarbe), *Antennaria* (Katzenpfötchen), *Arnica* (Arnika), *Artemisia* (Beifuß und Wermut), *Aster* (Aster), *Bellis* (Gänseblümchen), *Calendula* (Ringelblume), *Callistephus* (Sommeraster), *Chrysanthemum* (Chrysantheme), *Dahlia* (Dahlie), *Echinacea* (Sonnenhut), *Helianthus* (Sonnenblume und Topinambur), *Inula* (Alant), *Leontopodium* (Edelweiß), *Leucanthemum* (Margerite), *Matricaria* (Kamille), *Parthenium* (Guayule), *Petasites* (Pestwurz), *Senecio* (Greiskraut), *Solidago* (Goldrute), *Tagetes* (Studentenblume), *Tanacetum* (Pyrethrum, Insektenblume, Rainfarn und Wucherblume), *Tussilago* (Huflattich).

▶ **Wuchsform:** Kräuter, Stauden und Hölzer (meist strauch-, seltener baumförmig) mit wechsel- oder seltener gegenständigen Blättern. Die Blätter sind nebenblattlos, einfach, seltener gegliedert. Auch einige Sukkulente gehören zur Familie.

▶ **Blütensymmetrie:** Radiär oder zygomorph.

▶ **Blütenhülle:** Die ursprünglichen fünf **Kelchblätter fehlen** oder entwickeln sich zu haarartigen Gebilden, deren Gesamtheit als **Pappus** bezeichnet wird. Sie können zu Flughaaren oder -schirmen auswachsen.
Fünf verwachsene Kronblätter, entweder als radiäre **Röhrenblüten** oder als zygomorphe **Zungenblüten**. Randständige Blüten werden oft einseitig vergrößert. Dadurch werden auch randständige Röhrenblüten zygomorph.

▶ **Staubblätter:** Die fünf Staubbeutel verwachsen längs zu einer den Griffel umschließenden **Antherenröhre**. Die Filamente bleiben frei.

▶ **Fruchtknoten:** Ein unterständiger coenokarp-einfächeriger Fruchtknoten aus zwei Fruchtblättern.

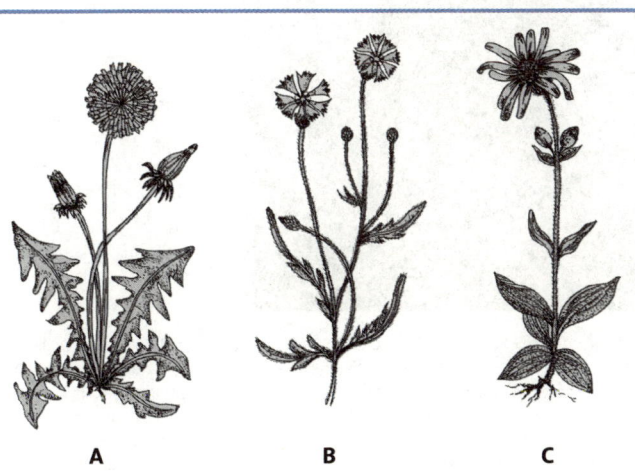

A   **B**   **C**

| Abb. 5.87

Habitusbilder als Ergänzung zu Abb. 5.86. **A** *Taraxacum officinale* (Gewöhnlicher Löwenzahn, Cichorieae, nur Zungenblüten), **B** *Centaurea cyanus* (Kornblume, Centaureae; nur Röhrenblüten); **C** *Arnica montana* (Berg-Wohlverleih, Asteroideae; Zungen- (Strahlen-) Blüten und Röhrenblüten) (HESS 1990).

Abb. 5.88

Cichorium intybus (Wegwarte), Cichorioideae, Tribus Cichorieae. Die Blüten sind bei gutem Wetter von sechs Uhr bis zum frühen Vormittag geöffnet. Im Bild eine ältere Blüte, bei der oberhalb der dunkelblauen Antherenröhre an der Griffelbürste weißlicher Pollen präsentiert wird. Auch die Narbenlappen spreizen schon auseinander (HESS 1990).

▶ **Blütenstände:** Einzelblüten schließen sich zu **Pseudanthien** zusammen. An deren Basis bilden Hochblätter = Hüllblätter eine Hülle (Involucrum), die dem Kelch einer Einzelblüte entspricht. Die Einzelblüten stehen zu mehreren bis vielen auf der kugeligen, scheibenförmigen oder krugartigen Blütenstandachse (Köpfchenboden). Die Deckblätter der Einzelblüten fallen aus oder werden zu borstenartigen Spreublättern. Man unterscheidet drei Typen von Pseudanthien:

▶ nur mit Zungenblüten (Abb. 5.88)
▶ nur mit Röhrenblüten (Abb. 5.89)
▶ mit mittenständigen Röhren- und randständigen Zungenblüten (Abb. 5.90)

Mittenständige Zungenblüten weisen fünf Kronzipfel auf, die den fünf verwachsenen Kronblättern entsprechen. Bei der dritten Gruppe zeigen die randständige Zungenblüten nur drei Kronzipfel. Früher nannte man

Abb. 5.89

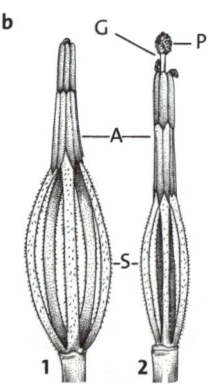

Centaurea montana (Berg Flockenblume). Cichorioideae, Tribus Cardueae. **a** Mitte eines Blütenköpfchens. Unscharf die stark vergrößerten sterilen, zungenförmigen Randblüten. Die zungenförmigen Scheibenblüten sind in der Mitte im männlichen Zustand und präsentieren Pollen, am Rand befinden sie sich bereits im weiblichen Zustand (gespreizte Narbenlappen). **b** Reizbare Filamente: Antherenröhre A mit den reizbaren Filamenten S. 1 vor, 2 nach der Reizung. Durch Reizung verkürzen sich die Filamente. Der innerhalb A stehende Griffel G dient als Widerlager zum Herausschieben des Pollens P (HESS 2001).

Abb. 5.90

Arnica montana (Berg-Wohlverleih). Asteroideae: ganz außen Zungenblüten (Strahlenblüten), innen Röhrenblüten. In einem gegebenen Köpfchen beginnt die Öffnung der Blüten am Rand und schreitet zur Mitte hin fort. Die Röhrenblüten am Rand sind hier schon im weiblichen Zustand; jeweils zwei Narbenlappen sind sichtbar. Die Blüten weiter innen befinden sich im männlichen Zustand: Der nicht sichtbare Griffelkopf schiebt Pollen aus der Antherenröhre heraus. Die Blüten im Zentrum sind noch geschlossen (HESS 2001).

sie Strahlenblüten. Bei der → Klassifikation (→ auch Gattungen) wird die Art der Blüten in den Pseudanthien berücksichtigt.

Sonderfälle sind *Antennaria* (Katzenpfötchen), *Carlina* (Silberdistel) und *Leontopodium* (Edelweiß), bei denen sich Hochblätter auf verschiedene Weise an der Ausbildung der Pseudanthien beteiligen. Beim Edelweiß umgeben weiß-wollige Hochblätter mehrere Pseudanthien derart, dass ein Superpseudanthium entsteht (Abb. 5.91).

▶ **Bestäubung:** Wieder findet sich **sekundäre Pollenpräsentation** (alle Abb. bis auf 5.87). Die Einzelblüten sind vormännlich. Der Pollen wird in die Antherenröhre hinein abgegeben. Dort wird er entweder wie bei den Campanulaceae von Fegehaaren des Griffels aufgenommen, oder er wird über dem Griffel angehäuft. Im ersten Fall schiebt sich der Griffel mit der pollenbeladenen Griffelbürste aus der Krone hervor. Im zweiten Fall presst der Griffelkopf den Pollen vor sich her aus der Kronröhre heraus. Im nachfolgenden weiblichen Blühstadium öffnen sich die Griffel mit zwei Narben. Das Aufblühen im Köpfchen beginnt am Rand und schreitet dann zum Zentrum hin fort. Zuerst öffnen sich die Randblüten und geben Pollen ab, später dann die zentralen Blüten. Auch der Übergang ins weibliche Stadium erfolgt zentripetal. Die mittleren Blüten kommen erst in ihren weiblichen Zustand, wenn der Pollen bereits weitgehend abgeholt worden ist. Die Möglichkeit einer Selbstung durch Pollenreste ist

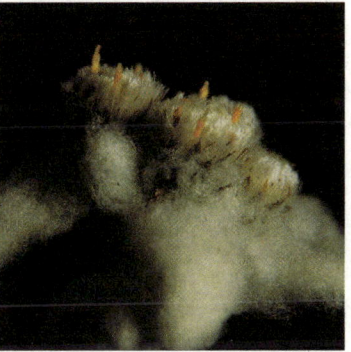

Abb. 5.91

Leontopodium alpinum (Alpen-Edelweiß). Asteroideae. Weißwollige Hochblätter umgeben einige Köpfchen. Jedes Köpfchen besteht aus Hüllblättern, die 60 bis 80 Blüten umschließen. Die Randblüten sind fadenförmig, die Blüten in der Mitte bilden kleine Röhren, von denen hier einige gelben Pollen präsentieren (HESS 2001).

dann zwar noch gegeben, aber reduziert. Bei *Centaurea* und anderen sind die Filamente reizbar. Sie verkürzen sich bei Berührung durch den Besucher und ziehen so die Kronröhre nach unten. Dadurch wird der Pollen herausgeschoben (Abb. 5.90).

▶ **Frucht: Achäne**, eine Nussfrucht, bei der die Samen- und die Fruchtschale miteinander verwachsen sind. Bei der Gattung *Calendula* können in ein- und demselben Köpfchen formverschiedene Früchte gebildet werden, was offensichtlich von der Lage im Köpfchen abhängt. Echte Nüsse finden sich bei *Helanthus annuus* (Gewöhnliche Sonnenblume).

▶ **Ausbreitung:** Vor allem Anemochorie, aber auch Epi- und Endozoochorie. Ein bekannter Haarschirmchenflieger (Schirme aus Pappushaaren) ist *Taraxacum officinale* (Gewöhnlicher Löwenzahn). Bei den Kletten *(Arctium)* sind die Spitzen der Hüllblätter oft hakig gekrümmt. Dann kommt es zur Epizoochorie in Form der sprichwörtlichen Kletthaftung. Im Gegensatz dazu bildet *Calendula officinalis* (Garten-Ringelblume) ringförmige Achänen, die einfach herabfallen.

▶ **Inhaltsstoffe: Inulin**, ein fast nur aus Fructose aufgebautes polymeres Kohlenhydrat, wird anstatt Stärke als Reservestoff in unterirdischen Organen akkumuliert. Es kann Diabetikern als Stärke-Ersatz dienen. **Polyacetylene** (Polyine) wie der *Matricaria*-Ester (Abb. 5.86) sind charakteristische Komponenten der ätherischen Öle. Sie können starke fungizide und bakterizide Wirkungen aufweisen. **Terpenoide**: Viele Mono- und Diterpene sind Bestandteile ätherischer Öle. Zu den Diterpenen gehört der Süßstoff Steviol (s. unten). In Blättern finden sich als weitere Charakteristika **Sesquiterpenlactone** (Terpene aus 15 C-Atomen mit einem Lactonring) wie das Santanolid (Abb. 5.86). Sie liegen als Glykoside vor. Es handelt sich um Bitterstoffe, die auch in der Natur als Insektizide fungieren können, aber zahlreiche weitere (darunter pharmakologisch wichtige) Wirkungen aufweisen. Besonders in der Gattung *Senecio* finden sich toxische **Pyrrolidizin-Alkaloide** (Abb. 5.77), die nach diesem Vorkommen auch *Senecio*-Alkaloide genannt werden. Bei den Cardueae kommt in Milchröhren oder langgestreckten Parenchymzellen auch Kautschuk vor.

▶ **Nutzung:** ▶ Zierpflanzen: Die meisten Kulturformen finden sich bei *Callistephus, Chrysanthemum* und *Dahlia*; aber noch viele weitere Arten wie *Aster, Calendula, Echinops, Gerbera, Senecio, Tagetes* werden in zahlreichen Formen kultiviert. ▶ Heilpflanzen: *Achillea millefolium* (Gewöhnliche Schafgarbe; Sesquiterpenlactone und andere, bei Artritis, Fieber, Entzündungen), *Arctium lappa* (Große Klette; Polyacetylene, bei Hautkrankheiten), *Arnica montana* (Berg-Wohlverleih, Abb. 5.87, 5.90; Sesuiterpenlactone, bei Entzündungen, Wunden, Quetschungen, Rheuma), *Calendula officinalis* (Ringelblume; Flavonoide, Saponine und andere, Hautkrankheiten, innerlich bei Entzündungen und Krampfzuständen), *Cichorium intybus* (Wegwarte, Abb. 5.88; Sesquiterpenlactone und andere, Bittertonikum bei Verdauungsstörungen, fördert Gallenaktivität, harntreibend), *Cynara scolymus* (Gemüse-Artischocke; verschiedene Phenolderivate, Sesquiterpenlactone, fördert Gallenaktivität und Verdauung), *Echinacea purpurea* (Roter Sonnenhut; immunstimulierende Polysaccharide, Phenolderivate, Polyacetylene, Erkältungskranheiten), *Inula helenium* (Echter Alant; Sesquiterpenlactone, Hustenmittel), *Matricaria recutita* (Echte Kamille; im Gegensatz zu anderen Arten der Gattung mit hohlem Blütenboden, ätherische Öle, Sesquiterpene, Flavonoide, bei Entzündungen, Krampfzuständen, Verdauungsstörungen). *Petasites hybridus* (Gewöhnliche Pestwurz; Sesquiterpene, Schmerzen, Krampfzustände. Vorsicht: karzinogene Pyrrolizidin-Alkaloide!). Der Name hat nichts mit einer Bekämpfung der Pest zu tun, sondern leitet sich vom wissenschaftlichen Gattungsnamen ab (gr. petasos = breiter Hut, gemeint sind die Blätter). *Tussilago farfara* (Huflattich; Schleimstoffe, traditionelles Hustenmittel. Vorsicht: karzinogene Pyrrolizidin-Alkaloide). ▶ Giftpflanzen: *Artemisia absinthium* (Absinth, Echter Wermut). Wegen seines Gehalts an dem Monoterpen Thujon, einem starken Nervengift, war der beliebte aber gefährliche Magenbitter vielerorts verboten, jetzt Lockerung des Verbots). *Senecio* (Greiskraut; karzinogene Pyrrolizidin-Alkaloide). Allergene Pflanzen: Ursache sind Sesquiterpenlactone, die Kontakt-Dermatitis auslösen können. Geradezu als Berufskrankheit gelten die von der Garten-Chrysantheme (*Chrysanthemum* × *grandiflorum*) besonders im Gesicht ausgelösten allergischen Reaktionen. ▶ Insektizide: Einige Arten der Gattung *Tanacetum*, zum Beispiel *Tanacetum cinerariifolium* enthalten in ihren Blütenköpfchen Pyrethrine, kompliziert gebaute Stoffe, die als Insektizide wirksam sind. ▶ Kaffee-Ersatz: *Cichorium intybus*.»Kaffee« nach Rösten der Wurzel. ▶ Zuckerersatz: *Stevia rebaudiana* (Stevie). Der aus Paraguay stammende Strauch enthält das Diterpen Steviol in Form von Glykosiden. Das Aglykon schmeckt bis zu 300-mal süßer als Saccharose. Die wichtigsten Konsumenten sind die Japaner. ▶ Gemüse und Salate: *Cichorium intybus* var. *foliosum* liefert Chicorée, *Cichorium endivia* (Endivie) und *Cynara scolymus* (Gemüse-Artischocke). Gegessen werden die Hüllblätter und der Blütenboden. Beide sind frei von einem bitter schmeckenden Sesquiterpenlacton, das sonst in den Blättern vorkommt. *Lactuca sativa* (Grüner Salat) in mehreren Varietäten. ▶ Technik: *Taraxacum*. Der Milchsaft enthält bei manchen Arten so viel Kautschuk, dass er zumindest ersatzweise genutzt werden kann. So wurde *Taraxacum koksaghyz* in Zentralasien im 2. Weltkrieg von der Sowjetunion als Ersatz für Parakautschuk verwendet. Entsprechendes gilt für den ebenfalls kautschukhaltigen Guayule-Strauch (*Parthenium argentatum*) in den südwestlichen USA

und Nordmexiko. Die Japaner hielten damals die asiatischen Parakau-
tschukplantagen besetzt.

▶ **Klassifikation:** Die Familie ist als Ganzes gesehen monophyletisch. Eine
Sonderstellung nimmt die hier nicht besprochene kleine Unterfamilie
der *Barnadesoideae* ein (→ Seite 77). Von den beiden weiteren Unterfamilien
bilden die **Asteroideae** einen monophyletischen Block. Das wird nicht nur
durch konventionelle Merkmale belegt, sondern auch durch molekulare
Daten (Restriktionsanalyse der cpDNA und Sequenzierung der rbcL-
DNA). Die Unterfamilie der **Cichorioideae** dagegen ist paraphyletisch.
Einer ihrer Triben, die Cichorieae (s. Gattungen) besitzt Zungenblüten.
Der ebenfalls wichtige Tribus der Cardueae dagegen führt Röhrenblüten. Die Bezeichnung Cichorioideae (Cichorienartige) trifft also wort-
wörtlich genommen nur für einen Teil der Unterfamilie zu.

Wichtige strukturelle Kennzeichen

Die Einzelblüten sind zu köpfchen- oder korbartigen, von Hüllblättern umgebenen Pseudanthien vereinigt. Die Köpfchen führen nur 5-zipfelige Zungenblüten, nur Röhrenblüten oder zentral stehende Röhrenblüten, die randlich von
3-zipfeligen Zungenblüten (Strahlenblüten) umgeben werden. Die Pollen
werden zunächst in eine Antherenröhre abgegeben und dann mit Hilfe des
Griffel sekundär präsentiert. Der Kelch fehlt oder bildet einen Pappus, der bei
der Fruchtbildung zu einem Flugorgan auswachsen kann.

Fragen (mit Seitenverweisen zur Beantwortung)

1 Schildern Sie die Heteromorphie bei *Primula* (Primel)! (→ Seiten 171, 172)
2 Warum nannte man früher die Ordnung Ericales, zu der die Ericaceae gehören, Bicornes (»Zweihörnige«)? (→ Seite 175)
3 Was verstehen Sie unter bikollateralen Leitbündeln? (→ Seite 177)
4 Nennen Sie Familien mit bikollateralen Leitbündeln! (→ Seiten 177, 189)
5 Welche Arten der Boraginaceae mit als Farbmal fungierenden
Nebenkronen kennen Sie? (→ Seite 196)
6 Nennen Sie Unterschiede zwischen den Boraginaceae und den
Lamiaceae! (→ Seite 198)
7 Was verstehen Sie unter einer Klause? (→ Seite 181)
8 Schildern Sie den Schlagbaummechanismus der Bestäubung in der
Gattung *Salvia* (Salbei)! (→ Seite 182)
9 Was versteht man bei den Scrophulariaceae (im bisherigen Sinn)
unter einer Maske? Geben Sie Beispiele! (→ Seiten 94, 185)
10 Wie viele Petalen und wie viele Staubblätter finden sich in der typischen Blüte von *Veronica* (Ehrenpreis)? (→ Seite 185)

11 Nennen Sie parasitische Arten unter den Scrophulariaceae (im bisherigen Sinn)! (→ Seite 186)

12 Welche Besonderheit findet sich in der Blütensymmetrie der Solanaceae? (→ Seite 189)

13 Nennen Sie einige Arten der Solanaceae, die durch Tropan-Alkaloide Giftpflanzen sind und früher auch als Zauberpflanzen dienten! (→ Seite 192)

14 Was ist der Unterschied zwischen der Hülle und dem Hüllchen der Apiaceae? (→ Seite 88)

15 Nennen Sie Giftpflanzen unter den Apiaceae! (→ Seite 202)

16 Was verstehen Sie unter »sekundärer Pollenpräsentation»? Nennen Sie Beispiele! (→ Seiten 204, 209)

17 Glockenblumen *(Campanula)* tragen Glockenblüten, Teufelskrallen *(Phyteuma)* Blüten, die zunächst wie Krallen aussehen. In welche Familien gehören die beiden Gattungen? (→ Seite 203)

18 In welche Unterfamilien gliedern sich die Asteraceae? Nennen Sie die Unterschiede! (→ Seite 206)

19 Blühen die Einzelblüten in einem Pseudanthium der Asteraceae von außen nach innen oder von innen nach außen auf? (→ Seite 209)

20 Welchen Blütenteilen entspricht der Pappus bei Asteraceae? (→ Seite 207)

21 In welcher Gattung der Asteraceae finden sich Filamente, die über ihre Reizbarkeit im Dienst der sekundären Pollenpräsentation stehen? (→ Seite 210)

22 Warum nennt man die Frucht der Asteraceae Achaene und nicht einfach »Nuss«? (→ Seite 210)

23 Woher haben die Polyacetylene ihren Namen? (→ Seite 80)

24 Finden Sie in diesem Buch abgebildete Arten oder Gattungen, die zu den Klassen N = 13, O = 14 und Q = 16 des Sexualsystems Linnés in Abb. 1.3 gehören! Je eine Nennung genügt. (→ Seiten 166, 184, 167)

Literatur (mit Bildquellen)

Englische Publikationen wurden in diesem einführenden Text nur ausnahmsweise aufgeführt, wenn die deutschsprachige Literatur auch für den Anfänger ergänzt werden sollte.
+ mit umfassendem Bildmaterial zu insbesondere mitteleuropäischen Arten.

Allgemeine Botanik
(Auswahl, teils mit Systematik, teils auf Pharmazeuten abgestimmt)

HESS, D. (2004): Allgemeine Botanik. Ulmer, Stuttgart.

KULL, U. (2000): Grundriss der Botanik. 2. Aufl. Spektrum, Heidelberg.

LEISTNER, E. und BRECKLE, S.-W. (unter Mitarbeit von C. Drewke) (2000): Pharmazeutische Biologie – Grundlagen und Systematik. Pharmazeutische Biologie Bd. 1. 6. Aufl Wiss. Verlagsges., Stuttgart.

LÜTTGE, U., KLUGE, M. und BAUER, G. (2002): Botanik. 4. Aufl. Wiley-VCH, Weinheim.

NULTSCH, W. (2001): Allgemeine Botanik. 11. Aufl. Thieme, Stuttgart.

OEHLKERS, F. (1956): Das Leben der Gewächse. Springer, Berlin.

RAVEN, P., EVERT, R. und EICHHORN, S. (2000): Biologie der Pflanzen. 3. Aufl. Walter de Gruyter, Berlin.

REINHARD, E. (bearbeitet von Reinhard, E., Dingermann, T, Kreis, W. und Rimpler, H.) (2001): Pharmazeutische Biologie. 6. Aufl. Wiss. Verlagsges., Stuttgart.

STRASBURGER, E. (Erstherausgeber) (2002): Lehrbuch der Botanik. 35. Aufl. Spektrum Heidelberg.

Pflanzenbestimmung
Nur Bestimmungsbücher und CD-ROMs, die unsere gesamte einheimische Flora erfassen, werden erwähnt

+GÖTZ, E. (2003): Pflanzen bestimmen mit dem PC. Farn- und Blütenpflanzen Deutschlands. 2. Aufl. Ulmer, Stuttgart.

LICHT, W. (1997): Taschenatlas zur Pflanzenbestimmung. Quelle & Meyer, Wiesbaden.

OBERDORFER, E., SCHWABE, A. und MÜLLER, T. (2001). Pflanzensoziologische Exkursionsflora für Deutschland und angrenzende Gebiete. 8. Aufl. Ulmer, Stuttgart.

PROBST, W. und MARTENSEN, H.-O. (2004): Illustrierte Flora von Deutschland. Bestimmungsschlüssel mit rund 2 500 Zeichnungen. Ulmer, Stuttgart.

ROTHMALER, W. (Hrsg. Jäger, E. und Werner, K.) (2002): Exkursionsflora von Deutschland. Bd. 2, Gefäßpflanzen; Grundband. 18. Aufl. Elsevier/Spektrum, Heidelberg.

+ROTHMALER, W. (Hrsg. Jäger, E. und Werner, K.) (1999): Exkursionsflora von Deutschland. Bd. 3, Gefäßpflanzen: Atlasband. 10. Aufl. Spektrum, Heidelberg.

SCHMEIL, O. und FITSCHEN, J. (Neubearbeitung Senghas, K. und Seybold, S.) (2003): Flora von Deutschland und angrenzender Länder. 92. Aufl. Quelle & Meyer, Wiebelsheim.

+Schmeil-Fitschen interaktiv (Hrsg. S. SEYBOLD). (2004): Die CD. Die Flora von Deutschland. 2. Aufl. Quelle & Meyer, Wiebelsheim. Mit 4 000 Farbfotos.

Hilfen zum Pflanzenbestimmen
Eine erste Hilfe können schon die zahlreichen Farbbildführer sein. Doch ein exaktes Bestimmen ist mit ihnen keineswegs immer möglich. Denn meist ist die Zahl der abgebildeten Arten zu gering oder die beigefügten Texte sind zur Differenzierung wenig brauchbar. Doch können sie ebenso wie umfassende Bildwerke oder CD-ROMs eine Vorstellung davon geben, wie die in diesem Buch genannten, aber nicht abgebildeten Gattungen und Arten aussehen. Bei den Farbbildführern gilt das besonders dann, wenn sie wie »Steinbachs Naturführer« nach Familien gegliedert sind.
Im Folgenden werden einige weitere Bestimmungshilfen genannt. Auch allgemein gehaltene Exkursionsführer können zur Überprüfung einer Bestimmung dienen (HALLER und PROBST 1989, DÜLL und KUTZELNIGG 2005). Vor allem aber stellen sie über Angaben zur Biologie eine Verbindung zu den Pflanzen her, die über den bloßen Namen hinausgeht

+DÜLL, R. und KUTZELNIGG, H. (2005): Taschenlexikon der Pflanzen Deutschlands. 6. Aufl. Quelle und Meyer, Wiebelsheim.

HALLER, B. und PROBST, W. (1989): Botanische Exkursionen, Bd. 2, Exkursionen im Sommerhalbjahr. 2.Aufl. Spektrum, Heidelberg.

HUTH, T. (1981): Leitfaden zur Pflanzenbestimmung. Hochrhein, Bad Säckingen.

KREMER, B.P. (2005): Steinbachs großer Pflanzenführer. Ulmer, Stuttgart.

LICHT, W. (2000): Einführung in die Pflanzenbestimmung. Die wichtigsten Pflanzenfamilien und ihre Merkmale. 2. Aufl. Quelle und Meyer, Wiebelsheim.

⁺LÜDERS, R. (2005): Grundkurs Pflanzenbestimmung. Eine Praxisanleitung für Anfänger und Fortgeschrittene. 2. Aufl. Quelle & Meyer, Wiebelsheim.

STÜTZEL, T. (2002): Botanische Bestimmungsübungen. Praktische Einführung in die Pflanzenbestimmung. Ulmer, Stuttgart.

Systematik
(mit Hinweisen auf Paläobotanik)

⁺AICHELE, D. und SCHWEGLER, H.-W. (1994–1996): Die Blütenpflanzen Mitteleuropas. Bd. 1 - 5. Franckh-Kosmos, Stuttgart.

BALTISBERGER, M. (2003): Systematische Botanik. Einheimische Farn- und Samenpflanzen. 2. Aufl. vdf Hochschulverlag an der ETH, Zürich.

CORNER, E. (1971): Das Leben der Pflanzen. Editions Rencontre, Lausanne.

FROHNE, D. und JENSEN, U. (1998): Systematik des Pflanzenreichs unter besonderer Berücksichtigung chemischer Merkmale und pflanzlicher Drogen. 5. Aufl. Wiss. Verlagsges., Stuttgart.

⁺GIBBONS, B. und BROUGH, P. (1998): Der Große Kosmos-Naturführer. Blütenpflanzen. 2. Aufl. Franckh, Stuttgart.

GRAF, J. (1975): Tafelwerk zur Pflanzensystematik. Lehmann, München.

⁺HAEUPLER, H. und MUER, T. (Hrsg.) (2000): Bildatlas der Farn- und Blütenpflanzen Deutschlands. Ulmer, Stuttgart.

⁺HEYWOOD, V. and HEYWOOD, V. H. (Eds.) (1993): Flowering Plants of the World. 2. Aufl. Oxford Univ. Press, Oxford.

HUBER, H. (1991): Angiospermen: Leitfaden durch die Ordnungen und Familien der Bedecktsamer. G. Fischer, Stuttgart.

⁺JUDD, W., CAMPBELL, C., KELLOG, E., STEVENS, P. and DONOGHUE, M. (2002): Plant Systematics. A Phylogenetic Approach. 2. Aufl. Sinauer, Sunderland / USA. Mit ⁺CD-ROM.

KADEREIT, J.W. (2002): Systematik und Stammesgeschichte. In Strasburger, Lehrbuch der Botanik, S. 571 – 884, 35. Aufl. Spektrum, Heidelberg.

LEISTNER, E. und BRECKLE, S.-W. (unter Mitarbeit von C. Drewke) (2000): Pharmazeutische Biologie – Grundlagen und Systematik. Pharmazeutische Biologie Bd.1. 6. Aufl Wiss. Verlagsges., Stuttgart.

MÄGDEFRAU, K. (1968): Paläobiologie der Pflanzen. 4. Aufl. VEB Fischer, Jena.

⁺NEBEL, M. und PHILIPPI, G. (Hrsg.) (2000, 2001, 2005): Die Moose Baden-Württembergs. 3 Bde. Ulmer, Stuttgart.

OLMSTEAD, R., DEPAMPHILIS, C., WOLFE, A., YOUNG, N., ELSION, W. and REEVES, G. (2001): Disintegration of the Scrophulariaceae. Amer. J. Bot. 88, 348–361.

PALMER, D. (2004): Vier Milliarden Jahre. Die Geschichte des Lebens auf der Erde. Primus, Darmstadt.

POLENZ, H. und SPÄTH, X. (2004): Saurier, Ammoniten, Riesenfarne. Deutschland in der Kreidezeit. Theiss, Stuttgart.

PROBST, E. (1999): Deutschland in der Urzeit. Von der Entstehung des Lebens bis zum Ende der Eiszeit. Bertelsmann, München.

⁺SCHMEIL, O. (Bearb. SEYBOLD, A.) (1958). Lehrbuch der Botanik Bd. 1: Das Pflanzenreich in systematischer Anordnung. 56. Aufl. Quelle & Meyer, Heidelberg.

SCHWEITZER, H.-J. (1990): Pflanzen erobern das Land. Kleine Senckenberg-Reihe Nr. 18. Senckenbergische Naturforsch. Ges., Frankfurt a. M.

⁺SEBALD, O., SEYBOLD, P. und PHILIPPI, G. (Hrsg.) (1992–1998): Die Farn- und Blütenpflanzen Baden-Württembergs. 8 Bde. Ulmer, Stuttgart.

SOLTIS, D., SOLTIS, P. and J. DOYLE (1998): Molecular Systematics of Plants II. DNA Sequencing. Kluwer, Boston.

⁺SPICHIGER, R.-E., SAVOLAINEN, V., FIGEAT, M. and JEANMONOD, D. (2004): Systematic Botany of Flowering Plants. Science Publishers, Enfield /USA. Mit ⁺CD-ROM.

SPRING, O. und BUSCHMANN, H. (1998): Grundlagen und Methoden der Pflanzensystematik. Quelle & Meyer, Wiesbaden.

STEINER, W. (1993): Europa in der Urzeit. Die erdgeschichtliche Entwicklung unseres Kontinentes von der Urzeit bis Heute. Mosaik, München.

THENIUS, E. (2000): Lebende Fossilien. Oldtimer der Tier- und Pflanzenwelt. Zeugen der Vorzeit. 2. Aufl. Pfeil, München.

⁺Urania Pflanzenreich in Farben. 5 Bde (1991–1995). Urania, Leipzig.

VOGELLEHNER, D. (1972): Paläontologie. Herder, Freiburg i.Br.

WÄGELE, J.- W. (2000): Grundlagen der phylogenetischen Systematik. Pfeil, München.

WÄGELE, J.-W. und STEININGER, F. (Hrsg.) (2000): Methoden, Aufgaben und Leistungsfähigkeit der modernen Systematik. Kleine Senckenberg-Reihe Nr. 36. Kramer, Frankfurt a. Main.

WALTER, H. (1952): Einführung in die Phytologie Bd. II. Grundlagen des Pflanzensystems. 2. Aufl. Ulmer, Stuttgart.

WARTENBERG, A. (1979): Systematik der niederen Pflanzen. 2. Aufl. Thieme, Stuttgart.

WEBERLING, F. und SCHWANTES, H.-O. (2000): Pflanzensystematik. Einführung in die Systematische Botanik. Grundzüge des Pflanzensystems. 7. Aufl. Ulmer, Stuttgart.

WEBERLING, F. und STÜTZEL, T. (1993): Biologische Systematik. Wiss. Buchges., Darmstadt.

WIESEWNMÜLLER, B., ROTHE, H. und HENKE, W. (2003): Phylogenetische Systematik. Eine Einführung. Springer, Berlin

+WIRTH, V. (1995): Die Flechten Baden-Württembergs. 2 Bde. 2. Aufl. Ulmer, Stuttgart.

WISSKIRCHEN, R. und HAEUPLER, H. (1998): Standardliste der Farn- und Blütenpflanzen Deutschlands. Ulmer, Stuttgart.

+WIT, H. DE (Bearb. H. Paul) (1964–1967): Knaurs Pflanzenreich in Farben. 3 Bde. Niedere Pflanzen, Höhere Pflanzen I und II. Droemer, München und Zürich.

Blüte
(teils auch Frucht, meist mit Blütenökologie)

BARTH, F. (1982): Biologie einer Begegnung. Die Partnerschaft der Insekten und Blumen. DVA, Stuttgart.

DOBAT, K. (in Zusammenarbeit mit T. Peikert-Holle) (1985): Blüten und Fledermäuse. Bestäubung durch Fledermäuse und Flughunde (Chiropterophilie). Kramer, Frankfurt a. M.

HESS, D. (1991): Die Blüte. Eine Einführung in Struktur und Funktion, Ökologie und Evolution der Blüten. 2. Aufl. Ulmer, Stuttgart.

+HESS, D. (2001): Alpenblumen – erkennen, verstehen, schützen. Ulmer, Stuttgart.

HINTERMEIER, H. und M. (2002): Blütenpflanzen und ihre Gäste. Obst- und Gartenbauverlag, München.

KNOLL, F. (1956): Die Biologie der Blüte. Springer, Berlin.

KUGLER, H. (1970): Blütenökologie. 2.Aufl. G. Fischer. Stuttgart.

LEINS, P. (2000): Blüte und Frucht. Morphologie, Entwicklungsgeschichte, Phylogenie, Funktion, Ökologie. Schweizerbart, Stuttgart.

+LÜTTIG, A. und KASTEN, J.(2003): Hagebutte & Co. Blüten, Früchte und Ausbreitung europäischer Pflanzen. Fauna Verlag, Nottuln.

WEBERLING, F. (1981): Morphologie der Blüten und der Blütenstände. Ulmer, Stuttgart.

ZIZKA, G. und S. SCHNECKENBURGER (Hrsg.) (1999): Blütenökologie-faszinierendes Miteinander von Pflanzen und Tieren. Kleine Senckenberg-Reihe Nr. 33, Palmengarten Sonderheft Nr.31. Kramer, Frankfurt a. M..

Molekulare Biologie, Biochemie, Physiologie, Pharmakologie

ABERTS B., BRAY, D., JOHNSON, A., LEWIS, J., RAFF, M., ROBERTS, K. und WALER, P. (2001): Lehrbuch der Molekularen Zellbiologie. 2. Aufl. Wiley-VCH, Weinheim.

+ALBERTS, A. und MULLEN, P. (2000): Psychoaktive Pflanzen, Pilze und Tiere. Franckh, Stuttgart.

BERGFELD, R. (1977): Sexualität bei Pflanzen. Ulmer, Stuttgart.

BICKEL-SANDKÖTTER, S. (2003): Nutzpflanzen und ihre Inhaltsstoffe. 2. Aufl. Quelle & Meyer, Wiebelsheim.

+BRENDLER, T., GRÜNWALD, J. und JAENICKE, C. (2003): Heilpflanzen-Herbal Remedies. Medpharm. Scientific Publisher, Stuttgart. CD-ROM, deutsch-englisch.

FROHNE, D. (2002): Heilpflanzenlexikon. Ein Leitfaden auf wissenschaftlicher Grundlage. 7. Aufl. Wiss. Verlagsges., Stuttgart.

+FROHNE, D. und PFÄNDER, H. (2004): Giftpflanzen. Ein Handbuch für Apotheker, Ärzte, Toxi-kologen und Biologen. 5.Aufl. Wiss. Verlagsges., Stuttgart.

FROHNE, D. und JENSEN, U.(1998): Systematik des Pflanzenreichs unter besonderer Berücksichtigung chemischer Merkmale und pflanzlicher Drogen. 5. Aufl. Wiss. Verlagsges., Stuttgart.

HEGNAUER, R. (2000): Chemotaxonomie der Pflanzen. Set. Birkhäuser, Basel.

HELDT, H. (2003): Pflanzenbiochemie. 3. Aufl. Elsevier/Spektrum, Heidelberg.

HESS, D. (1999): Pflanzenphysiologie. Molekulare und biochemische Grundlagen von Stoffwechsel und Entwicklung. 10. Aufl. Ulmer, Stuttgart.

HILLER, K. und MELZIG, M. (2000): Lexikon der Arzneipflanzen und Drogen. 2 Bde. Elsevier/Spektrum, Heidelberg.

HILLIS, D., MORITZ, C. und MANBLE, B. (1996): Molecular Systematics. 2. Aufl. Sinauer, Sunderland / Kanada.

KINDL, H. (1994): Biochemie der Pflanzen. 4. Aufl. Springer, Berlin.

LEISTNER, E. und BRECKLE, S.-W. (unter Mitarbeit von C. Drewke) (2000): Pharmazeutische Biologie – Grundlagen und Systematik. Pharmazeutische Biologie Bd.1. 6. Aufl. Wiss. Verlagses., Stuttgart.

RÄTSCH, C. (2002): Enzyklopädie der psychoaktiven Pflanzen. 6.Aufl. AT, Aarau.

REINHARD, E. (bearbeitet von Reinhard, E., Dingermann, T, Kreis, W. und Rimpler, H.) (2001): Pharmazeutische Biologie. 6.Aufl. Wiss. Verlagsges., Stuttgart.

RICHTER, G. (1996): Biochemie der Pflanzen. Thieme, Stuttgart.

+ROTH, L., DAUNDERER, M. und KORMANN, K. (1994): Giftpflanzen, Pflanzengifte. ecomed, Landsberg.

+SCHÖNFELDER, I. und P. (2004): Das neue Handbuch der Heilpflanzen. Kosmos und Wiss. Verlagsges., Stuttgart.

SCHOPFER, P. und BRENNICKE, A. (1999): Pflanzenphysiologie. 5. Aufl. Springer, Heidelberg.

THOMSON, W. (Hrsg.) (1978): Heilpflanzen und ihre Kräfte. Hallwag, Bern.

WAGNER, H. (1969): Rauschgift-Drogen. Springer, Berlin 1969.

WAGNER, H. (unter Mitarbeit von R. Bauer) (1999): Arzneidrogen und ihre Inhaltsstoffe. Pharmazeutische Biologie Bd. 2. 6.Aufl. Wiss Verlagsges, Stuttgart.

+WYK, B.-E. VAN, WINK, C. und WINK, M. (2004): Handbuch der Arzneipflanzen. Ein illustrierter Leitfaden. Wiss. Verlagsges., Stuttgart.

Nutzpflanzen
(meist auch mit Heil- und Giftpflanzen)

BALICK, M. und COX, P. (1997): Drogen, Kräuter und Kuluren. Spektrum, Heidelberg.

+BECKER, K. und STEFAN, J. (2000): Farbatlas Nutzpflanzen Mitteleuropas. Ulmer, Stuttgart.

BRÜCHER, H. (1977): Tropische Nutzpflanzen. Ursprung, Evolution und Domestikation. Springer, Berlin.

FRANK, W. (1997): Nutzpflanzenkunde. 6. Aufl. Thieme, Stuttgart.

FRANKE, G. (1994-1996): Nutzpflanzen der Tropen und Subtropen. 3 Bde. Ulmer, Stuttgart.

+GEISLER, G. (1991): Farbatlas landwirtschaftliche Kulturpflanzen. Ulmer, Stuttgart

KÖRBER-GROHNE, U. (1994). Nutzpflanzen in Deutschland. 2. Aufl. Thieme, Stuttgart.

REHM, S. und ESPIG, G. (1996): Die Kulturpflanzen der Tropen und Subtropen. 3. Aufl. Ulmer, Stuttgart.

Pflanzennamen, Symbolik, Mythologie, Zauber- und Hexenpflanzen

ABRAHAM, H. und THINNES, I. (1995): Hexenkraut und Zaubertrank. Unsere Heilpflanzen in Sagen, Aberglauben und Legenden. Freund, Greifenberg.

BECKMANN, D. und BECKMANN, B.(1999): Das geheime Wissen der Kräuterhexen. Alltagswissen vergangener Zeiten. 3. Aufl. dtv, München.

BEUCHERT, M. (2001): Symbolik der Pflanzen. Von Akelei bis Zypresse. 2. Aufl. Insel, Frankfurt a. M.

CARL, H. (1986): Die deutschen Pflanzen- und Tiernamen. Deutung und sprachliche Ordnung. 2. Aufl. Quelle & Meyer, Heidelberg.

ERHARDT, W., GÖTZ, E., BÖDEKER, N. und S. SEYBOLD (2002): Zander. Handwörterbuch der Pflanzennamen. 17. Aufl. Ulmer, Stuttgart.

GENAUST, H. (1996): Etymologisches Wörterbuch der botanischen Pflanzennamen. 3. Aufl. Birkhäuser, Basel.

JENNY, M. (Verantwortung) (2004): Druidenfuß und Hexensessel. Magische Pflanzen. Palmengarten der Stadt, Frankfurt am Main.

MARZELL, H. (1964): Zauberpflanzen und Hexentränke. Frankh, Stuttgart.

MARZELL, H. (2000): Wörterbuch der deutschen Pflanzennamen. Bd. 1–5. Parkland, Köln.

SAUERHOFF, F. (2001): Pflanzennamen im Vergleich. Studien zur Benennungstheorie und Etymologie. Steiner, Stuttgart.

SAUERHOFF, F. (2003): Etymologisches Wörterbuch der Pflanzennamen. Wiss. Verlagsges., Stuttgart.

SCHERF, G. (2003): Zauberpflanzen, Hexenkräuter. Mythos und Magie heimischer Wild- und Kulturpflanzen. 2. Aufl. BLV, München.

SCHERF, G. (2004): Pflanzengeheimnisse aus alter Zeit. Überliefertes Wissen aus Kloster-, Burg- und Bauerngärten. BLV, München.

SCHULTES, R. und HOFMANN, A. (1980): Pflanzen der Götter. Die magischen Kräfte der Rausch- und Giftgewächse. Hallwag, Bern.

SCHURZ, J. (1969): Vom Bilsenkraut zum LSD. Franckh, Stuttgart.

SEYBOLD, S. (2002): Die wissenschaftlichen Namen der Pflanzen und was sie bedeuten. Ulmer, Stuttgart 2002.

Geschichte und Kulturgeschichte

BLUNT, W. (2001): The Complete Naturalist. A Life of Linnaeus. Lincoln, London.

GOERKE, H. (1989): Carl von Linné. Arzt, Naturforscher, Systematiker 1707–1778. 2. Aufl. Wiss. Verlagsges., Stuttgart.

ILLIES, J. (1969): Noahs Arche. Wege zum biologischen System. Franckh, Stuttgart.

KRAMPEN, M. (Hrsg.) (1994): Pflanzenlesebuch. Pflanzenstudium – Pflanzennutzung – Pflanzenpoesie. Der Wandel menschlicher Einstellungen zu Pflanzen im Lauf der Geschichte. Olms, Hildesheim. Texte von den Vorsokratikern bis zur Gegenwart.

LINNÉ, C. VON (Nachdruck 1965): Lappländische Reise. Insel, Frankfurt a. M.

MÄGDEFRAU, K. (1992): Geschichte der Botanik. Leben und Leistung großer Forscher. 2. Aufl. G. Fischer, Stuttgart.

PAVORD, A. (1999): Die Tulpe. Eine Kulturgeschichte. Insel, Frankfurt.

ZBIGNIEW, H. (1994): Der Tulpen bitterer Duft. Insel-Taschenbuch Nr. 1215. Insel, Frankfurt/Main.

Lexika und Wörterbücher
(ohne Pflanzennamen)

SAUERMOST, R. und FREUDIG, R. (Redaktion) (2003): Lexikon der Biologie. 14 Bde. und Registerband. Elsevier / Spektrum, Heidelberg.

SCHUBERT, R. und WAGNER, G. (2000): Botanisches Wörterbuch. Pflanzennamen und botanische Fachwörter. 12. Aufl. Ulmer, Stuttgart.

WAGENITZ, G. (2003): Wörterbuch der Botanik. Morphologie, Anatomie, Physiologie, Taxonomie, Evolution. 2. Aufl. Elsevier / Spektrum, Heidelberg.

Verschiedenes
(auch Bildquellen, soweit nicht schon oben enthalten)

BERGER, G. (1779): Baden-Württemberg. Schatzkammer der Geschichte. Ringier, Zürich.

FISCHER, N. (2004): Transformation der Sonnenblume (*Helianthus annuus*) mit den Pilzresistenzgenen für Chitinase und Glucanase. Dissertation Fakultät Naturwissenschaften, Universität Hohenheim.

FURNESS, C. and RUDALL, P. (2004): Pollen aperture evolution – a crucial factor for eudicot success? Trends Plant Sci. 9, 154–158.

HESS, D. (1968): Chemogenetische Untersuchungen an *Streptocarpus hybrida*: intermediäre Vererbung von Anthocyanen. Z. Pflanzenphysiol. 60, 46-55.

LEHNES, P. (Konzeption und Text) (1999): Weidbuchen, bizarre Baumgestalten mit ungewöhnlicher Lebensgeschichte. Vertrieb Belchenland Touristinformation, Schönau.

SAYN-WITTGENSTEIN, F. PRINZ ZU (1972): Schwarzwald. Vom Neckar zum Hochrhein. Prestel, München.

SCHWABE, A. und KRATOCHWIL, A. (1987): Weidbuchen im Schwarzwald und ihre Entstehung durch Verbiss des Wälderviehs. Verbreitung, Geschichte und Möglichkeiten der Verjüngung. Landesanstalt für Umweltschutz Baden-Württemberg, Karlsruhe.

STEINBAUER, J. (1988): Squenzierung der Nitrogenase-Strukturgene *nifD* und *nifK* aus *Klebsiella pneumoniae* und Konstruktion von Vektoren mit *nif*-Genen zum indirekten Gentransfer in höhere Pflanzen. Dissertation Fakultät Biologie, Universität, Hohenheim; STEINBAUER, J., WENZEL, G. and HESS, D. (1988): Nucleotide and deduced amino acid sequences of the *Klebsiella pneumoniae nifK* gene coding for the β-subunit of nitrogenase MoFe protein. Nucleic Acids Res. 16, 7199.

WASSERTHAL (1997): The Pollination of the Malagasy Star Orchids *Angraecum sesquipedale*, *A. sororium* and *A. compactum* and the Evolution of the Extremely Long Spurs by pollinator Shift. Bot. Acta 110: 343–359.

Zitatquellen
(soweit im Text nicht bereits angegeben)

Seite 6   Die Systematik... CRONQUIST 1968.
Seite 10   *Hernandia* ist... ILLIES 1969.
Seite 11   Wenn acht... MÄGDEFRAU 1973.
Seite 11   Man darf voraussetzen... ILLIES 1973.
Seite 16   Artbegriffe: leicht verändert nach WÄGELE 2001.

Außer der sprachlichen Ableitung (engl. = englisch, fr. = französisch, gr. = altgriechisch, lat.= lateinisch, it. = italienisch) wird meistens auch die Bedeutung in der Fachsprache angegeben. Fachausdrücke, die im Text sprachlich erklärt und definiert wurden, finden sich hier nicht. Auch Begriffe, die im Duden enthalten sind, werden nicht gebracht, sofern sie dort im gleichen Sinn gebraucht werden. Solche Bezeichnungen dürften genügend eingedeutscht sein

a-, an-: gr. a-, an- = Verneinungssilbe.

Achäne: → a; gr. chainein = sich öffnen. Fruchtform der Asteraceen, bei der Samen- und Fruchtschale miteinander verwachsen sind. Sie öffnet sich als Schließfrucht nicht.

adult: lat. adultus = erwachsen.

Aglykon, Plural Aglyka: → a; gr. glykys = süß. Stoffe, die keine Zucker sind, aber mit Zuckern verbunden sind.

aktinomorph: gr. aktis = Strahl; gr. morphe = Gestalt. Zygomorph.

Allele: gr. allelos = gegenseitig, einander gegenüber. Ausfertigungen eines → Gens, die auf homologen Chromsomen im gleichen Genort liegen. Bei der Parallelkonjugation homologer Chromosomen in der Prophase der → Meiosis ist das »einander gegenüber« räumliche Realität. Solche Allele können gleich, aber auch verschieden sein.

Allelopathikum: gr. allelos = (hier) gegenseitig; gr. pathos = Leid. Von einer Pflanze ausgeschiedene Substanz, die einer anderen Pflanze gleicher oder verschiedener Art schadet.

Allorhizie: gr. allos = ein anderer; gr. rhiza = Wurzel. Wurzelsystem aus Hauptwurzel mit Seitenwurzeln.

ana-: gr. ana = hinauf, wieder.

Androeceum: gr. aner, Gen. andros = Mann; gr. oikos = Haus, Familie, Geschlecht. Gesamtheit der männlichen Geschlechtorgane (Staubblätter) einer Blüte.

Anemochorie: gr. anemos = Wind; gr. chora = Raum. Windausbreitung von Diasporen.

Anemophilie: gr. anemos = Wind; gr. philein = lieben, befreundet sein. Übertragung von Pollenkörner mit Hilfe des Windes. Pollenkörner sind Mikrogametophyten in der Sporenhülle. Sie sind also den Sporen fast homolog. Pollen wurden deshalb auch schon zu den → Diasporen gezählt, auch in früheren Ausgaben Strasburgers. Unter diesem Aspekt wäre es möglich, die wenig treffende Bezeichnung -philie durch -chorie zu ersetzen. Dem steht jedoch gegenüber, dass Pollenkörner eine andere Funktion als Diasporen haben.

Angiospermen: gr. angieion = Gefäß; gr. sperma = Samen. Bedecktsamer.

Anisogamie: → a-, an-; gr. isos = gleich: gr. gameine = heiraten. Syngamie zwischen verschiedenartigen, meist verschieden gestalteten Keimzellen.

anisomorph: gr. a-, an- ; gr. isos = gleich; gr. morphe = Gestalt. Von verschiedener Gestalt.

Anthere: gr. antheros = blühend. Staubbeutel.

Antheridien: → Anthere; gr. idein = ähnlich sein. Einer Anthere ähnlich. Männliches Gametangium.

Anthophyta: gr. anthos = Blüte; → Phyton. Blütenpflanzen. Früher synonym mit Spermatophyta, heute meist mit Angiospermen.

Anulus: lat. anulus = Ring. An dieser Struktur öffnen sich Farnsporangien über Kohäsionsbewegungen.

Aplanospore: → a-, an-; gr. planos = umherirrend; → Spore. Spore ohne aktive Bewegung.

apo-: gr. apo = von, weg.

apomorph: → apo-; gr. morphe = Gestalt. Weg von der Gestalt, abgeleitet.

Apothecium: gr. apotheke = Aufbewahrungsort. Pilzfruchtkörper, in dem Meiosporen »aufbewahrt« werden.

Archegonium: gr. arche = Anfang; gr. gone = Nachkommenschaft, Frucht. Organ mit Eizelle(n).

Ascogon: → askos; gr. gennan = entstehen lassen. Makrogametangium der Ascomyceten, von dem aus die Asci → Ascus gebildet werden.

Ascus: gr. askos = Schlauch. In ihm entstehen bei den Ascomyceten nach der Meiosis und einer nachfolgenden Mitose acht Ascosporen.

Basidie: gr. basidion = Sockel. Basiszelle, von der bei den Basidiomyceten die Basidiosporen abgeschnürt werden.

Basidiosporen: → Basidie.

bi- (bis-): lat. bis = zwei, zweimal.

chloro-: gr. chloros = hellgrün, gelbgrün.

Chloroplasten: → chloro-; gr. plastos = gebildet, geformt. Chlorophyll bildende → Plastiden, Organellen der Photosynthese.

chorikarp: gr. choris = abgesondert, getrennt; gr. karpos = Frucht. Bezeichnung für Früchte, bei denen jedes Fruchtblatt einen eigenen Fruchtknoten bildet.

Chromo-: gr. chroma = Farbe.

co-, con-: lat. co-, con- = zusammen mit, zusammen.

coenokarp: gr. koinos = gemeinsam; gr. karpos = Frucht. Bezeichnung für Fruchtknoten aus mehreren miteinander verwachsenen (gemeinsamen) Fruchtblättern.

colpat: gr. kolpos = Bucht, Talebene, Schlitz. Bezieht sich auf die Gestalt der Keimporen; in Verbindung mit der Zahlenangabe: mono-, di-, tri, poly- ; also monocolpat = mit einer schlitzförmigen Keimpore.

Columna: lat. columna = Säule. Röhre aus Filamenten bei den Malvaceae.

Cuticula: lat. cutis = Haut, Verkleinerungssilbe -ul-, also Häutchen. Wachsartiger Überzug über die Epidermis.

cymös: gr. kuma = Welle. Verzweigungsart von Blütenständen, bei der die Hauptachse ihr Wachstum einstellt. Das Wachstum wird von einer oder mehreren Seitenachsen weitergeführt. Entspricht dem Sympodium im sonstigen Sprossbereich.

cyanogen: gr. kyanos = blau; gr. → gennan. Cyano- bezieht sich hier auf Cyanwasserstoff, also: Blausäure erzeugend.

Cyathien: gr. kyathos = Becher. → Pseudanthien der Gattung Euphorbia.

cyto-: gr. kytos = Höhlung. In Zusammensetzungen = zell-.

Cytochrome: → cyto-; → chroma. Wichtige Redoxsysteme mit Eisen als Redoxkomponente.

di-: gr. = zwei-.

Diaspore: **gr.** diaspora = Zerstreuung. Ausbreitungseinheit.

Dichasium: → di-; gr. chazein = weichen. Verzweigungstyp von Blütenständen, bei dem die Hauptachse im Wachstum zurückbleibt oder es einstellt (weicht). Das Wachstum wird von zwei Seitenachsen übernommen.

Dichogamie: → dichotomos; gr. gamein = heiraten. Bestäubungsweise, bei der die Staubblätter und Stempel nicht gleichzeitig reifen, wodurch die Selbstbestäubung erschwert wird. → Proterandrie; → Proterogynie.

dichotom: gr. dichotomos = zweigeteilt. Gabelig verzweigt.

Dikaryon: gr. di = zwei; → karyon: Zweikern-Zustand, Entwicklungsphase bei Pilzen, in der nach → Gametangiogamie oder: → Somatogamie nur die beiderseitigen Cytoplasmen, aber noch nicht die Zellkerne verschmelzen, die Zellen also zunächst zwei Zellkerne haben.

Dikotyledonen, Dicotyle: gr. di = zwei; → Kotyledo. Zweikeimblättrige.

Diözie: gr. di = zwei, beide; gr, oikos = Haus. Beide Geschlechter in zwei verschiedenen Häusern, also auf getrennten Pflanzen. Zweihäusigkeit.

dimer: → di-; gr. meros = Teil. Aus zwei Teilen bestehend. Auch Hauptwort.

diploid: gr. diploos = doppelt; → -eides. Bezeichnung für Zellen und Organismen mit doppeltem Chromosomensatz.

Diplont: gr. diploos = doppelt; → on. Zelle oder Organismus mit doppeltem Chromsomensatz.

dominant: lat. dominari = beherrschen. Dominant nennt man Allele, die sich in ihrer → Expression gegenüber dem Partner-Allel durchsetzen. Die auf ein dominantes Allel zurückgehende Merkmalsbildung tritt im Erbgang statistisch in jeder Generation auf.

-eides: gr. idein (eidein) = aussehen wie, ähnlich sein.

Elaiosom: gr. elaion = Öl; gr. soma = Körper. Samenanhängsel mit Fetten (fette Öle) und / oder Kohlenhydraten zur → Myrmekochorie.

Embryogenese: → Genese. Embryonalentwicklung.

Embryophyten: gr. phyton = Gewächs. Gewachse, die in ihrem Entwicklungszyklus einen Embryo ausbilden.

endo-: gr. endon = innen.

Endocytobiose: → Endo-; gr. kytos = Höhlung, Zelle; gr. bios = Leben. Lebensform mit einer ins Zellinnere aufgenommenen anderen Zelle.

Endocytose: → endo-, → cyto-. Spezielle Art der Aufnahme in die Zelle, bei der der Import von einer Membran des aufnehmenden Systems umgeben wird.

Endokarp: → Endo-; gr. karpos = Frucht. Innerste Fruchtwand.

Endomykorrhiza: → endo-; → Mykorrhiza. Form der Mykorrhiza, bei der die Symbionten in die Zellen eindringen.

Endosperm: → Endo; gr sperma = Same, Keim. Nährgewebe im Samen beziehungsweise der → Karyopse.

Endospor: → endo-; → Spore. Innere Wandschicht einer Spore.

Endospore: → endo-;- > Spore. Spore, die im Inneren einer Sporenmutterzelle gebildet wird.

Endosymbionten: → endo-; → Symbiont. Symbiont im Inneren der Zelle.

Endozoochorie: → endo-; → Zoochorie. Zoochorie, bei der die → Diasporen den Darmtrakt der ausbreitenden Tiere passieren.

epi-: gr. epi = über.

Epiphyten: → epi; → phyto-: auf einer Pflanze nur aufsitzend, kein Parasit.

Epizoochorie: → epi-; → Zoochorie. Zoochorie, bei der die → Diasporen der Oberfläche der ausbreitenden Tiere anhaften.

Eucyte: gr. eu = gut, echt: gr. kytos = Höhlung, Zelle. Echte Zelle, also Zelle mit Zellkern.

Eudikotyle: gr. eu = gut, echt; → Dikotyledonen. Kerngruppe der Zweikeimblättrigen.

Eukaryont: gr. eu = gut, echt, gr. karyon = Kern; → on. Bezeichnung für Organismen mit »echtem« Zellkern.

Exine: lat. e, ex = aus (außen). Äußere Pollenwand.

exo-: gr. exo = außen.

exogen: → exo; → Gen (gennan); außen gebildet.

Exokarp: → Exo-; gr karpos = Frucht. Äußerste Fruchtwandung.

Exospor: → exo-; → Spore. Äußere Wandschicht einer Spore.

Exospore: → exo- ; → Spore; Spore, die von einer Sporenmutterzellle nach außen abgegeben wird (→ Konidien).

Gamet: gr. gametes = Ehemann; gr. gamete = Ehefrau. Männliche oder weibliche Keimzelle.

Gametophyt: → Gamet; → Phyton. Generation, die → Gameten hervorbringt.

Gamon: gr. gamein = heiraten. Sexuallockstoff, speziell Gametenlockstoff.

Gametangiogamie: → Gametangium; gr. gamein = heiraten. Syngamie durch Fusion von Gametangien.

Gametangium: → Gamet; gr. angeion = Gefäß. Organ, in dem männliche oder weibliche → Gameten gebildet werden.

Gen: gr. gennan = entstehen (lassen), erzeugen. Erbfaktor.

Genese: gr. genesis = Ursprung, Werden, Entstehung. → Ontogenese, → Organogenese.

Geophyten: gr. ge = Erde; gr. phyton = Gewächs. Mehrjährige Gewächse, mit unterirdischen Sprossorganen (Rhizome, Zwiebeln) zur Überdauerung (Frost, Trockenheit).

Glucose: gr. glykys = süß. Wichtiger Zucker mit 6 C-Atomen (Hexose).

Glykoprotein: gr. glykys = süß; → Protein. Protein mit Kohlenhydratkomponente.

Glykosid: gr. glykys = süß. Besteht aus einem → Aglykon, das mit Zucker(n) verbunden ist. Während man dem Englischen folgend meistens Glucose schreibt, bleibt man bei Worten mit »glykys« als Stamm, also wenn man dem Altgriechischen sprachlich besonders nahe kommt, beim altgriechischen k (kappa).

Gone: gr. gone = Erzeugung, Nachkommenschaft. Eine der vier Nachkommen der → Meiosis.

Gymnospermen: gr. gymnos = nackt; gr. sperma = Samen. Nacktsamer.

Gynoeceum: gr. gyne = Frau; gr. oikos = Haus. Gesamtheit der weiblichen Sexualorgane (Fruchtknoten) einer Blüte.

Gynogamon: gr. gyne = Frau; gr. gamein = heiraten. Sexuallockstoff der weiblichen Seite, meist der Eier.

Gynophor: gr. gyne = Frau; gr. pherein = tragen. Das Internodium unterhalb des Gynoeceums streckt sich und schiebt die Frucht in den Erdboden, so bei Arachis hypogaea (Erdnuss; Name!).

Gynostemium: gr. gyne = Frau; lat. stamen = Staubblatt. Verwachsungseinheit aus den beidseitigen Sexualorganen bei Orchidaceae.

haploid: gr. haploos = einfach ; → -eides. Zellen und Organismen mit einfachem Chromosomensatz.

Haplont: gr. haploos = einfach; → on. Zelle oder Organismus mit einfachem Chromosomensatz.

Haustorium: lat. haurire (haustum) = (heraus)schöpfen, entnehmen. Saugorgan parasitischer Pflanzen.

hemi-: gr. hemi = halb.

Hemiparasiten: → hemi; gr. parasitein = mit jemand essen. »Halbe« Parasiten deshalb, weil sie den Wirtspflanzen meist nur Wasser und Nährsalze entnehmen.

Herkogamie: gr. herkos = Zaun, Hindernis; gr. gamein = heiraten. Bestäubungsweise, bei der die Stellung von Staubblättern und Stempeln die Selbstbestäubung erschwert.

hetero-: gr. heteros = ein anderer, andersartig.

heteromer: → hetero-; gr. meros = Teil. Aus verschiedenartigen Teilen bestehend.

heteromorph: → hetero-; gr. morphe = Gestalt. Von verschiedener Gestalt.

Heteromorphie: → Hetero-; gr. morphe = Gestalt. Bestäubungsweise, bei der innerhalb einer Art Formen mit unterschiedlich gestalteten Sexualorganen auftreten. Vor allem die Länge der Griffel und der Staubfäden kann verschieden sein (→ Heterostylie). H. erschwert die Selbstbestäubung.

heterophasisch: → hetero-. Mit verschiedenen Kernphasen.

heterospor: → hetero-; → Spore. Mit verschieden (großen) Sporen.

Heterostylie: → hetero-; → Stylum. Alte Bezeichnung für → Heteromorphie, die wörtlich nur auf die unterschiedliche Länge der Griffel Bezug nimmt.

heterozygot: → hetero-; → Zygote. Bezeichnung für Zygoten, sonstige Zellen oder Organismen, in deren diploiden Chromsomensätzen mindestens ein Allelenpaar aus verschiedenen Allelen besteht.

Holoparasiten: gr. holos = ganz; gr. parasitein = mit jemand essen. Vollparasiten.

homo-: gr. homoios = gleichartig.

homolog: gr. homologos = übereinstimmend. Abgeleitete Zustände gehen auf den gleichen Ausgangszustand zurück. Die Ableitungen können dabei der Ausgangsform ähneln, aber auch von ihr verschieden sein.

homomer: → Homo; gr. meros = Teil. Aus gleichen Teilen bestehend.

Homorhizie: → homo-; gr. rhiza = Wurzel. Wurzelsystem unter Ersatz der Hauptwurzel durch gleichartige sprossbürtige Wurzeln.

homozygot: → homo-; → Zygote. Bezeichnung für Zygoten, sonstlge Zellen oder Organismen, in deren diploiden Chromsomensätzen alle Allelenpaare aus gleichartigen Allelen bestehen.

Hormon: gr. hormao = ich treibe an. Botenstoff.

Hydrochorie: gr. hydor = Wasser; gr. chora = Raum. Wasserausbreitung von → Diasporen.

Hydrophilie: gr. hydor = Wasser, gr. philein = lieben, befreundet sein. Übertragung der Pollenkörner mit Hilfe des Windes. → Anemophilie.

hypo-: gr. hypo = unter, darunter.

Hypokotyl: → hypo; → Kotyledonen. Sprossabschnitt unterhalb der Kotyledonen.

inäqual: lat. inaequalis = ungleich.

Integument: lat. integumentum = Hülle, Bedeckung. Hüllschicht(en) um die Samenanlage.

Intine: lat. in = in (innen). Innere Pollenwand.

Isoenzym: → Enzym; gr. isos = gleich. Enzyme mit gleicher Funktion, aber verschiedenartiger Struktur.

Isogamie: gr. isos = gleich; gr. gamein = heiraten. Syngamie zwischen gleich gestalteten Keimzellen.

isomorph: gr. isos = gleich; gr. morphe = Gestalt. Von gleicher Gestalt.

isospor: gr. isos = gleich; → Spore. Mit gleichartigen (gleichgroßen) Sporen.

Kalyptra: gr. kalyptra = Decke, Umhüllung. Wurzelhaube. Haube auf dem Sporogon der Laubmoose.

Karpophor: gr karpos = Frucht; gr. pherein = tragen. Fruchtträger (bei der Doppelfrucht der Apiaceae).

karyo-: gr. karyon = Kern.

Karyopse: gr. karyon = Nuss, Kern; gr. opsis = Aussehen. Wie eine Nuss aussehend, Getreidekorn mit verwachsener Frucht- und Samenschale als Hüllschicht.

Koleoptile: gr. koleos = Scheide; gr. ptilon = Feder, Flügel. Bei Gräsern Keimscheide, die mit ihrer Basis die → Plumula und darüber das Primärblatt umgibt.

Koleorhiza: gr. koleos = Scheide; gr. rhiza = Wurzel. Wurzelhülle.

Kollenchym: gr. kolla = Leim; gr. en = in; gr. chymenos = gegossen. Wegen plastisch dehnbarer Wandverfestigungen Festigungsgewebe wachsender Pflanzenteile.

Konidien → Konidiosporen.

Konidiosporen: gr. konia = Staub. In der Regel → Exosporen.

Konnektiv: lat. conectere = verbinden. Verbindungsstück zwischen den beiden Theken eines Staubbeutels, an dem der Staubfaden ansetzt.

Konvergenz: lat. convergere = zusammenneigen. Ableitung ähnlicher Zustände von verschiedenen Ausgangszuständen.

Konzeptakel: lat. concipere = zusammenfassen. Bei Phaeophyceae Einsenkungen in die Thalluslappen, in denen Antheridien und Oogonien zusammengefasst werden.

Kormophyten: → Kormus; → phyton. Aus Sprossachse, Blättern und Wurzeln bestehende Gewächse.

Kormus: gr. kormos = Baumstumpf. Aus Sprossachse, Blättern und Wurzeln bestehende Wuchsform.

Kotyledo, Plural Kotyledonen: gr. kotyledon = Saugwarze. Keimblatt.

Lectin: lat. legere, lectus = lesen, auslesen. Proteine oder → Glykoproteine mit Bindungsstellen für bestimmte (»ausgelesene«) Kohlenhydrate.

Lipasen: gr. lipos = Fett. Enzyme, die hydrolytisch Lipide, zum Beispiel Neutralfette spalten.

Lipid: gr. lipos = Fett; → -eides. Chemisch verschiedenartige organische Stoffe, die auf Grund ihrer Löslichkeit in Lösungsmitteln für Neutralfette als »fettähnlich« bezeichnet werden.

lipophil: gr. lipos = Fett, gr. philein = lieben. »Fettliebend«.

makro-: gr. makros = groß.

Makrophylle: → makro-; gr. phyllon = Blatt. Große Blattorgane (Wedel) der Farne.

Makrospore: → Makro-; → Spore. Große Spore (auf der »weiblichen« Seite).

Makrosporangium: → makro; → Sporangium. Sporangium, das Makrosporen ausbildet.

Makrosporophyll: → makro-; → Sporophyll. Sporophyll, das Makrosporangien trägt.

mega-: groß, bedeutend, angesehen. Ersetzt heute vielfach → makro-. Beinhaltet jedoch auch eine Wertung, die hier nicht beabsichtigt ist. Auch wegen der Parallele zu → mikro- sollte man bei → makro- bleiben.

Meiosis: gr. meion = weniger. Bezieht sich auf die Reduktion der Chromosomensätze.

Meristem; gr. merismos = Teilung. Teilungsgewebe.

Mesokarp: gr. mesos = mittlere; gr. karpos = Frucht. Mittlere Fruchtwandung.

mikro-: gr. mikros = klein.

Mikrophylle: → mikro-; gr. phyllon = Blatt. Kleine Blattorgane der Bärlappe.

Mikropyle: → mikro-; gr. pyle = Tor, Eingang. Öffnung zwischen den → Integumenten, die zur Samenanlage führt.

Mikrosporangium: → mikro; → Sporangium. Sporangium, das → Mikrosporen ausbildet.

Mikrospore: → mikro-; → Spore. Kleine Sporen (auf der »männlichen« Seite).

Mikrosporophyll: → mikro; → Sporophyll. Sporophyll, das Mikrosporangien trägt.

Miktohaplont: gr. miktos = gemischt; → Haplont. Haplont mit einer gemischten = verschiedenartigen genetischen Konstitution seiner Zellen.

mono-: gr. monos = allein, einzig.

Monochasium: → monos: gr. chazein = weichen. Verzweigungstyp von Blütenständen, bei dem die Hauptachse im Wachstum zurückbleibt oder es einstellt (weicht). Eine Seitenachse übernimmt das Wachstum.

Monokotyledonen: → Mono; → Kotyledo. Einkeimblättrige.

monomer: → mono-; gr. meros Teil. Aus einem Teil bestehend.

Monözie: gr. monos = allein, einzig; gr. oikos = Haus. Nur ein Geschlecht im »Haus«, also auf der Pflanze. Einhäusigkeit.

Monophylum: gr. monos = allein. gr phyle = Stamm. Nur ein Stamm, eine geschlossene Abstammungsgemeinschaft.

Monopodium: gr. monos = allein; gr. pous, Genitiv podos = Fuß. Wuchsform mit durchgehender Hauptachse.

Mykobiont: gr. mykes = Pilz; gr. bios = Leben; → on. Pilzpartner, vor allem in Flechten.

Mykorrhiza: gr. mykes = Pilz; gr. rhiza = Wurzel. Pilzwurzelsymbiose.

Myrmekochorie: gr. myrmex, Gen. myrmekos = Ameise; gr. choros = Raum. Ameisenausbreitung.

Neurotransmitter: gr. neuron = Nerv; lat. transmittere = hinüberschicken. Substanzen der Signalübertragung von Nervenzellen zu Nervenzellen oder zu anderen Zielzellen.

Nucellus: lat. nucellus = kleine Nuss. Das Gewebe der Samenanlage unterhalb der → Integumente, das als Reservestoffspeicher dienen kann.

oligo-: gr. oligos = wenig, gering.

oligomer: → oligo-; gr.meros = Teil. Aus wenigen Teilen bestehend.

on: gr. on, Genitiv ontos = Wesen.

Oogamie: gr. oon = ei; gr. gamein = heiraten. Syngamie durch Befruchtung von Eiern.

Oogon, Plural Oogonien: gr. oon = Ei; → Gone. Behälter, in dem eine oder mehrere Eizellen gebildet werden.

Oogoniogamie: → Oogon: gamein = heiraten. Syngamie von im Oogon befindlichen Eiern.

Organ: gr. organon = Werkzeug. Teil eines mehrzelligen Lebewesens mit bestimmter Funktion.

Organelle: Verkleinerungsform von Organ, also O. = kleines Organ. Substruktur der Zelle mit bestimmter Funktion.

Organogenese: → Organ; → Genese. Organbildung, aber auch Regeneration über Organbildung.

Palynologie; gr. palynein = ausstreuen; gr. logos = Wort, Lehre. Lehre von Pollen und Sporen, die ja ausgestreut werden.

para-: gr. para = neben, daneben, bei, umgebend.

Parasit: gr. parasitein = (mit jemandem) essen. Schmarotzer.

Paraphylum: → para-; gr. phylon = Stamm. Stamm daneben.

Paraphyse: gr. paraphyomai = an der Seite wachsen, daneben wachsen. Sterile Hyphen neben den Asci oder Basidien in der Fruchtschicht bei Ascomyceten und Basidiomyceten.

Parsimonie: lat. parsimonia = Sparsamkeit.

Parthenokarpie: gr. parthenos = Jungfrau; gr. karpos = Frucht. Fruchtbildung ohne Befruchtung.

Peptid: gr. peptos = verdaut, verdaubar. Können nach Verdauung (Abbau) von Proteinen anfallen.

peri-: gr. peri = um, herum.

Perianth: → peri-; gr. anthos = Blüte. Blütenhülle. Das → Perigon ist ein einfaches P. Ein doppeltes P. ist in Kelch und Krone gegliedert. P. wird oft im Sinne des doppelten P. benutzt.

Perigon: → Peri-; → Gone. Blütenhülle mit in beiden Kreisen gleich gestalteten Blütenhüllblättern, wird auch als einfaches → Perianth bezeichnet.

Perikarp: → peri-; gr. karpos = Frucht. Gesamte Fruchtwandung.

Perisperm: → peri-; gr. sperma = Samen. Aus dem → Nucellus entstandenes Nährgewebe.

Petale: gr. petalon = Blatt. Kronblatt im doppelten → Perianth.

petaloid: → Petale; → eides-. Wie eine Petale aussehend.

Phagocytose: gr. phagein = fressen; gr. kytos = Höhlung, Zelle. Aufnahme (eines Festkörpers), normalerweise zum »Fressen« in die Zelle. Der Festkörper wird dabei von der Außenmembran der aufnehmenden Zelle umgeben.

Pheromon: gr. pherein = tragen, übertragen, forttragen; → Hormon. Ein Hormon, das zu anderen Organismen der gleichen Art übertragen wird und dort wirkt.

Phloem: gr. phloios = Bast, Rinde.

Phragmoplast: gr. phragmos = Einzäunung, Wand; →-plast. Struktur, mit deren Hilfe eine neue Zellwand gebildet wird.

Phythämagglutinine: gr. phyton = Pflanze; gr. haima = Blut; lat. agglutinare = zusammenkleben. Pflanzenstoffe (→ Lectine), die rote Blutkörperchen agglutinieren.

phyto-, -phyt: → Phyton.

Phytoalexine: → Phyto-; gr. alexein = abwehren. Postinfektionelle Abwehrstoffe der Pflanzen gegen Pathogene.

Phytochrom: → phyto-; → chromo-. Wichtiges photomorphogenetisches Pigmentsystem.

Phytohormon: → phyto-. Pflanzliches Hormon.

Phyton: gr. phyton = Gewächs, Pflanze.

Planospore: gr. planos = umherirrend; → Spore. Über Geißeln aktiv bewegliche Spore.

Planozygote: gr. planos = umherirrend; → Zygote. Über Geißeln aktiv bewegliche Zygote.

-plast: gr. plastos = gebildet.

Plastiden: gr. plassein (plastos) = bilden, formen; → eides. Organellen unterschiedlicher Funktion: → Chloroplasten.

plesiomorph: gr. plesios = nahe: gr. morphe = Gestalt. Nahe bei der Ausgangsgestalt, ursprünglich.

Pleiochasium: gr. pleion = mehr; gr. chazein = weichen. Verzweigungstyp von Blütenständen, bei dem die Hauptachse im Wachstum zurückbleibt oder es einstellt (weicht). Das Wachstum wird von mehr als zwei Seitenachsen übernommen.

Plumula: lat. plumula = kleine (Daunen-)Feder. Apikale Sprossknospe mit den kleinsten Blättern.

poly-: gr. polys = viel.

Polymerase: → poly-; gr. meros = Teil. Enzym, das viele kleinere Bausteine zu Makromolekülen zusammenschließt, zum Beispiel DNA-Polymerasen, RNA-Polymerasen.

Polypeptid: → Peptid, → poly. Aus vielen Aminosäuren aufgebautes Peptid.

Polyphylum: → poly-; gr. phylon – Stamm. Viele Stämme zur gleichen Merkmalsbildung.

porat: gr. poros = (kreisförmige) Öffnung. Bezieht sich auf die Gestalt der Keimporen; in Verbindung mit Zahlenangaben: mono-, di-, tri-, poly-; also monoporat = mit einer kreisförmigen Keimpore.

post-: lat. post = nach.

postinfektionell: → post-. Nach Eintreten einer Infektion.

prae-: lat. prae = vor. In Zusammsetzungen auch = Vorläufer-.

praeinfektionell: → prae-. Vor Eintreten einer Infektion.

Prokaryont: lat. pro = vor, gr. karyon = Kern; → on. Bezeichnung für Organismen mit »Vorstufen« eines Zellkerns (Bakterien, Cyanobacterien); → Eukaryont.

Protein: → proto. Proteine sind von erstrangiger Bedeutung.

Proterandrie: → proto; gr. aner, Genitiv andros = Mann. Form der → Dichogamie, bei der die Staubblätter zuerst reifen.

Proterogynie: → proto; gr. gyne = Frau. Form der → Dichogamie, bei der die weiblichen Sexualorgane zuerst reifen.

Prothallium: → proto-; → Thallus. → Gametophyt von Farnen.

proto-: gr. protos = erster, zuerst.

Protocyte: → proto-; gr. kytos = Höhlung, Zelle. Frühe, also ursprüngliche Zelle.

Protonema: → proto; gr. nema = Faden. Fadenartige frühe Wuchsform des → Gametophyten von Moosen.

pseudo-: gr. pseudes = Lügner

Pseudanthium: → pseudo- ; gr. anthos = Blüte. »Scheinblüte«; Blütenstand, der wie eine Einzelblüte aussieht.

Pseudobulben: → pseudo-; lat. bulbus = Zwiebel. Keine Zwiebeln.

psychotrop: gr. psyche = Seele; gr. trepein = wenden, sich richten. Die Psyche beeinflussend.

racemös: lat racemosus = verzweigt. Verzweigungsform von Blütenständen, bei der die Hauptachse ihr Wachstum beibehält und das Wachstum der Seitenachsen demgegenüber zurückbleibt. Entspricht dem Monopodium im sonstigen Sprossbereich.

Regnum: lat. = Reich.

Rekombination: engl. recombination = Umkombination, neue Kombination.

Resupination: lat. resupinatio = Drehung auf den Rücken.

rezessiv: gr. recedere (recessus) = zurückweichen. Rezessiv nennt man Allele, die sich in ihrer Expression gegenüber einem → dominanten Partner-Allel nicht durchsetzen können. Die von einem rezessiven Allel gesteuerte Merkmalsbildung tritt im Erbgang nicht auf, wenn ein dominantes Partner-Allel vorhanden ist.

Rhizoid: gr. rhiza = Wurzel; gr. idein = aussehen wie, ähnlich. Wurzelähnliches Gebilde.

Rhizom: gr. rhiza = Wurzel. Unterirdisches Sprossorgan = Erdspross.

Saccharide: gr. sakcharon = Zucker; → -eides. Aus ein bis vielen Zuckereinheiten bestehende Zucker, in Verbindung mit Suffixen wie → mono, → di-, → poly-. Glucose ist ein Monosaccharid, → Saccharose ein Disaccharid, Stärke ein Polysaccharid.

Saccharose: gr. sakcharon = Zucker. Disachrid aus Glucose und Fructose; wichtigste Transportform von Kohlenhydraten.

Saprophyt: gr. sapros = verfault; → phyton. »Fäulnis-Pflanze«. Alte und falsche, sich aber hartnäckig haltende Bezeichnung für chlorophyllfreie Pflanzenarten mit → Mykorrhiza. Der S. ist der Pilzpartner.

Scutellum: lat. scutum = Schild. Verkleinerungssilbe -ellum. Also kleiner Schild, Schildchen. Umgewandeltes Keimblatt in der → Karyopse der Gräser.

Siphonogamie: gr. siphon = Röhre; gr. gamein = heiraten. Schlauchbefruchtung.

Sklerenchym: gr. skleros = hart; gr. en = in; gr. chymenos = gegossen. Festigungsgewebe.

solitär: lat. solus = allein, einzeln. Einzeln, nicht in Kolonien lebend.

Soma: gr. soma, Genitiv somatos = Körper. Bei Tieren findet sich schon früh in ihrer Entwicklung eine Trennung des Zellmaterials in S. und Keimbahn. Im adulten Säugetier überwiegt zum Beispiel das somatische Zellmaterial bei weitem. Bei Pflanzen findet sich eine Trennung von S. und »Keimbahn« erst sehr spät in der Ontogenese, erst in den Sexualorganen. Pflanzengewebe kann man deshalb zwar als S. bezeichnen, muss sich dann aber dessen bewusst sein, dass es sich nicht um das S. der Tiere handelt. Bei Pflanzen spricht man anstatt von → somatischen deshalb korrekter von vegetativen Zellen.

somatisch: → Soma. Zum »Körper« gehörend.

Somatogamie: → soma; gr. gamein = heiraten; Syngamie über Fusion vegetativer Zellen.

Spermatophyta: gr. sperma = Same; → phyton. Samenpflanzen.

Sporangium: → Spore; gr. angeion = Gefäß. Behälter, in dem Sporen ausgebildet werden.

Spore: gr. sporos = Spore, Same.

Sporogon: → Spore; → Gone. → Sporophyt der Moose.

Sporophyll: → Spore; gr. phyllon = Blatt. Bei Farnen Blattwedel, die Sporangien und damit auch Sporen ausbilden.

Sporophyt: → Spore; → phyton. → Diplont, der über → Meiosis → Sporen ausbilden kann.

Sporopollenine: stark veränderte Polyterpene, widerstandsfähige Auflagerungen der → Exine (Pollen) und des Exospors (Sporen).

Staminodien: lat. stamen = Faden. Steriles Staubblatt, teils mit anderen Funktionen.

Stigma: gr. stigma = Stich, Punkt, Mal. Narbe.

Stoma: gr. stoma, Plural stomata = Mund, Öffnung. Spaltöffnung.

Stylum: lat. stilus = Griffel.

Subregnum: lat. sub = unter; → regnum: Unterreich.

sulcat: lat. sulcus = Furche. Bezieht sich auf die Gestalt der Keimporen; in Verbindung mit Zahlenangaben: mono-, di-, tri-, poly-: also monosulcat = mit einer langgestreckten Keimpore.

Suspensor: lat. suspendere = aufhängen. Träger des heranwachsenden Embryos.

sym-: gr. sym, syn = zusammen.

Sympodium: → Sym; gr. pous, Gen. podos = Fuß. Wuchsform, bei der die jeweilige Hauptachse das Wachstum einstellt und durch ein Seitenorgan erster Ordnung ersetzt wird. → Monopodium.

synapomorph: → sym; → apomorph. Gemeinsamer abgeleiteter Merkmalszustand.

Synergiden: gr. synergos = Mitarbeiter, Helfer; → -eides. Zwei Zellen des Embryosacks beidseits der Eizelle, die bei der Befruchtung der Eizelle »helfen«.

Syngamie: → sym; gr. gamein = heiraten. Gametenfusion.

symplesiomorph: → sym; → plesios. Gemeinsamer ursprünglicher Merkmalszustand.

Tapetum: gr. tapetes = Teppich. Innerste Wandschicht der → Anthere, die sich wesentlich an der Ernährung und Bildung der Pollenzellen beteiligt.

Taxis: → gr. taxis = Ordnung, Stellung, Anordnung.

Taxon, Plural **Taxa:** → taxis. Systematische Einheit.

Testa: lat. testa = Schale. Samenschale.

Tetrade: gr. tetra, Genitiv tetrados = vier. Viererverbund, etwa von → Gonen nach der → Meiosis.

Thallophyt: → thallos; → phyton. Nicht in Spross, Blatt und Wurzel gegliedertes Gewächs.

Thallus: gr. thallos = Trieb, Blatt. Pflanzengestalt ohne Gliederung in Spross, Blatt und Wurzel.

Theke: gr. theke = Behälter. Aus zwei Pollensäcken bestehender Teil eines Staubeutels.

thio-: gr. theion = Schwefel.

Trachee: gr. trachea = Luftröhre (weil zunächst wie bei den Tracheen der Insekten ein Gasaustausch unterstellt worden war). Gefäß zur Leitung von Wasser und Mineralsalzen, Auflösung der Querwände zwischen aufeinander folgenden T.

Tracheide: → Trachee; → eides. Funktion wie Trachee, aber kleiner und ohne Auflösung der Querwände.

tranquilizer: engl. Substanz zum Ruhigstellen, Beruhigungsmittel.

tri-: gr. tris = dreimal. In Zusammensetzungen.

Trophophylle: gr. trephein = ernähren; gr. phyllon = Blatt. Bei Farnen Blattorgane, die der Ernährung (Photosynthese) dienen.

unifacial: lat. unus = einer, nur einer; lat. facies = Aussehen. Mit nur einem, also gleichem Aussehen der beiden Blattseiten.

Velamen: lat. velamen = Hülle. Wasserabsorbierendes Gewebe als äußerer Abschluss um Luftwurzeln. Schutzhüllen am Fruchtkörper von Pilzen.

Xylem: gr xylon = Holz.

Zoochorie: gr. zoon = Tier; gr. chora = Raum. Überwindung des Raums bei Diasporen mit Hilfe von Tieren. Tierausbreitung.

Zoophilie: gr. zoon = Tier; gr. philein = lieben, befreundet sein. Übertragung der Pollenkörner mit Hilfe von Tieren. → Anmerkung bei Anemophilie.

Zoospore: gr. zoos = lebendig; → Spore. Über Geißeln bewegliche Spore (= Planospore).

Zygote: gr. zygon = Paar. Befruchtete Eizelle (nach »Paarung« der Keimzellen).

Türkenbund s. *Lilium*
Tulipa (Tulpe) 85*, 114, 115, 117*, 118
Tulpe s. *Tulipa*
Tulpenwahn **116**
Tussilago (Huflattich) 207, 211

Ustilago (Brandpilz) 35
Ulothrix (Kraushaaralge) 40, 41*, 67
Umbelliferae s. Apiaceae
Umbelliferon 200*, 202
Ulva (Meersalat) 40, 67
Ulvophyceae 17, **40, 67**
Urfarne s. Psilophytopsida
Urginea (Meerzwiebel) 114, 115, 118

Vaccinium (Heidel-, Moor-, Moos-, Preisel-
beere) 174, 175
Valeriana (Baldrian) 101*
Vanilla (Vanille) 124, 128
Vanillin 124*, 128
vegetative Zelle 63*, 65*
Velamen 226
- Pilze 34, 35*
- Orchideen 124
Venturia (Apfel- und Birnenschorf) 32*
Venusschuh s. *Paphiopedilum*
Veratrum (Germer) 114, 118, 177
Verbascum (Königskerze) 94*, 184, 185*,
188
Vergissmeinnicht s. *Myosotis*
Vergleichende Phytochemie **73**
Veronica (Ehrenpreis) 94*, 184, 185*,
188
Verzweigung
- axillär 54
- dichotom (gabelig) 48, 49*
Vicia (Saubohne, Wicke) 151*, 152, 153
Victoria (Riesenseerose) 110
Viridophyta, Viridiplantae s. Chlorobionta

Viviparie 133
- unechte 133
Vogelfuß s. *Ornithopus*
Vollparasiten s. Holoparasiten
Volvox (Kugelalge) 43*, 44
Vormännlichkeit s. Proterandrie
Vorweiblichkeit s. Proterogynie

Wachtelweizen s. *Melampyrum*
Waldhyazinthe s. *Platanthera*
Waldrebe s. *Clematis*
Walnuss s. *Juglans*
Wasserausbreitung s. Hydrochorie
Wasserblattgewächse s. Hydrophyllaceae
Wasserblütigkeit s. Hydrophilie
Wasserdarm s. *Enteromorpha*
Wasserfeder s. *Hottonia*
Wasserschierling s. *Cicuta*
Wasserschimmel s. *Saprolegnia*
Wegerichgewächse s. Plantaginaceae
Weichbovist s. *Bovista*
Wegwarte s. *Cichorium*
Weidbuchen **162***, 163*
Weide s. *Salix*
Weihnachtsstern s. *Euphorbia*
Weißdorn s. *Crataegus*
Weißwurz s. *Polygonatum*
Weizen s. *Triticum*
Welwitschia (Welwitschie) 58
Wermut s. *Artemisia*
Wicke s. *Vicia*
Wickel 88*
Wiesenknopf s. *Sanguisorba*
Windausbreitung s. Anemochorie
Windblütigkeit s. Anemophilie
Winde s. *Convolvulus*
Windengewächse s. Convolvulaceae
Windröschen s. *Anemone*
Wintergrün s. *Chimaphila, Pyrola*

Wisteria (Glyzine) 151
Wohlverleih s. *Arnica*
Wolfsmilch s. *Euphorbia*
Wolfsmilchgewächse s. Euphorbiaceae
Wurmfarn s. *Dryopteris*
Wurzel
- sprossbürtig 47
Wurzelknöllchen-Symbiose 20, 151
Xanthone 178
Xanthopan 93*, 94
xeromorph 174

Yucca (Palmlilie) 114
Zamia 57
Zapfen 58*, 59*, 60*
Zea (Mais) 129, 131*
Zeitlose s. *Colchicum*
Zellkern
- Evolution 19, 21*
Ziegenbart s. *Clavaria*
Ziest s. *Stachys*
Zittergras s. *Briza*
Zoochorie (Tierausbreitung) 101, 226
Zoophilie (Tierblütigkeit) 66, **92**, 226
Zosterophyllum 47, 48, 49*
Zuckerrohr s. *Saccharum*
Zungenblüten 206*, 207*, 208
Zweiblatt s. *Listera*
zweihäusig s. diözisch
zwittrig 86
Zwiebel s. *Allium*
zygomorph (dorsiventral) 87
Zygomorphie s. auch zygomorph 94*, 95
Zygomycetes 17
Zygote **26***, 64*, 65*, *226*
- Angiospermae 65*, 66
- als Dauerorgan 41*, 42*, 67
zyklisch 87

Prof. Dr. Dieter Heß, geb. 1933 in Karlsruhe. Studium der Biologie und Chemie in Freiburg i. Br. und Tübingen. Promotion 1957 im Fach Botanik bei F. Oehlkers in Freiburg. Assistent am Botanischen Insitut der Universität Freiburg 1957 bis 1961. Habilitation 1961. Fortbildung in Biochemie 1961 bei F. Lynen am MPI für Zellchemie in München. 1962 bis 1967 wiss. Mitarbeiter am MPI für Züchtungsforschung, Abt. Genetik, in Köln. 1966 Ruf Associate Professor Genetic Biology, Purdue University, Lafayette/USA. 1966 Ruf o. Prof. Pflanzenphysiologie, Ruhr-Universität Bochum. 1966 Ruf o. Prof. Botanische Entwicklungsphysiologie, Universität Hohenheim, Stuttgart. 1974 Ruf o. Prof. Genetik, Universität Regensburg. 1967 Annahme des Rufs nach Hohenheim. Seitdem dort tätig. Aufbau des Instituts für Physiologie und Biotechnologie der Pflanzen (Bezeichnung seit 1998) und dessen Leitung. Emeritierung 2001. Selbstvertretung bis 2002. Danach Leiter einer überwiegend von der DFG finanzierten Arbeitsgruppe Gentechnologie. Arbeitsgebiete: Molekularbiologie der Entwicklung höherer Pflanzen, Biotechnologie der Pflanzen, Blütenbiologie.

Titelbild: *Ginkgo biloba*, Jean Louis Klein, Marie-Luce Hubert / Okapia KG, Frankfurt a. M.

Bibliografische Information der Deutschen Bibliothek
Die Deutsche Bibliothek verzeichnet diese Publikationen in der Deutschen Nationalbibliografie; detaillierte bibliografische Daten sind im Internet über http://dnb.ddb.de abrufbar.

ISBN 3-8001-2850-0 (Ulmer)
ISBN 3-8252-2673-5 (UTB)

© 2005 Eugen Ulmer KG
Wollgrasweg 41, 70599 Stuttgart (Hohenheim)
E-Mail: info@ulmer.de
Internet: www.ulmer.de
Lektorat: Dr. Gisela Wachinger, Antje Springorum
Graphische Bearbeitung: Sabine Seifert, Stuttgart
Herstellung: Otmar Schwerdt
Umschlagentwurf: Atelier Reichert, Stuttgart
Satz: Atelier Reichert, Stuttgart
Druck und Bindung: Ebner & Spiegel, Ulm
Printed in Germany

ISBN 3-8252-2673-5 (UTB-Bestellnummer)

Botanik leichter verstehen.

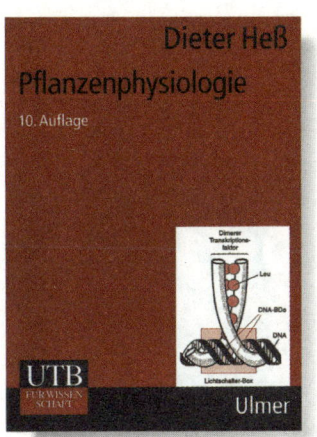

Allgemeine Botanik. UTB basics. D. Heß.
2004. 320 S., 11 Farbf., 33 sw-Fotos, 282 Farbabb.,
11 Tab., kart. ISBN 3-8252-2487-2.

Botanische Bestimmungsübungen.
Praktische Einführung in die Pflanzenbestimmung. T. Stützel. 2002. 112 S., 28 Farb- und
61 sw-Zeichn., 6 Tab., kart. ISBN 3-8252-8220-1.

Illustrierte Flora von Deutschland.
Bestimmungsschlüssel mit rund 2500 Zeichnungen. W. Probst, H. Martensen. 2004. 404 S.,
kart. ISBN 3-8252-2508-9.

Pflanzen bestimmen mit dem PC.
Farn- und Blütenpflanzen Deutschlands. E.
Götz. 2. Aufl. 2003. 3300 Farbf., 1400 Zeichn.,
Netzwerklizenzen auf Anfrage, CD-ROM mit
Booklet. ISBN 3-8001-4260-0.

Pflanzenphysiologie. Grundlagen von
Stoffwechsel und Entwicklung der Pflanzen.
D. Heß. 10. Aufl. 1999. 608 Seiten, 27 sw-Fotos,
348 Formeln u. Zeichnungen, 15 Tabellen,
kart. ISBN 3-8252-0015-9.

Botanisches Wörterbuch.
Pflanzennamen und botanische Fachwörter.
R. Schubert, G. Wagner. 12., aktualisierte Aufl.
2000. 734 Seiten, kart. ISBN 3-8252-1476-1.

Ökologie. UTB basics. R. Wittig, B. Streit.
2004. 304 Seiten, 103 Abbildungen,
52 Tabellen, kart. ISBN 3-8252-2542-9.

**Die wissenschaftlichen Namen der
Pflanzen und was sie bedeuten.**
S. Seybold. 2., korrigierte Aufl. 2005. 189 S.,
kart. ISBN 3-8001-4795-5.